DISEÑO INTELIGENTE

Hacia Un Nuevo Paradigma Científico

I0475072

Traducido y editado por OIACDI
Compilación por Mario A. López

OIACDI Organización Internacional para el Avance Científico del Diseño Inteligente

Diseño Inteligente: *Hacia un Nuevo Paradigma Científico*
Mario A. López

EAN 13 - 9781451514971
ISBN 10 - 1451514972

Fecha de publicación: Febrero 24, 2010
Filosofía de Ciencia, Bioquímica

Diseño de portada e interior: Mario A. López
Imagen: "DNA"
Fuente: http://www.sxc.hu/photo/914335

Impreso y encuadernado en Estados Unidos de América.

OIACDI

Agradecimientos

Este libro pudo realizarse gracias al apoyo de todos los eruditos cuyo trabajo aquí se presenta. Su gracia y paciencia reconozco con enorme reverencia. Agradezco también la inestimable labor que se tomaron todos los que participaron en la traducción del trabajo original. Es un gran honor trabajar con personas tan entusiasmadas en el tema de este libro.

Finalmente, le doy gracias a todos los miembros de OIACDI por el apoyo, esfuerzo y por traer con ellos su extraordinario talento para divulgar a la teoría del Diseño Inteligente a las naciones hispanohablantes.

INDICE

Prologo

¿Quién hubiera pensado que apenas en los últimos años comenzaríamos a ver derrumbarse los pilares de la teoría evolucionista? Si la teoría no hubiese sustentado sus premisas en fundamentos tan frágiles, probablemente no hubiera colapsado nunca y posiblemente nunca veríamos su final. Sin embargo, parece que cuanto más aprendemos acerca de la naturaleza, tanto más claros se hacen los rastros de invención consciente en ella. Los científicos comprometidos con la evolución darwinista no pueden ya más encubrir su ideología en términos biológicos, como tampoco pueden interpretar sus explicaciones en un sentido reduccionista. Por cierto, el darwinismo no está encontrando su deceso debido a una simple batalla entre paradigmas, sino por nuestra comprensión de la naturaleza en sí. Sin duda, los rastros de invención a que me estoy refiriendo son de una enorme significación en el mundo biológico que nos rodea, ¡muy literalmente! Resmas de información son leídas, traducidas y utilizadas en el interior de cada célula. Nada puede ser más desalentador para el materialista incondicional, y por una muy buena razón; no existe ningún mecanismo conocido que sea adecuado para explicar tal complejidad, excepto una interacción inteligente.

Podemos ver que cualquiera que sea la fuerza detrás de la complejidad de la naturaleza, ella debe ciertamente tener más experiencia con diseños de ingeniería, que todos nosotros puestos juntos. Es precisamente por esta razón que el diseño inteligente (DI) es importante como programa de investigación. No podemos darnos el lujo de perder tiempo en procesos ciegos. Debemos pensar como ingenieros (cósmicos) para entender el mundo natural y sus maravillas de ingeniería.

Cuando comencé a compilar el trabajo de los propugnadores del DI para este libro, me pregunté por qué las naciones hispanohablantes son tan opuestas a la idea del "diseño" en biología. Bien, para comenzar, se me ha hecho claro que todos los críticos de las naciones hispanohablantes han estado repitiendo como loros los que la Gestapo darwinista dice aquí en EE.UU. No he encontrado ninguna refutación original en absoluto. Por cierto, ¿quién podría culparlos? Casi todos los trabajos de los propugnadores del DI pueden encontrarse únicamente en inglés, con excepción de unos pocos libros, videos y artículos que han aparecido sólo recientemente. He compilado esta serie de artículos con la esperanza de que usted, lector, comience un viaje de evaluación del DI, basado en el trabajo de sus propugnadores y no de sus oponentes. Después de todo, se deben tener en cuenta las palabras del sabio consejo:

> *"Un resultado justo sólo se puede obtener sopesando los hechos y argumentos en ambos lados de cada cuestión"*

Charles Darwin, *El Origen de la Especies.*

La acusación de que el DI es sólo un intento de resucitar la tesis del "relojero", de Paley, o de que se trataría de otra forma de creacionismo, es completamente infundada. El DI no pretende responder la gran cuestión de los orígenes, como así tampoco el "modus operandi" (ya sea por intervención directa o indirecta) de una inteligencia diseñadora.

Tampoco adopta la fácil racionalización de argüir a partir de la analogía. En su lugar, el DI busca distinguir los *efectos* debidos a causas naturales de los producidos por causas inteligentes. Aquellos que se aferran a las explicaciones materialistas, se resisten a la idea de un diseño *real* en la naturaleza, dejando al mismo tiempo a sus fértiles imaginaciones conjeturar cualquier cosa para evitar las implicaciones claramente implícitas en el mundo natural. Es mi esperanza que este libro sea de gran utilidad para abrir el diálogo entre aquellos que rechazan el diseño en base a presupuestos puramente filosóficos y aquellos que están tratando de proponerlo como un legítimo programa de investigación.

Introducción

Los científicos del DI dicen a menudo que para estudiar el diseño inteligente se requiere que uno pase a través de una concienzuda educación en la teoría evolucionista. Sin embargo, ellos creen –lo mismo que nosotros– que es tan importante entender las capacidades de la evolución, como lo es entender las limitaciones de la misma. Uno de los aspectos en disputa acerca de la evolución tiene que ver con la extrapolación. Esto es, ¿pueden las variaciones menores explicar las grandes innovaciones que vemos hoy día y que aparecen como puntuaciones abruptas en el registro fósil de la historia de la vida? ¿Cómo podemos siquiera comenzar a entender de qué manera un proceso ciego (esto es, la selección natural) puede producir, digamos, cerebros grandes –sin ir en contra de algunas dificultades que claramente desafían a la evolución? En el año 2001, el descubrimiento del gen de la Microcefalia Asociada de Tipo Huso Anormal, (ASPM, por sus iniciales en inglés), aportó una nueva comprensión acerca de las dificultades que rodean precisamente a este tema. ¿Desarrollaron supuestamente nuestros antepasados chimpancés cerebros más grandes? En tal caso, ¿cómo ocurrió? ¿Podría un cerebro de mono evolucionar gradualmente o súbitamente, como el gen ASPM parece indicar? Un cráneo más grande, ¿evolucionó independientemente o lo hizo simultáneamente con el cerebro? Estas cuestiones son por demás importantes para tales discusiones, porque tienen consecuencias trascendentales. Si somos el producto de un chimpancé evolucionado, esto no es simplemente una cuestión acerca de la biología, sino acerca de nuestro propósito final en un vasto universo.

Todos podemos apreciar los grandes avances que la ciencia ha hecho para ayudarnos a preservar y esclarecer la raza humana. Sin embargo, uno puede preguntarse, ¿ha quitado la ciencia nuestro sentido de propósito? Pareciera que ya no podemos distinguir entre los efectos de la naturaleza versus los de la mente. En palabras de Richard Dawkins, *"La Biología es el estudio de cosas complicadas que dan la apariencia de haber sido diseñadas con un propósito"*. ¿Cómo podemos decir si el diseño biológico es el producto del azar y la necesidad, o el efecto de una inteligencia previa? ¿Existe evidencia clara de una interacción finalista? ¿Cómo puede el diseño ser detectado en los sistemas biológicos? ¿En qué difieren los métodos de detección del diseño en los sistemas biológicos y en los tecnológicos? Tomemos el ADN, como un ejemplo. El ADN está compuesto por un código de cuatro caracteres digitales que transmiten instrucciones bioquímicas particulares. De la misma manera en que se descifran los códigos binarios computacionales, así también las secuencias de nucleótidos que conforman nuestro ADN se traducen en un ribosoma. ¿Pueden estos procesos entenderse de la misma manera, a través de los principios del diseño? Las máquinas moleculares, tales como el flagelo bacteriano bi-direccional, parecen encajar en la misma categoría que los motores fuera de borda. Por lo tanto, ¿pueden los teóricos del DI correctamente inferir "diseño" como una alternativa frente a un proceso ciego y accidental? Seguro. Lo que vemos en la naturaleza exhibe un amplio espectro de principios de ingeniería, que claramente testifican en favor del diseño. Sin duda, aun asumiendo que el diseño biológico es una ilusión (como Dawkins propone), esto sería suficiente para aceptar el diseño inteligente como un medio para promover la ciencia, y si la selección natural es capaz de hacer tales hazañas (esto es, diseñar motores moleculares y códigos digitales), los científicos deberían dejar que la evidencia hable por sí misma.

La idea de compilar de esta forma los trabajos de los principales propugnadores del DI, sólo tiene la intención de servir de introducción a la teoría, tanto para los legos como para los científicos por igual. Algunos de los trabajos en este volumen serán leídos rápidamente, mientras que otros requerirán –por lo menos– un agudo pensamiento matemático. Hemos recopilado los artículos de esta manera, porque estamos particularmente interesados en atraer la atención de los científicos, sin intimidar al mismo tiempo al lector corriente, pero con suficiente material como para satisfacer a ambos. El material presentado en este volumen está recopilado como ha aparecido para ser revisado científicamente por pares ("peer review") o en sus respectivas fuentes originales.

No presentamos a todos los teóricos del DI; en lugar de eso, nos hemos concentrado en los contenidos. ¿Qué es el "diseño inteligente?" ¿De qué manera, si es que en alguna, ayuda a estimular la investigación científica? ¿Puede el DI explicar anomalías naturales? Estas y otras cuestiones son abordadas en esta serie de artículos. El lector profano, puede saltear por entero la cuestión matemática (si la encuentra confusa) sin perder nada de las reales premisas, mientras que el matemático podrá apreciar los detalles técnicos.

Mucho se ha dicho acerca del diseño inteligente, y sin embargo, aquellos que sólo han escuchado a la oposición y a las exageraciones de los medios de comunicación, están todavía a oscuras acerca de lo que la teoría realmente es. Este libro tiene la intención de poner las cosas en claro.

Mario A. Lopez
Presidente, *OIACDI*

Capítulo I

Diseño Inteligente: Una Breve Introducción

El diseño inteligente (DI) es una teoría que estudia la presencia de patrones en la naturaleza, los cuales puedan explicarse mejor si se atribuyen a alguna inteligencia. ¿Es esa señal de radio proveniente del espacio exterior, un ruido aleatorio, o es producida por inteligencia extraterrestre? ¿Es ese pedazo de piedra sólo eso o es una punta de flecha? ¿Es el Monte Rushmore el resultado de la erosión o es la obra creativa de algún artista? Todo el tiempo nos hacemos este tipo de preguntas, y pensamos que podemos dar buenas respuestas.

Sin embargo, cuando se trata de la biología y la cosmología, los científicos respingan ante la sola idea de cuestionarse, y mayormente de responder, si eso implica inclinarse por la idea de que existe un diseño subyacente. Esta situación sucede sobre todo en la biología. Según el famoso evolucionista Francisco Ayala, el mayor logro de Darwin fue mostrar cómo podía lograrse la organizada complejidad de los organismos sin que fuera necesaria una inteligencia diseñadora. En contraste, el DI pretende encontrar en los sistemas biológicos patrones que denoten inteligencia. Por lo tanto, el DI desafía directamente al darwinismo y otros enfoques materialistas sobre el origen y la evolución de la vida.

La idea del diseño inteligente ha tenido una turbulenta historia intelectual. El principal desafío que ha enfrentado durante los últimos 200 años ha sido descubrir una formula conceptualmente poderosa que haga avanzar fructíferamente a la ciencia. Lo que ha mantenido a la idea del diseño fuera de la principal corriente científica desde que Darwin propuso su teoría de la evolución, es que carecía de métodos precisos para distinguir los objetos producidos inteligentemente. Para que la teoría del diseño inteligente pueda convertirse en un concepto científico fructífero, los científicos necesitan estar seguros de que pueden determinar con confiabilidad si algo fue diseñado.

Por ejemplo, Johannes Kepler pensaba que los cráteres de la luna habían sido diseñados por sus moradores. Hoy sabemos que fueron formados por fuerzas materiales ciegas (por ejemplo, impactos de meteoritos). Es este miedo a ser refutada y desbancada lo que ha evitado que la teoría del diseño entre a la ciencia. Pero los partidarios de la teoría del diseño inteligente argumentan que ya han formulado métodos precisos para distinguir los objetos diseñados de los no diseñados. Aseguran que estos métodos les permiten evitar el error de Kepler e identificar confiablemente el diseño en los sistemas biológicos.

Como teoría de origen y desarrollo biológico, el DI tiene como postulado central que únicamente causas inteligentes pueden explicar adecuadamente las complejas estructuras ricas en información estudiadas por la biología, y que dichas causas son empíricamente detectables. Decir que las causas inteligentes son empíricamente detectables equivale a decir que existen métodos bien definidos que, con base en características observables del mundo, pueden distinguir acertadamente las causas inteligentes de las causas materiales no dirigidas. Muchas ciencias especiales ya han desarrollado métodos para hacer esta distinción - principalmente la ciencia forense, la criptografía, la arqueología y el proyecto de Búsqueda de Inteligencia Extraterrestre (SETI, por sus siglas en inglés). La habilidad de eliminar el azar y la necesidad es esencial en todas estas metodologías.

El astrónomo Carl Sagan escribió una novela llamada *Contacto* acerca del proyecto SETI (más tarde hecha película, con Jodie Foster en el papel principal). Después de varios años de recibir señales fortuitas de radio aparentemente sin significado, los investigadores de *Contacto* descubrieron un patrón de pulsaciones y pausas que correspondía a la secuencia de todos los números primos del 2 al 101. (Los números primos son los que sólo pueden dividirse entre sí mismos y entre 1). Eso llamó su atención e inmediatamente infirieron la existencia de una inteligencia diseñadora. Cuando la secuencia empieza con dos pulsaciones, luego una pausa, luego tres pulsaciones, luego una pausa . . . y continúa así siguiendo toda la secuencia de números primos hasta el 101, los investigadores deben inferir la presencia de inteligencia extraterrestre.

¿Por qué? Ninguna de las leyes de la física exige que las señales de radio tomen una forma u otra, así que la secuencia de números primos es contingente, más que necesaria. Además, la secuencia de números primos es muy larga y, por lo tanto, compleja. Note que si la secuencia hubiese carecido de complejidad, fácilmente podría haber sucedido por casualidad. Finalmente, no sólo era compleja, sino que también exhibía un patrón o *especificación* (no era sólo una secuencia de números, sino una secuencia matemáticamente importante: la de los números primos).

La inteligencia deja una marca o firma característica -lo que yo llamo "complejidad especificada" (ver mi libro *No Free Lunch*). Un evento exhibe complejidad especificada si es contingente y por lo tanto no necesario; si es complejo y por lo tanto no fácilmente reproducible por casualidad; y si es especificado en el sentido de exhibir un patrón dado. Note que un suceso meramente improbable no es suficiente para eliminar el azar -lance una moneda al aire por suficiente tiempo y será testigo de un suceso altamente complejo o improbable. Aun así, no tendrá razones para no atribuirlo a la casualidad.

Lo importante de las especificaciones es que se den objetivamente y no sólo se impongan a hechos después de que hayan sucedido. Por ejemplo, si un arquero dispara flechas a una pared, y luego pintamos blancos de tiro alrededor de las puntas, imponemos un patrón después del hecho. Por otro lado, si los objetivos se establecen por adelantado (son "especificados"), y luego el arquero da en ellos con precisión, sabemos que se hizo por diseño.

Al tratar de determinar si los organismos biológicos exhiben complejidad especificada, los defensores de la teoría del diseño inteligente se enfocan en sistemas identificables -tales como enzimas individuales, caminos metabólicos, máquinas moleculares y cosas por el estilo. Estos sistemas son especificados por necesidades funcionales independientes y exhiben un alto grado de complejidad. Por supuesto, cuando una parte esencial de algún organismo exhibe complejidad especificada, el diseño atribuible a dicha parte se atribuye también al organismo como un todo. No es necesario demostrar que cada aspecto del organismo fue diseñado: de hecho, algunos aspectos serán resultado de causas puramente materiales.

La combinación de complejidad y especificación fue un signo convincente de inteligencia extraterrestre para los astrónomos de la película *Contacto*. Dentro de la teoría del diseño inteligente, la complejidad es la marca o firma característica de la inteligencia. Es un confiable marcador empírico de la inteligencia de la misma manera que las huellas digitales son un confiable marcador empírico de la presencia de una persona en la escena de un crimen. Los defensores de la teoría del diseño inteligente sostienen que causas materiales no dirigidas, como la selección natural actuando sobre cambios genéticos aleatorios, no pueden generar complejidad especificada.

Esto no significa que los sistemas que ocurren de forma natural no puedan exhibir complejidad especificada o que los procesos materiales no puedan servir de conducto a la complejidad especificada. Los sistemas que ocurren naturalmente pueden exhibir complejidad especificada, y la naturaleza funcionando por puros mecanismos materiales sin dirección inteligente puede tomar la complejidad especificada previamente existente y barajarla aquí y allá. Pero ese no es el punto. El punto es si la naturaleza (concebida como sistema cerrado de causas materiales ciegas y continuas) puede *generar* complejidad especificada en el sentido de originarla cuando previamente no existía.

Tome, por ejemplo, un Rembrandt grabado en madera. Surgió al imprimir sobre un papel un bloque de madera grabado. El Rembrandt exhibe complejidad especificada. Sin embargo, la aplicación mecánica de tinta al papel mediante el bloque de madera no explica la complejidad especificada del grabado hecho en la madera. La complejidad especificada del grabado debe llevarnos a la complejidad especificada existente en el bloque, que a su vez debe conducirnos a la actividad diseñadora realizada por el mismo Rembrandt (en este caso la talla deliberada del bloque de madera). Las cadenas causales de la complejidad especificada no terminan en las fuerzas materiales ciegas, sino en una inteligencia diseñadora.

En *La Caja Negra* de Darwin, el bioquímico Michael Behe conecta la complejidad especificada con el diseño biológico con su concepto de complejidad irreductible. Behe define los sistemas irreductiblemente complejos como aquellos que consisten en varias partes interrelacionadas y en los que si se elimina aunque sea una parte se destruye la función de todo el sistema. Para Behe, la complejidad irreductible es un indicador confiable de la existencia de un diseño. Un sistema bioquímico irreductiblemente complejo contemplado por Behe es el flagelo bacteriano. El flagelo es un motor giratorio energizado por ácido y una cola a manera de látigo que da unas 20,000 revoluciones por minuto y cuyo movimiento rotatorio permite a la bacteria navegar en su medio acuoso.

Behe muestra que la intrincada maquinaria de este motor molecular -un rotor, un estator, anillos tóricos, bujes y un eje propulsor--exige la interacción coordinada de por lo menos treinta proteínas complejas, y que la ausencia de cualquiera de ellas daría por resultado la pérdida total de la función motora. Behe argumenta que el mecanismo darwinista enfrenta grandes obstáculos al tratar de explicar tales sistemas irreductiblemente complejos. En *No Free Lunch*, muestro cómo la noción de Behe acerca de la complejidad irreductible constituye un caso especial de complejidad especificada y que, por lo tanto, los sistemas irreductiblemente complejos como el del flagelo bacteriano fueron diseñados.

Igualmente, el diseño inteligente es más que sólo el último de una larga lista de argumentos sobre el diseño. Los conceptos de complejidad irreductible y complejidad especificada que se le relacionan, suministran causas inteligentes empíricamente detectables y hacen del diseño inteligente una teoría científica hecha y derecha, a diferencia de los argumentos sobre el diseño enarbolados por filósofos y teólogos (lo que tradicionalmente se ha conocido como "teología natural").

El principal reclamo del diseño inteligente es este: el mundo contiene eventos, objetos y estructuras que agotan las explicaciones con causas inteligentes no dirigidas, pero que pueden ser explicados adecuadamente recurriendo a causas inteligentes. Los defensores del diseño inteligente aseguran poder demostrar esto rigurosamente. Por lo tanto, el diseño inteligente toma una antigua intuición filosófica y la convierte en un programa de investigación científica. Dicho programa depende de los avances hechos en la teoría de las probabilidades, la ciencia de la computación, la biología molecular, la filosofía de la ciencia, y el concepto de información, por nombrar sólo unas cuantas áreas. Si este programa puede o no convertir al diseño inteligente en una herramienta conceptual efectiva para investigar y entender el mundo natural es la gran pregunta que hoy enfrenta la ciencia.

Capítulo 2

Ciencia y Diseño

Cuando la física de Galileo y Newton desplazó a la física Aristotélica, los científicos intentaron explicar el mundo descubriendo sus leyes naturales deterministas. Cuando la física cuántica de Bohr y Heisenberg desplazó en su momento a la física de Galileo y Newton, los científicos se dieron cuenta de que necesitaban complementar sus leyes naturales deterministas tomando en consideración los procesos aleatorios para la explicación del universo. El azar y la necesidad, para usar una famosa expresión de Jaques Monod, establecieron así las fronteras de la explicación científica.

Sin embargo hoy día el azar y la necesidad han demostrado ser insuficientes para dar razón de todos los fenómenos científicos. Sin invocar las teleologías, enteléquias y vitalismos del pasado, justamente desechados, puede verse que se requiere un tercer modo de explicación, a saber, el diseño inteligente. El azar, la necesidad y el diseño - estos tres modos de explicación- son necesarios para explicar todo el abanico de fenómenos científicos.

Pero no todos los científicos se percatan de que al excluir el diseño inteligente la ciencia se restringe de un modo artificial. Richard Dawkins, un paleo-Darwinista, comienza su libro *The Blind Watchmaker* diciendo que "la biología es el estudio de cosas complicadas que dan la apariencia de haber sido diseñadas con un propósito". Afirmaciones como ésta resuenan en toda la literatura biológica. En *What Mad Pursuit*, Francis Crick, premio Nobel y codescubridor de la estructura del ADN, escribe "los biólogos deben tener en cuenta constantemente que lo que ellos ven no ha sido diseñado sino que más bien ha evolucionado."

La comunidad de biólogos cree que ha explicado el aparente diseño de la naturaleza mediante el mecanismo Darwiniano de mutación al azar y selección natural. Sin embargo, la cuestión es que al explicar el aparente diseño de la naturaleza, los biólogos consideran que han elaborado una explicación científica y exitosa contra el auténtico diseño. Esto es importante porque para que una afirmación sea científicamente falseable tiene que tener la posibilidad de ser verdad. La refutación científica es un arma de doble filo. Las afirmaciones que son científicamente refutadas pueden ser falsas pero no necesariamente; no pueden descartarse.

Para darse cuenta de esto, consideremos lo que pasaría si el examen microscópico revelara que todas las células tienen escrita la frase "fabricada por Yavé". Lógicamente, las células no llevan escrito "fabricado por Yavé", pero esta no es la cuestión. La cuestión es que no lo sabríamos a menos que las examinásemos realmente con el microscopio. Y si realmente tuvieran esa inscripción, como científicos, tendríamos que aceptar que realmente están hechas por Yavé. Así que incluso aquellos que no creen en él, admiten tácitamente que el diseño siempre ha permanecido como una opción viva en biología. A priori las impugnaciones del diseño son filosóficamente poco sofisticadas y fácilmente enumerables. Sin embargo, una vez que se admite que el diseño no puede excluirse sin motivo de la ciencia, queda una pregunta de mayor peso: ¿porqué queremos admitir el diseño dentro de la ciencia?

Para responder a ésta cuestión, permítasenos darle la vuelta y preguntar en su lugar ¿por qué no debemos admitir el diseño dentro de la ciencia? ¿Por qué no explicar algo por el diseño de un agente inteligente? Ciertamente, hay sucesos cotidianos que achacamos al diseño. Además, en nuestra vida diaria es absolutamente crucial diferenciar lo accidental de lo diseñado. Demandamos respuestas a cuestiones tales como ¿se cayó o la empujaron? ¿Murió accidentalmente o cometió suicidio? ¿Esta canción es un plagio o una creación original? ¿Ha tenido suerte en la bolsa o tenía información confidencial?

No solo pedimos respuestas a estas preguntas, sino que industrias enteras se dedican a establecer distinciones entre accidente y diseño. En éste campo podemos incluir las ciencias forenses, la ley de propiedad intelectual, la investigación de demandas en seguros, la criptografía y la generación de números aleatorios, por poner unos pocos ejemplos.

La ciencia misma necesita establecer esta distinción para salvar su honestidad. El último mes de enero, la revista Science informó de que una búsqueda en la red descubrió que "una publicación de *Zentralblatt für Gynäkologie* de 1991 [contenía] un texto casi idéntico a uno publicado en 1979 en el *Journal of Maxillofacial Surgery*." El plagio y la falsificación de datos son mucho más comunes en ciencia de lo que nos gustaría admitir. Lo que mantiene en jaque a este tipo de abusos es nuestra capacidad de detectarlos.

Si el diseño es tan fácilmente detectable fuera de la ciencia y si la posibilidad de detectarlo es un factor clave para preservar la honestidad de los científicos ¿por qué habría que suprimirse el diseño de entre los contenidos de la ciencia? ¿Por qué Dawkins y Crick se ven obligados a recordar constantemente que la biología estudia cosas que tan solo aparentan estar diseñadas, pero que de hecho no lo están? ¿Por qué la biología no puede estudiar cosas que están diseñadas?

La respuesta de la comunidad de biólogos a estas cuestiones ha sido de resistencia absoluta a la idea de diseño. El problema es que para los objetos naturales (y a diferencia de los artefactos de origen humano) la distinción entre diseño y no diseño no puede dibujarse con nitidez. Consideremos, por ejemplo, la siguiente afirmación de Darwin en el último capítulo de *El Origen de las Especies*: "Varios eminentes naturalistas han publicado recientemente su creencia de que multitud de especies dentro de cada género, consideradas como tales, no son realmente especies; pero otras especies son reales, es decir, han sido independientemente creadas... Sin embargo no pretenden que no puedan definir, o incluso conjeturar, cuales son las formas creadas de vida y cuales ha sido producidas por leyes secundarias. Admiten variación como *vera causa* en un caso y arbitrariamente lo rechazan en otro, sin hacer distinción entre los dos casos." Los biólogos temen atribuir algo al diseño (identificado aquí con la Creación) solo para contradecirse más tarde. Esta extendida y legítima preocupación les ha impedido emplear el diseño inteligente como explicación científica válida.

Aunque quizás se justificara en el pasado, este temor ya no puede sostenerse por más tiempo. Ahora existe un riguroso criterio -la especificación de la complejidad- para distinguir entre los objetos producidos por causas inteligentes y los originados por causas no inteligentes. Muchas ciencias especializadas ya emplean este criterio, aunque bajo una forma preteórica[1] (por ejemplo, las ciencias forenses, la inteligencia artificial, la criptografía, la arqueología y la búsqueda de vida extraterrestre). El gran descubrimiento de la filosofía de la ciencia y la teoría de la probabilidad en los últimos años ha sido aislar este criterio y precisarlo. El criterio de complejidad irreducible empleado por Michael Behe para establecer el diseño de sistemas bioquímicos es un caso concreto del criterio de especificación de la complejidad para detectar el diseño (cf. la obra de Behe *Darwin's Black Box*).

¿En qué consiste este criterio? Aunque una explicación y una justificación detalladas resulta algo bastante técnico (para una explicación total véase mi libro *The Design Inference*, publicado por la Cambridge University Press), la idea básica es sencilla y fácil de ilustrar. Considérese cómo los radioastrónomos de la película *Contact* detectan la inteligencia extraterrestre.

Esta película, aparecida el último año y basada en una novela de Carl Sagan, ha sido una entretenida pieza de

---

[1] El autor quiere decir que en estas ciencias, la idea de diseño subyace en todas sus demostraciones, pero que no han desarrollado una teoría del diseño específica, en la que basar toda sus deducciones posteriores. N. Del T.

propaganda del programa de investigación de SETI (Search for ExtraTerrestrial Intelligence[2]). En la película, los investigadores de SETI encuentran vida extraterrestre inteligente (los investigadores reales no han tenido tanta suerte).

¿Cómo encuentran los investigadores de SETI en *Contact* la inteligencia extraterrestre? Monitorizan millones de emisiones de radio procedentes del espacio exterior. Muchos objetos naturales del espacio producen ondas de radio (por ejemplo los púlsares). Buscar signos de diseño entre todas estas ondas de radio naturales es como buscar una aguja en un pajar. Para buscar en el pajar, los científicos pasan las señales monitorizadas a través de ordenadores programados para encontrar patrones[3].

Cuando una señal no coincide con uno de los patrones preestablecidos, es descartada por la máquina tamizadora que hace coincidir los patrones (incluso si tiene un origen inteligente). Si, por el contrario, coincide con uno de éstos patrones, entonces, dependiendo del patrón con el que coincida, los investigadores de SETI tendrán algo que celebrar.

En *Contact*, los investigadores de SETI reciben la siguiente señal:

---

[2] Búsqueda de Inteligencia Extraterrestre (N. Del T.).
[3] Pattern-matchers: literalmente, emparejadores de patrones. El autor se refiere a ordenadores que son capaces de hacer coincidir un patrón dado con uno almacenado en su memoria. Del emparejamiento de ambos (match) se puede inferir la existencia del patrón en la señal problema, y por tanto del diseño (N. Del T.)

```
110111011111011111110111111111101111111111110
111111111111111110111111111111111111110111111111
111111111111110111111111111111111111111111111011
111111111111111111111111111110111111111111111111
111111111111111111110111111111111111111111111111
111111111111110111111111111111111111111111111111
111111111110111111111111111111111111111111111111
111111111111011111111111111111111111111111111111
111111111111111111110111111111111111111111111111
111111111111111111111111111111111101111111111111
111111111111111111111111111111111111111111111111
111111110111111111111111111111111111111111111111
111111111111111111111111111111111101111111111111
111111111111111111111111111111111111111111111111
111111111111011111111111111111111111111111111111
111111111111111111111111111111111111111111111111
011111111111111111111111111111111111111111111111
111111111111111111111111111111111110111111111111
111111111111111111111111111111111111111111111111
111111111111111111111111111111111101111111111111
111111111111111111111111111111111111111111111111
111111111111111111111111111111111110111111111111
111111111111111111111111111111111111111111111111
1111111111111111111111111111111111111111111111
```

En ésta secuencia de 1126 bits, los "1" corresponden a pulsos y los "0" a pausas. Esta secuencia representa los números primos comprendidos entre 2 y 101, donde un cierto número primo está representado por el correspondiente número de pulsos (es decir, de "1") y los números primos individuales están separados por pausas (ósea, "0").

Los investigadores de SETI en *Contact* tomaron esta señal como confirmación decisiva de una inteligencia extraterrestre. ¿Qué hay en ésta secuencia que indica diseño de manera tan decisiva? Cuando establecemos la existencia de diseño, debemos determinar dos cosas: complejidad y especificidad. La complejidad asegura que el objeto en cuestión no es tan sencillo como para que pueda ser explicado solo por azar. La especificidad asegura que éste objeto muestra un patrón que denota inteligencia.

Para ver porqué la complejidad resulta crucial a la hora de inferir diseño, considérese la siguiente secuencia de bits:

110111011111

Estos son los doce primeros bits de la secuencia anterior, que representan los números primos 2, 3 y 5 respectivamente. Con toda seguridad, ningún investigador de SETI, a causa de esta secuencia de doce bits, va a llamar al redactor de ciencia de *The New York Times*, va a convocar una rueda de prensa y va a anunciar que se ha descubierto inteligencia extraterrestre. Ningún titular de prensa va a anunciar "Los extraterrestres nos envían los tres primeros números primos".

El problema es que esta secuencia es demasiado corta (es decir, tiene poca complejidad) para determinar que ha sido realizada por una inteligencia extraterrestre con conocimiento de los números primos.

Una fuente de pulsos aleatorios de radio pudiera producir por casualidad la secuencia

"110111011111." Sin embargo, una secuencia de 1126 bits que contuviera los números primos entre 2 y 101 es ya otra historia. Aquí la secuencia es suficientemente larga (es decir, tiene suficiente complejidad) como para confirmar que ha sido producida por una inteligencia extraterrestre. Incluso entonces, la complejidad por sí misma no elimina el azar e indica diseño.

Si lanzo al aire una moneda 1000 veces, pondré en práctica un suceso altamente complejo (lo que equivale a decir que altamente improbable). Ciertamente, la secuencia que obtenga será una entre trillones de trillones de trillones... hasta veintidós veces "de trillones". Sin embargo esta secuencia de lanzamientos no conduce a inferir un diseño. Aunque compleja, la secuencia no muestra un patrón adecuado. Contrástese esta secuencia con la que contiene los números primos entre 2 y 101. No solo es compleja esta secuencia sino que presenta un patrón adecuado. El investigador de SETI que en *Contact* descubre esta secuencia así lo señala: "Esto no es ruido. Tiene una estructura".

¿Qué significa que un patrón es adecuado para inferir un diseño? Esto no ocurre con cualquier patrón. Algunos patrones pueden emplearse con justicia para inferir diseño mientras que otros no lo hacen. Es fácil aquí ver la idea básica. Supongamos que un arquero se encuentra a 50 metros de una gran pared con el arco y las flechas en su mano. La pared digamos que es lo suficientemente grande como para que el arquero irremediablemente acierte. Supongamos ahora que cada vez que el arquero dispara una flecha, pinta un círculo en torno a la flecha de manera que ésta queda en el centro. ¿Qué puede concluirse de esta situación? Respecto a la puntería del arquero, absolutamente nada. Si; aparecerá un patrón, pero este patrón surge solo después de que la flecha haya sido lanzada. El patrón es puramente circunstancial.

Pero supongamos que el arquero pinta un blanco fijo en la pared y entonces le dispara. Supongamos que el arquero lanza cien flechas y cada vez hace un blanco perfecto. ¿Qué puede concluirse de ésta situación? Frente a esta segunda situación estamos obligados a inferir que nos encontramos ante un arquero de nivel mundial, uno de cuyos tiros no puede explicarse con justicia por azar, sino más bien por la habilidad del arquero y su destreza. La habilidad y la destreza son lógicamente ejemplos de diseño.

Como el arquero que fija el blanco primero y luego dispara, los estadísticos establecen antes del experimento lo que se conoce como *región de rechazo*. Si el resultado de un experimento cae dentro de la región de rechazo, el estadístico rechaza la hipótesis de que el resultado se deba al azar. No es necesario que el patrón venga dado de antemano para que implique diseño. Considérese el siguiente texto cifrado:

nfuijolt ju jt mjlf b xfbtfm

Inicialmente, esto parece una secuencia aleatoria de letras y espacios; al principio carecemos de cualquier patrón para rechazar el azar e inferir un diseño.

Pero supongamos a continuación que alguien viene y te dice que leas esta secuencia como un mensaje cifrado, moviendo cada letra un espacio hacia el principio del alfabeto. Una vez hecho, la secuencia se lee:

methinks it is like a weasel[4]

Incluso si este patrón viene dado después del suceso, es todavía el tipo de patrón que elimina el azar e infiere el diseño. En contraste con las estadísticas, que siempre intentan identificar patrones antes que el experimento tenga lugar, el criptoanálisis debe descubrir el patrón después de que éste suceda. Sin embargo, en ambos ejemplos los patrones son necesarios para inferir diseño.

Los patrones se dividen en dos tipos, los que en presencia de complejidad garantizan la inferencia del diseño y los que a pesar de la presencia de complejidad no garantizan tal inferencia. Los del primer tipo se llaman *especificaciones* y los del segundo *fabricaciones*.
Las especificaciones son patrones no ad-hoc que pueden con justicia ser usados para eliminar el azar y garantizar la inferencia de diseño. Por el contrario, las fabricaciones son los patrones ad-hoc que no pueden legítimamente usarse para garantizar la inferencia de diseño. Esta distinción entre fabricaciones y especificaciones puede hacerse con pleno rigor estadístico (cf. *The Design Inference*).

¿Por qué el criterio de complejidad-especificidad puede detectar el diseño de manera fiable? Para responder a esto necesitamos comprender primero qué tienen los agentes inteligentes que les hace detectables. La principal característica de un agente inteligente es la selección.

---

[4] La frase tiene sentido en inglés, aunque no es gramaticalmente correcta. La traducción más aproximada es "creo que es una comadreja" (N. Del T.).

Cuando actúa un agente inteligente, elige dentro de un rango de posibilidades en competencia.

Esto no solo ocurre con las inteligencias humanas y extraterrestres sino también con los animales. Una rata en un laberinto debe elegir en muchos puntos de dicho laberinto entre ir a la derecha o a la izquierda. Cuando los investigadores de SETI intentan descubrir inteligencia en las transmisiones de radio que están monitorizando, dan por supuesto que una inteligencia extraterrestre pudiera haber elegido transmitir cualquier número posible de patrones. Entonces ellos intentan hacer coincidir las transmisiones que observan con los patrones que buscan. Cuando un ser humano pronuncia un discurso inteligible, escoge entre un rango de combinaciones de sonidos posibles. Un agente inteligente siempre implica discriminación, escoger unas cosas y descartar otras.

Dada esta definición del agente inteligente, ¿cómo podemos reconocer que una decisión ha sido tomada por un agente inteligente? Un frasco de tinta se derrama accidentalmente sobre una hoja de papel; alguien coge una estilográfica y escribe un mensaje en la hoja. En los dos casos la tinta resulta aplicada sobre el papel. En los dos casos sucede una posibilidad entre casi infinitas. En ambos casos sucede una contingencia y otras no. Sin embargo en un caso existe una acción deliberada y en el otro hay azar.

¿Cuál es la referencia relevante? No solo hay que observar que la contingencia ha tenido lugar sino que nosotros mismos hemos de ser capaces de especificar la contingencia. Ésta puede ajustarse independientemente a un determinado patrón y nosotros debemos ser capaces de formular independientemente el patrón. Una mancha aleatoria de tinta puede ser inespecífica; un mensaje escrito con tinta no es inespecífico. Wittgenstein en *Culture and Value* puso de relieve esta misma cuestión: "Tendemos a tomar por un chapurreo inarticulado el habla china. Alguien que comprenda el chino reconocerá un idioma en lo que escucha."

Al oír un párrafo en chino, quien conozca este idioma no solo reconoce que ha tenido lugar una de todas las posibles expresiones, sino que también es capaz de identificarla como idioma chino coherente. Contrástese esta situación con la de alguien que no sepa chino. También reconocerá que ha sucedido una contingencia de entre todas las posibles, pero esta vez será incapaz de decir si es una expresión coherente porque carece de la capacidad de entender el chino. Para alguien que no entiende el chino, lo dicho parecerá un chapurreo. El chapurreo, es decir, la expresión de sílabas sin sentido e ininterpretables en cualquier idioma, siempre provoca la realización de una posibilidad entre el rango de todas las posibles. Sin embargo, el chapurreo, por no corresponder a nada comprensible en lenguaje alguno, tampoco puede ser específico. Como resultado, el chapurreo no puede considerarse comunicación inteligente sino lo que Wittgenstein llama "farfulleo inarticulado."

Los psicólogos experimentales que estudian el aprendizaje y el comportamiento animal utilizan un método semejante. Para aprender una tarea, el animal debe adquirir la capacidad de realizar comportamientos adecuados a la tarea y también la capacidad de desechar los comportamientos inadecuados. Además, para que un psicólogo admita que un animal ha aprendido una tarea, no solo es necesario que observe al animal realizando su propia selección, sino también especificando esa selección. Así, para reconocer que una rata ha aprendido con éxito a cruzar un laberinto, el psicólogo debe determinar primero qué secuencia de giros izquierda-derecha conducirá a la rata hasta el exterior. Sin duda, una rata caminando por un laberinto al azar también discrimina una secuencia de giros izquierda-derecha. Pero por caminar al azar, la rata no da señales de que pueda discriminar la secuencia apropiada para salir del laberinto. En consecuencia, los psicólogos que estudian a la rata no tendrán motivo para pensar que la rata sabe como cruzar el laberinto. Solo si la rata ejecuta la secuencia de giros derecha-izquierda especificada por el psicólogo, éste reconocerá que la rata ha aprendido a cruzar el laberinto.

Nótese que la complejidad también está implícita aquí. Para darse cuenta, considérese otra vez una rata cruzando el laberinto, pero ahora tómese un laberinto en que con dos giros a la derecha la rata sale del laberinto. ¿Cómo determinará el psicólogo que estudia la rata que el animal ha aprendido a salir del laberinto? Con poner a la rata en el laberinto no será suficiente. Al ser un laberinto tan simple, la rata podrá por azar efectuar dos giros a la derecha y por tanto salir del laberinto. Entonces el psicólogo no tendrá la seguridad acerca de si la rata realmente ha aprendido como salir del laberinto o simplemente ha tenido suerte.

Pero contrástese ahora esto con una laberinto complicado en el que la rata debe efectuar la secuencia correcta de giros izquierda-derecha para salir el laberinto. Supóngase que la rata debe hacer un centenar de giros izquierda-derecha adecuados y que cualquier error impedirá a la rata salir del laberinto. Un psicólogo que vea que la rata no comete giros erróneos y sale ordenadamente del laberinto quedará convencido de que efectivamente ha aprendido a salir y que no ha sido una estúpida carambola.

Este esquema general para reconocer la acción inteligente es tan solo una forma ligeramente disfrazada del criterio de complejidad-especificidad. En general, para reconocer la acción inteligente debemos observar una posibilidad que compite con otras muchas, anotar qué posibilidades no resultaron elegidas y ser capaces de especificar la posibilidad que fue elegida. Y lo que es más: las posibilidades que compiten y que fueron descartadas deben ser posibilidades vivas y lo suficientemente numerosas (por tanto, complejas) para que al especificar la posibilidad elegida no pueda atribuirse al azar.

Todos los elementos de este esquema general para reconocer la acción inteligente (es decir, elección, descarte y especificación) encuentran su contrapartida en el criterio de complejidad-especificidad. De aquí se sigue que este criterio formaliza lo que hemos estado haciendo ahora al reconocer la acción inteligente. El criterio de complejidad-especificidad muestra claramente lo que es necesario buscar cuando detectamos diseño.

Quizás la evidencia más clara de diseño en biología proceda de la bioquímica. En un número reciente de *Cell* (8 de Febrero de 1998), Bruce Alberts, presidente de la Academia Nacional de Ciencias, señaló que "toda la célula puede verse como una factoría que contiene una red elaborada de cadenas de montaje interrelacionadas, cada una de las cuales se compone de grandes máquinas proteicas... ¿Por qué llamamos máquinas a las grandes cadenas proteicas que subyacen al funcionamiento celular? Precisamente porque, al igual que las máquinas inventadas por los humanos para tratar con eficiencia el mundo macroscópico, estas cadenas proteicas contienen partes móviles altamente coordinadas." Incluso así, Alberts se sitúa con la mayoría de los biólogos al considerar la maravillosa complejidad de la célula como si fuera solo aparentemente diseñada. El bioquímico de la Universidad de Lehigh Michael Behe no está de acuerdo. En *Darwin's Black Box* (1996), Behe aduce una poderosa argumentación a favor del diseño en la célula. Resulta capital para esta argumentación la noción de *complejidad irreducible*. Un sistema es irreduciblemente complejo cuando consiste en varias partes interrelacionadas de manera que retirando una sola parte se destruye completamente el funcionamiento del sistema. Como ejemplo de complejidad irreducible, Behe aduce una trampa para ratones estándar. La trampa consiste en una plataforma, un martillo, un muelle, un enganche y una barra de sujeción. Retírese cualquiera de estos cinco componentes y será imposible construir una trampa para ratones funcional.

La complejidad irreducible necesita ser contrastada con la complejidad acumulativa. Un sistema es acumulativamente complejo si los componentes del sistema pueden ser retirados sucesivamente de manera que la eliminación sucesiva de los componentes nunca conduce a la total pérdida de funcionalidad. Un ejemplo de sistema acumulativamente complejo es una ciudad. Resulta posible ir retirando personas y servicios de una ciudad hasta que quede un pequeñísimo pueblo, todo ello sin perder el sentido de comunidad, la "funcionalidad" de la ciudad.

Según esta definición de la complejidad acumulativa, aparece claro que el mecanismo Darwiniano de la selección natural y las mutaciones al azar puede explicar adecuadamente la complejidad acumulativa. La explicación de Darwin acerca de cómo los organismos se hacen gradualmente más complejos a medida que las adaptaciones favorables se acumulan, equivale a nuestro ejemplo de la ciudad en el que la gente y los servicios van siendo retirados. En ambos casos, las versiones más simples y más complejas funcionan con mayor o menor eficacia.

Sin embargo ¿puede el mecanismo Darwiniano explicar la complejidad irreducible? Ciertamente; si la selección actúa con referencia a un objetivo, entonces sí puede explicar la complejidad irreducible. Considérese la trampa para ratones de Behe. Dado el objetivo de construir una trampa para ratones, puede establecerse un proceso selectivo y finalista que seleccione sucesivamente una plataforma, un martillo, un muelle y una barra de sujeción y que, finalmente, junte todos estos componentes para formar una trampa para ratones funcional. Dado un objetivo previo, la selección no tiene dificultad para producir sistemas irreduciblemente complejos.

Pero la selección que opera en la biología es la selección natural Darwiniana. Y por definición, esta forma de selección funciona sin objetivo, sin plan ni propósito y carece totalmente de dirección. La gran aportación del mecanismo de selección de Darwin ha consistido en eliminar la teleología de la biología. Sin embargo, al hacer de la selección un proceso no dirigido, Darwin redujo drásticamente el tipo de complejidad que podían manifestar los sistemas biológicos. De aquí que los sistemas biológicos solo puedan mostrar complejidad acumulativa y no complejidad irreducible.

Tal y como explica Behe en *Darwin's Black Box*, "un sistema irreduciblemente complejo no puede originarse... por pequeñas modificaciones sucesivas de un sistema precursor, porque cualquier precursor de un sistema irreduciblemente complejo que pierda una de sus partes es, por definición, no funcional. Ya que la selección natural solo puede elegir sistemas que funcionan, entonces si un sistema biológico no puede originarse gradualmente, tendría que surgir como unidad integrada, de un solo golpe, para que la selección natural no tuviera nada sobre lo que actuar."

En un sistema irreduciblemente complejo, la funcionalidad se alcanza cuando todos los componentes del sistema se encuentran en su lugar al mismo tiempo. De aquí se sigue que la selección natural, si tiene que originar un sistema irreduciblemente complejo, tiene que originarlo de una vez o no hacerlo. Esto no sería un problema si los sistemas en cuestión fueran simples. Pero no lo son. Los sistemas bioquímicos irreduciblemente complejos que Behe considera son máquinas proteicas que constan de numerosas proteínas diferentes, cada una de las cuales es imprescindible para su funcionamiento; en conjunto, están más allá de lo que la selección natural puede juntar en una sola generación.

Uno de los sistemas bioquímicos irreduciblemente complejos que Behe estudia es el flagelo bacteriano. El flagelo es un motor giratorio similar a un látigo que hace posible que la bacteria navegue en su medio. El flagelo incluye un motor rotatorio propulsado por ácido, un estator, unos anillos circulares, una funda y un timón. La intrincada maquinaria de este motor molecular requiere aproximadamente cincuenta proteínas. Sin embargo, la ausencia de cualquiera de ellas provoca la pérdida total de la funcionalidad del motor.

La complejidad irreducible de tales mecanismos bioquímicos no puede ser explicada mediante mecanismos Darwinianos, ni ciertamente por el mecanismo evolutivo y naturalista propuesto hasta la fecha. Además, como la complejidad irreducible sucede en el ámbito bioquímico, no existe otro nivel fundamental de análisis biológico al que pueda referirse la complejidad irreducible de los sistemas bioquímicos, y en el cual pueda esperar tener éxito el análisis Darwiniano en términos de selección y mutación. El fundamento de la bioquímica es la química ordinaria y la física, ninguna de las cuales puede explicar la información biológica. Del mismo modo, saber si un sistema bioquímico es irreduciblemente complejo es una cuestión totalmente empírica: hay que suprimir individualmente cada proteína que constituye el sistema bioquímico para determinar si la funcionalidad se pierde. En el caso de que sea así, nos encontramos con un sistema irreduciblemente complejo. Los experimentos de éste tipo son rutinarios en biología.

El nexo de unión entre la noción de Behe de complejidad irreducible y mi criterio de complejidad-especificidad está ahora claro. Los sistemas irreduciblemente complejos que estudia Behe requieren numerosos componentes específicamente adaptados entre si y todos ellos necesarios para la funcionalidad. Esto significa que son complejos en el sentido requerido por el criterio de complejidad especificidad.

La especificidad en biología siempre hace referencia de alguna manera a la función del organismo. Un organismo es un sistema funcional que comprende muchos subsistemas funcionales. La funcionalidad del organismo puede ser especificada de muchas maneras. Arno Wouters lo hace en términos de la viabilidad de todo el organismo; Michael Behe en términos de funcionalidad mínima de los sistemas bioquímicos. Incluso Richard Dawkins admitirá que la vida es específicamente funcional, para él en términos de reproducción de los genes. Así, en *The Blind Watchmaker* Dawkins escribe: "Las cosas complicadas tienen alguna cualidad, especificada de antemano, que es difícilmente adquirible tan solo por cambios aleatorios. En el caso de las cosas vivas, la cualidad que resulta especificada de antemano es... la capacidad de propagar genes por reproducción."

Así, existe un criterio fiable para detectar el diseño observando estrictamente lo que pasa en el mundo. Este criterio pertenece a la teoría de la complejidad y de la probabilidad, no a la metafísica y a la teología. Y aunque no puede alcanzarse por una demostración lógica, sí puede alcanzarse por una justificación estadística tan aplastante que demande aprobación. Este criterio es relevante para la biología. Cuando se aplica a las estructuras complejas de la biología, tan ricas en información, detecta diseño. En particular, podemos decir, junto con el peso de la ciencia, que el criterio de complejidad-especificidad demuestra que los sistemas bioquímicos irreduciblemente complejos de Michael Behe están diseñados.

¿Para que sirven estos avances? Muchos científicos no se dejan convencer. Incluso cuando tenemos un criterio fiable para detectar el diseño e incluso cuando ese criterio nos dice que los sistemas biológicos han sido diseñados, parece que establecer que un sistema biológico ha sido diseñado equivale a encogerse de hombros y decir "Dios lo ha hecho". Se teme que la admisión del diseño estropee la investigación científica y que los científicos detengan su investigación de problemas complicados porque ya tienen suficientes explicaciones.

Pero el diseño no es una barrera para la ciencia. De hecho, el diseño puede estimular la búsqueda frente al evolucionismo tradicional que la obstruye. Considérese la expresión "ADN basura". En ella está implícita la idea de que como el genoma de un organismo ha sido ensamblado a través de un largo proceso evolutivo sin objeto, el genoma es un puzzle del cual solo algunas partes son esenciales para el organismo. Así, desde un punto de vista evolutivo, gran parte del ADN es inútil. Si, por otra parte, existe el diseño, hemos de esperar a que tanto como sea posible del ADN tenga una función. Y ciertamente, los más recientes descubrimientos sugieren que la designación del ADN como "basura" tan solo esconde nuestro desconocimiento de su función. Por ejemplo, en un número reciente del *Journal of Theoretical Biology*, John Bodnar describe como "el ADN no codificante de los genomas eucarióticos contiene un leguaje que programa el crecimiento del organismo y su desarrollo." El diseño estimula la búsqueda de una función por parte de los científicos donde la evolución no lo hace.

Considérese también los órganos vestigiales que últimamente se cree que tienen una función. Los textos de biología evolutiva citan a menudo el cóccix humano como una "estructura vestigial" donde resuenan los ecos de los ancestros vertebrados con cola. Sin embargo, si uno lee una edición reciente de la *Gray's Anatomy*, puede verse que el cóccix es un punto crucial de contacto con los músculos que se unen al suelo pélvico. La expresión "estructura vestigial" esconde a menudo nuestra falta de conocimiento de la función. El apéndice humano, anteriormente considerado vestigial, es hoy día un componente funcional del sistema inmune.

La admisión del diseño en la ciencia solo puede enriquecer la empresa científica. Todos los intentos e instrumentos de la ciencia permanecerán intactos. Pero el diseño añade una nueva herramienta al conjunto de herramientas explicativas del científico. Además, el diseño levanta todo un nuevo conjunto de objetos de investigación. Una vez que sabemos que algo ha sido diseñado, querremos saber como fue producido, hasta qué punto el diseño es óptimo y cual es su propósito. Nótese que podemos detectar diseño sin saber para qué fue diseñado. Existe una sala en la Smithsonian Institution llena de objetos que fueron obviamente diseñados pero cuyo propósito específico es desconocido para los antropólogos.

El diseño también implica limitaciones. Un objeto que ha sido diseñado funciona con ciertas limitaciones. Si estas se sobrepasan, el objeto funciona peor o se rompe. Además, podemos descubrir esas limitaciones experimentalmente observando lo que funciona y lo que no. Esta sencilla idea tiene implicaciones tremendas no solo para la ciencia sino también para la ética. Si los humanos han sido realmente diseñados, entonces hemos de esperar que tengamos limitaciones psicosociales. Si transgredimos estos límites, tanto nosotros como nuestra sociedad pagarán por ello. Existe mucha evidencia científica que sugiere que muchas de las actitudes y comportamientos de nuestra sociedad estimulan la destrucción de la prosperidad humana. El diseño promete reforzar el hilo conductor de la ética que va desde Aristóteles hasta Santo Tomás y que se conoce como ley natural.

Al admitir el diseño dentro de la ciencia, hacemos mucho más que criticar simplemente el reduccionismo científico. Este reduccionismo sostiene que todo es reducible a categorías científicas y se refuta a sí mismo y se ve fácilmente cómo lo hace. La existencia del mundo y de las leyes por las cuales éste opera, la inteligibilidad del mundo y la eficacia irracional de las matemáticas para comprenderlo son solo unas pocas cuestiones que suscita la ciencia pero que la ciencia es incapaz de responder. Sin embargo, criticar el reduccionismo científico no es suficiente y no hace nada por cambiar la ciencia. Y es la ciencia lo que tiene que cambiar. Al excluir el diseño, la ciencia ha trabajado demasiado tiempo con un conjunto inadecuado de categorías conceptuales. Esto ha conducido a una visión limitada de la realidad, sesgando el modo en que la ciencia comprende no solo el mundo, sino también a los seres humanos. Martin Heidegger subrayó en *Ser y tiempo* que "un nivel de desarrollo de la ciencia queda determinado por el grado en que sus conceptos básicos son capaces de entrar en crisis". Los conceptos básicos con los que la ciencia ha operado estos últimos cientos de años no resultan ya adecuados ni en la era de la información ni en una edad en que el diseño resulta empíricamente detectable. La ciencia afronta una crisis de sus conceptos básicos. La salida de esta crisis consiste en expandir la ciencia para incluir el diseño. Incluir el diseño en la ciencia es liberarla, desprendiéndola de restricciones que no pueden justificarse por más tiempo.

Capítulo 3

Diseño por Eliminación Versus Diseño por Comparación

¿Cómo se infieren propiamente las hipótesis de diseño? ¿Simplemente eliminando hipótesis de azar o comparando la verosimilitud del azar y las hipótesis de diseño?

Detrás de esta pregunta hay dos APROXIMACIONES fundamentalmente diferentes acerca de cómo razonar con las hipótesis de azar, una amigable con el diseño inteligente y la otra no tanto. La aproximación amigable, debida a Ronald Fisher, rechaza una hipótesis de azar dado que los datos muestrales aparezcan en una región de rechazo pre-especificada. La aproximación poco amigable, debida a Thomas Bayes, rechaza una hipótesis de azar dado que una hipótesis alternativa confiere una mayor probabilidad a los datos en cuestión cuando es comparada con la hipótesis original. En la aproximación fisheriana, las hipótesis de azar se rechazan de manera aislada cuando bajo esas hipótesis los datos son muy improbables. En la aproximación bayesiana las hipótesis de azar se eliminan dado que otras hipótesis hacen más probable al conjunto de datos. Mientras que en la aproximación fisheriana el énfasis está en la eliminación, en la aproximación bayesiana el énfasis está puesto en la comparación. Estas dos aproximaciones son incompatibles y la misma comunidad estadística está sumida en una discusión sobre cuál de estas aproximaciones adoptar como canon correcto de racionalidad estadística. La diferencia refleja una divergencia profunda en las intuiciones fundamentales sobre la naturaleza de la racionalidad estadística y, en particular, sobre lo que cuenta como evidencia estadística.

La crítica más influyente de la complejidad especificada la acusa con situarse en el lado errado de esta división. Específicamente, los críticos acusan que usar la complejidad especificada para inferir diseño presupone la aproximación fisheriana, eliminativa, para razonar con las hipótesis de azar mientras que la aproximación correcta para inferir diseño debe abrazar la aproximación bayesiana, comparativa. El más prominente académico que hace esta crítica es Elliot Sober. Otros académicos han erigido esta crítica también, y muchos más incluso la han citado como decisiva para refutar que la complejidad especificada sea una señal de inteligencia.

En respuesta a esta crítica permítaseme iniciar con un examen de la realidad. A menudo cuando la literatura bayesiana intenta justificar sus métodos contra los métodos de Fisher, los autores aceptan rápidamente que los métodos fisherianos dominan el mundo científico. Por ejemplo, Richard Royall (quien, estrictamente hablando es un teórico de verosimilitud en vez de un bayesiano, aunque la discusión no es central para esta discusión) escribe, "las pruebas de hipótesis estadísticas, como son más comúnmente usadas al analizar y reportar resultados de estudios científicos, no proceden... con el hacer una elección entre dos [o más] hipótesis especificadas... [sino que siguen] un procedimiento más común" (*Statistical Evidence: A Likelihood Paradigm* [*Evidencia Estadística:*

Un paradigma de Verosimilitud], Chapman & Hall, 1997).
Seguido de esto, Royall pasa a esbozar ese procedimiento
común, el cual requiere especificar una única hipótesis de
azar, usar una estadística de prueba para identificar una
región de rechazo, chequear si la probabilidad de esa
región de rechazo bajo la hipótesis de azar cae debajo de
un nivel de significancia dado, determinar si una muestra
(los datos) cae dentro de esa región de rechazo y, si es así,
rechazar la hipótesis de azar. En otras palabras, las
ciencias miran a Fisher y no a Bayes para su metodología
estadística. Colin Howson y Peter Urbach, en *Scientific
Reasoning: The Bayesian Approach* [*Razonamiento
Científico: La Aproximación Bayesiana*], admiten de
manera semejante la abrumadora falta de popularidad de
los métodos bayesianos entre los científicos cuando están
trabajando.

¿Entonces está siendo la mayoría de los científicos
simplemente estúpida o perezosa al adoptar la
aproximación fisheriana para el razonamiento estadístico?
Para responder esta pregunta vamos a mirar dos ejemplos
prototípicos en los cuales se emplean los métodos
fisheriano y bayesiano. Una vez tengamos estos ejemplos a
la mano, podemos utilizarlos para ver lo que puede salir
mal con ambos métodos. Empecemos con un ejemplo del
razonamiento fisheriano. El razonamiento fisheriano
elimina las hipótesis de azar de manera aislada, así que
sólo necesitamos considerar una única hipótesis de azar a
eliminar. Tomemos una particularmente simple, a saber, la
hipótesis de azar que caracteriza el lanzamiento de una
moneda honesta. Para ver si la moneda está sesgada a
favor de las caras (luego no es honesta), se puede
determinar una región de rechazo de diez caras en serie y
luego lanzar la moneda diez veces. En la aproximación de

Fisher si la moneda cae cara las diez veces, entonces está justificado el rechazar la hipótesis de azar. La improbabilidad de obtener diez caras en serie, asumiendo que la moneda es honesta, es aproximadamente una en mil (es decir, 0.001).

A continuación, para ilustrar la aproximación bayesiana, considere el siguiente esquema probabilístico. Imagine dos monedas, una honesta y la otra sesgada. Suponga que la moneda sesgada tiene probabilidad de caer cara el 90% de las veces. Adicionalmente, imagine una urna gigante con un millón de bolas de igual tamaño, donde todas son blancas excepto una que es negra. Ahora imagine que una única muestra aleatoria se tomará de la urna y si una bola blanca es seleccionada (lo cual es abrumadoramente probable) entonces la moneda honesta se lanzará diez veces; pero si se selecciona la bola negra (lo cual es abrumadoramente improbable), entonces la moneda sesgada se lanzará diez veces. Ahora imagine que todo lo que usted ve es que la moneda se lanzó diez veces y todas las veces cayó cara. La probabilidad de que los lanzamientos resultaran en diez caras en serie, dado que la moneda es honesta, es aproximadamente .001 (una en mil). Pero la probabilidad de que caigan diez caras en serie, dado que la moneda sesgada se lanzó, es aproximadamente .35 (un poco mejor que una en tres). Dentro de la literatura bayesiana estas probabilidades se conocen como *verosimilitudes*.

Entonces ¿cuál moneda se lanzó, la honesta o la sesgada?. Si se miran solamente las verosimilitudes, parecería que la moneda sesgada fue la lanzada; en realidad, es mucho más verosímil que aparezcan diez caras en serie si se usa la moneda sesgada en vez de la moneda honesta. Pero esa respuesta no serviría. El problema es que cuál moneda es lanzada tiene lo que en la literatura bayesiana se conoce como *probabilidad a priori*. La probabilidad a priori hace mucho más probable que la moneda honesta fuera lanzada y no que lo fuera la moneda sesgada. La moneda honesta tiene probabilidad a priori .999999 de ser lanzada (porque una bola blanca tiene esa probabilidad de ser seleccionada en la urna), mientras que la moneda sesgada tiene probabilidad a priori .000001 de ser lanzada (porque la única bola negra tiene esa probabilidad de ser seleccionada en la urna).

Para decidir cuál de las monedas fue lanzada, estas probabilidades a priori deben descomponerse en factores dentro de las verosimilitudes calculadas anteriormente. Para hacer esto, se calcula lo que en la literatura bayesiana se conoce como *probabilidad a posteriori* (la cual se obtiene utilizando el teorema de Bayes). La probabilidad a posteriori de que la moneda honesta se haya lanzado dado que se observaron diez caras en serie es .9996, mientras que la probabilidad a posteriori de que la moneda sesgada haya sido lanzada dado que se observaron diez caras en serie es .0004. Por lo tanto, dado el esquema probabilístico de las dos monedas y la urna como se describió anteriormente, es mucho más probable que la moneda honesta hubiera sido lanzada y no la moneda sesgada. Y este es el caso aun cuando el resultado observado de las diez caras en serie sea en sí mismo más consistente con la moneda sesgada que con la moneda honesta.

Dadas estas ilustraciones particularmente nítidas y claras de las aproximaciones fisheriana y bayesiana, se podría preguntar cuál es el problema con cada una. Ambas aproximaciones, como ilustradas en estos ejemplos, parecen eminentemente razonables dadas las preguntas que están llamadas a contestar. No obstante, de ambas aproximaciones surgen serios problemas conceptuales cuando se escudriñan más a fondo. Quiero, en lo que queda de este capítulo, describir los problemas conceptuales que surgen de la aproximación fisheriana e indicar cómo mi trabajo en complejidad especificada ayuda a resolverlos. Lo siguiente que quiero hacer es describir los problemas conceptuales que surgen de la aproximación bayesiana e indicar porqué son inadecuados como modelo general para el razonamiento estadístico. En particular, mostraré que la aproximación fisheriana puede hacerse lógicamente coherente y porqué la aproximación bayesiana, cuando funciona (lo cual no sucede muy a menudo), debe presuponer, en efecto, la aproximación fisheriana.

Entonces ¿cuáles son los problemas con la aproximación fisheriana y cómo ayuda a resolverlos mi trabajo en complejidad especificada? Esquemáticamente la aproximación fisheriana luce así: una hipótesis de azar definida con respecto a una clase de referencia de posibilidades es dada. También es dada una región de rechazo en esa clase de referencia. Con la hipótesis de azar y la región de rechazo a la mano, se procede a muestrear un evento de la clase de referencia de posibilidades. Si ese evento (la muestra o los datos) cae dentro de una región de rechazo, y si la probabilidad de esa región de rechazo con respecto a la hipótesis de azar es suficientemente pequeña, entonces se rechaza la hipótesis de azar. Intuitivamente, piense en el lanzamiento de flecha a un muro grande que tiene un blanco fijo. El muro corresponde a la clase de referencia de posibilidades (todos los lugares a los cuales la flecha puede llegar) y el blanco corresponde a la región de rechazo. Si es que la flecha aterrice en el blanco (es decir, la muestra cae en la región de rechazo) tiene probabilidad lo suficientemente pequeña, entonces se rechaza la hipótesis de azar. En nuestro ejemplo anterior de los lanzamiento de moneda, la clase de referencia era todas las posibles sucesiones de caras y sellos, la región de rechazo era todas las sucesiones con diez caras en serie, la muestra era la sucesión de diez caras en serie y la hipótesis de azar presuponía que la moneda era honesta.

¿Hay algo errado con este cuadro? Aunque el cuadro ha probado ser exitoso en la práctica, cuando Fisher formuló los apuntalamientos teóricos dejó de lado una cosa deseable. Hay tres preocupaciones principales: primero ¿cómo hacer preciso lo que significa para una región de rechazo tener probabilidad "suficientemente pequeña" con respecto a la hipótesis de azar? Segundo ¿cómo se caracterizan las regiones de rechazo de manera que una hipótesis de azar no se rechace automáticamente en caso de que esa hipótesis en realidad esté operando? Y tercero ¿por qué una muestra que cae en una región de rechazo cuenta como evidencia contra una hipótesis de azar?

El primer punto se plantea usualmente en términos de establecer un "nivel de significancia". Un nivel de significancia prescribe el grado de improbabilidad por debajo del cual una región de rechazo elimina una hipótesis de azar una vez que la muestra ha caído dentro de esa región. Los niveles de significancia en la literatura de ciencias sociales, por ejemplo, usualmente se toman en los valores 0.05 y 0.01. Pero ¿de dónde vienen estos números? A la verdad, son completamente arbitrarios. Esta arbitrariedad ha perseguido la aproximación fisheriana desde su inicio. No obstante, hay una forma de salirle al paso.

Considere de nuevo nuestro ejemplo de lanzar una moneda diez veces y obtener en ese intento diez caras en serie. La región de rechazo que se ajusta a esta sucesión de lanzamientos de moneda establece, por lo tanto, un nivel de significancia de 0.001. Si obtenemos diez caras en serie podemos considerar esto, por lo tanto, como evidencia en contra de que la moneda es honesta. ¿Pero qué sucede si no lanzamos la moneda diez veces no sólo en una ocasión sino que la lanzamos diez veces en repetidas ocasiones? Si el comportamiento de la moneda fuera enteramente lo esperado de una moneda honesta la mayoría de veces que la lanzamos, entonces en las pocas ocasiones en las cuales observemos diez caras en serie, no tendríamos razón para sospechar que la moneda estaba sesgada puesto que las monedas honestas, cuando son lanzadas lo suficientemente a menudo, producirán una sucesión cualquiera de lanzamientos de moneda, incluyendo diez caras en serie. La fuerza de la evidencia contra una hipótesis de azar cuando una muestra cae dentro de la región de rechazo por lo tanto depende de cuántas muestras son tomadas o pueden haber sido tomadas. Estas muestras constituyen lo que llamo *recursos replicacionales*. Entre más muestras de este estilo, mayores los recursos replicacionales.

Los niveles de significancia por lo tanto necesitan tener en cuenta los recursos replicacionales si es que las muestras que alcanzan estos niveles van a tenerse en cuenta como evidencia contra una hipótesis de azar. Pero eso no es suficiente. Además de tener en cuenta los recursos replicacionales, los niveles de significancia también necesitan tener en cuenta lo que llamo *recursos especificacionales*. La región de rechazo en la cual nos hemos estado enfocando especificó diez caras en serie. Pero con certeza si las muestras que caen dentro de esta región de rechazo podrían contar como evidencia en contra de que la moneda es honesta, entonces las muestras que caen dentro de otras regiones de rechazo, de manera semejante, deben contar como evidencia en contra de que la moneda es honesta. Por ejemplo, considere la región de rechazo que especifica diez sellos en serie. Por simetría, las muestras que caen dentro de esta región de rechazo deben contar como evidencia en contra de que la moneda es honesta, tanto como las muestras que caen dentro de la región de rechazo que especifica diez caras en serie.

Pero si este es el caso ¿qué prevendría, entonces, al rango entero de posibles lanzamientos de moneda de ser absorbido por regiones de rechazo de manera que sin importar cuál sucesión de monedas se observó, siempre termine esta cayendo en alguna región de rechazo y contando por lo tanto como evidencia en contra de que la moneda sea legal? Más generalmente ¿qué previene que una clase de referencia de posibilidades cualquiera sea particionada en una colección mutuamente exclusiva y exhaustiva de regiones de rechazo de manera tal que una muestra cualquiera siempre caiga en una de estas regiones de rechazo y por lo tanto cuente como evidencia en contra de una hipótesis de azar cualquiera?

La forma de salirle al paso a este punto es limitar las regiones de rechazo a aquellas que pueden caracterizarse por patrones de baja complejidad (de hecho tal limitación ha estado implícita cuando se aplican en la práctica los métodos fisherianos). Las regiones de rechazo, y las especificaciones más generalmente, corresponden a eventos y por lo tanto tienen asociada una probabilidad o complejidad probabilística. Pero las regiones de rechazo también son patrones, y como tales tienen una complejidad asociada que mide el grado de complicación de los patrones, o lo que yo llamo *complejidad especificacional*. Usualmente esta forma de complejidad corresponde a la medida de compresibilidad de Kolmogorov o la longitud de descripción mínima (entre más corta sea la descripción, más baja es la complejidad especificacional. Vea <www.mdl-research.org>). Ya resumí estos dos tipos de complejidad en el capítulo 10. Note que la complejidad especificacional surge muy naturalmente: no es una construcción ad hoc o artificial diseñada simplemente para salvar la aproximación de Fisher. Más bien, ha estado implícita desde hace tiempo, permitiéndole a la aproximación de Fisher florecer a pesar de los apuntalamientos teóricos inadecuados con los cuales Fisher la dotó.

Los recursos replicacionales y especificacionales juntos constituyen lo que llamo *recursos probabilísticos*. Los recursos probabilísticos resuelven las primeras dos preocupaciones (mencionadas anteriormente) concernientes a la aproximación de Fisher para el razonamiento estadístico. Específicamente, los recursos probabilísticos nos permiten establecer niveles de significancia racionalmente justificados y restringen el número de especificaciones, previniendo con esto que las hipótesis de azar se eliminen de buenas a primeras. Los recursos probabilísticos proveen por lo tanto un fundamento racional para la aproximación fisheriana de razonamiento estadístico. Lo que es más, al estimar los recursos probabilísticos disponibles en el universo físico conocido, podemos establecer un nivel de significancia que está justificado sin importar los recursos probabilísticos en cualquier circunstancia dada. Tal nivel de significancia, independiente del contexto, es de este modo aplicable universalmente y responde definitivamente a qué significa que un nivel de significancia sea "lo suficientemente pequeño" sin importar la circunstancia. Para una estimación conservadora de este nivel de significancia, conocida como una *cota de probabilidad universal*, vea el capítulo diez. Para los detalles acerca de cómo colocar la aproximación fisheriana de razonamiento estadístico sobre un fundamento racional firme, vea el capítulo dos de mi libro *No Free Lunch*.

Eso deja la tercera preocupación concerniente a la aproximación fisheriana de razonamiento estadístico: ¿por qué una muestra que cae en una región de rechazo (o, más generalmente, un resultado que se ajusta a una especificación) debe contar como evidencia en contra de una hipótesis de azar? Una vez se admite que la aproximación fisheriana es lógicamente coherente y que se pueden eliminar las hipótesis de azar individualmente solo con chequear si las muestras caen dentro de regiones de rechazo adecuadas (o, más generalmente, si un resultado se ajusta a especificaciones adecuadas), es asunto sencillo extender este razonamiento a familias enteras de hipótesis de azar, llevar a cabo una inducción eliminativa (ver el capítulo treinta y uno) y eliminar con ello todas las hipótesis de azar relevantes que puedan explicar una muestra. Y de ahí no hay sino un pequeño paso para inferir diseño.

Vamos a quedarnos en el último punto por un momento: ¿cómo se pasa de eliminar el azar para inferir diseño? De hecho ¿qué justifica este paso de eliminación del azar a inferencia de diseño? Estamos suponiendo, por el momento, que la aproximación fisheriana puede eliminar legítimamente hipótesis de azar individuales y de este modo, por eliminación sucesiva, eliminar familias completas de hipótesis de azar. Para eliminar una hipótesis de azar, la aproximación fisheriana determina si un resultado se ajusta a una especificación y si la especificación misma describe un evento de probabilidad pequeña (el evento aquí comprende todos los resultados que se ajustan a la especificación). Dado que hayamos caracterizado con éxito todas las hipótesis de azar que excluyen diseño y que hayamos podido eliminarlas por medio de tal especificación (el resultado exhibe por lo tanto complejidad especificada) ¿por qué deberíamos pensar que el resultado es diseñado?

En este caso la especificación misma actúa como un puente lógico entre la eliminación del azar y la inferencia de diseño. Aquí esta el raciocinio: si podemos señalar un patrón dado de manera independiente (es decir, una especificación) en algún resultado observado, y si los posibles resultados que se ajustan a ese patrón son, tomados conjuntamente, altamente improbables (en otras palabras, si el resultado observado exhibe complejidad especificada), entonces es más plausible que algún agente o proceso que se dirigiera a un fin produjera el resultado al conformarlo intencionalmente al patrón, en lugar de que el resultado terminara ajustándose al patrón simplemente por azar. De acuerdo con esto, aun cuando la complejidad especificada establece diseño por medio de un argumento eliminativo, no es justo decir que esta establece diseño *puramente* por medio de un argumento eliminativo. El patrón dado de manera independiente, o la especificación, contribuye positivamente a nuestro entendimiento del diseño inherente en las cosas que exhiben complejidad especificada.

Para evitar esta resbalosa pendiente al diseño, los teóricos bayesianos niegan que la aproximación fisheriana pueda eliminar legítimamente aunque sea una hipótesis de azar (mucho menos barrer con todas las hipótesis de azar relevantes, como se requiere para una exitosa inferencia de diseño). El problema, como ellos lo ven, es que las muestras que caen en las regiones de rechazo (o, más generalmente, los resultados que se ajustan a una especificación) no pueden servir como evidencia en contra de las hipótesis de azar. Más bien, la única forma de que haya evidencia contra una hipótesis de azar es que haya mejor evidencia a favor de otras hipótesis.

Voy a analizar la aproximación bayesiana para la evidencia estadística momentáneamente, pero primero necesito decir algo acerca de la evidencia en general. En *World Without Design* [*El Mundo sin Diseño*], Michael Rea anota, "la verdadera indagación es un proceso en el cual intentamos revisar nuestras creencias sobre la base de lo que consideramos evidencia". Continúa él:

> Pero esto significa que, para indagar sobre algo, debemos ya estar dispuestos a tomar algunas cosas como evidencia. Incluso para poder empezar a indagar, debemos tener ya varias disposiciones para confiar al menos en algunas de nuestras facultades cognitivas como fuentes de evidencia y tomar ciertas clases de experiencias y argumentos como evidencia. Tales disposiciones (vamos a llamarlas

disposiciones   metodológicas)   pueden   ser adquiridas reflexiva y deliberadamente.

De acuerdo con esto, lo que cuenta como evidencia (y eso incluye la evidencia estadística) se decide no sobre la base de la evidencia sino sobre la base de las disposiciones tales que ellas mismas no son gobernadas por la evidencia. ¿Por qué, por ejemplo, la mayoría de los matemáticos encuentran que las pruebas por contradicción (esto es, *reductio ad absurdum*) son evidencia que cuenta para la verdad de una proposición matemática pero otros (los intuicionistas) encuentran que tales pruebas son inadecuadas y requieren en su lugar pruebas constructivas? O de nuevo, ¿por qué las aproximaciones de Fisher y Bayes a la evidencia estadística se mantienen en disputa? En tales casos el debate no es solamente acerca de cómo pesar cierta evidencia sino sobre lo que en principio cuenta como evidencia. El asunto de lo que cuenta como evidencia corta a través de todo el debate sobre diseño inteligente. ¿Puede si quiera existir tal cosa como evidencia a favor de una inteligencia no evolucionada que diseñe la complejidad biológica? Muchos científicos y filósofos naturalistas niegan que pueda existir. Pero para negarlo coherentemente se necesita un marco evidencial. El marco preeminente en este asunto es el bayesiano. Quiero por lo tanto examinar ese marco a continuación y, específicamente, mostrar porqué es tan inadecuado para sacar inferencias de diseño como para excluirlas.

Cuando la aproximación bayesiana intenta juzgar entre las hipótesis de azar y diseño, esta trata a las dos hipótesis como si tuvieran probabilidades a priori y confiriendo probabilidades a los resultados y eventos.

De este modo, dada la hipótesis de azar H, la hipótesis de diseño D y el resultado E, el teórico bayesiano intenta comparar las probabilidades a posteriori de H y D con respecto a E (esto es, $P(H \mid E)$ contra $P(D \mid E)$). Si la probabilidad a posteriori de D sobre E es mayor que la de H sobre E, entonces E sirve de evidencia a favor de D y la fuerza de la evidencia es proporcional a cuán grande es $P(D \mid E)$ con respecto a $P(H \mid E)$. Desafortunadamente, calcular las probabilidades a posteriori requiere conocer las probabilidades a priori (es decir, $P(H)$ y $P(D)$), y a menudo esas no están disponibles. En ese caso, se pueden calcular solamente la verosimilitud de E con respecto a H y D (es decir, $P(E \mid H)$ contra $P(E \mid D)$).

Existe una versión minimalista de la aproximación bayesiana conocida como la *aproximación de verosimilitud* que esencialmente ignora las probabilidades a priori y nada más mira la razón de verosimilitud (esto es, $P(E \mid H)/P(E \mid D)$) para determinar la fuerza de la evidencia a favor de una hipótesis. Sin embargo, esto va en pro de un entendimiento idiosincrático de la evidencia. La evidencia, como se entiende usualmente, se refiere a lo que nos causa revisar nuestras creencias. Pero las razones de verosimilitud no están en posición de hacer eso sin la ayuda de las probabilidades a priori. Por ejemplo, si yo oigo en mi ático el repiqueteo de pequeños pies y el sonido de pines de bolos cayendo, la verosimilitud de la hipótesis de diseño de que gremlins estén jugando bolos en mi ático puede ser mayor que la verosimilitud de cualquier hipótesis de azar que pretenda explicar esos sonidos. Con todo, mi incredulidad en la hipótesis de los gremlins permanecería tan absoluta y completa como antes por causa de mi creencia previa de que los gremlins no existen (en términos bayesianos, la probabilidad a priori P(D), donde D es la hipótesis del gremlin, para mi completamente cero).

Acabo de describir la aproximación bayesiana que establece la evidencia a favor de las hipótesis de diseño en comparación con las hipótesis de azar. De acuerdo con esto, hacer una inferencia de diseño es determinar que la evidencia, construida en términos bayesianos o de verosimilitud, favorece al diseño sobre el azar. ¿Qué hay de malo con esta aproximación para inferir diseño?. Una cantidad de cosas. Resumiré brevemente lo que está mal punto por punto (para más detalles, refiérase al capítulo dos de *No Free Lunch*).

1. Necesidad de probabilidades a priori. Como ya hemos visto, para que la aproximación bayesiana funcione se requieren probabilidades a priori. Sin embargo, las probabilidades a priori a menudo son imposibles de justificar. A diferencia del ejemplo de la urna y las dos monedas discutidas anteriormente (en el cual extraer una bola de una urna determina netamente las probabilidades a priori de cuál moneda fue lanzada), para la mayoría de las inferencias de diseño, especialmente aquellas que son más interesantes como la existencia de diseño en sistemas biológicos, o no tenemos cómo manipular las probabilidades a priori de una hipótesis de diseño o esa probabilidad a priori es ferozmente discutida (los teístas, por ejemplo, pueden considerar alta esa probabilidad a priori mientras que los ateos la considerarían baja).

2. Hipótesis de diseño que confieren probabilidades. La aproximación bayesiana requiere que las hipótesis de diseño, como las hipótesis de azar, asignen probabilidades a los eventos. En la notación anterior, para que la aproximación bayesiana funcione, las verosimilitudes $P(E \mid D)$ y $P(E \mid H)$ deben estar bien definidas. Suponga que E denota el evento responsable de cierto gen, donde este gen a su vez codifica una cierta enzima. Dados los varios procesos naturales a los cuales los genes están sujetos (mutación, supresión, duplicación, cruzamiento, etc), $P(E \mid H)$ está bien definida. Pero ¿qué pasa con $P(E \mid D)$? Asumiendo que la enzima en cuestión constituye una innovación biológica sin precedente ¿cómo asignamos la probabilidad de que un diseñador la diseñe?

Aquí la dificultad no está reducida a las hipótesis de diseño en biología. De hecho, aplica a todos los casos de diseño novedoso. Para estar seguros, hay hipótesis de diseño que confieren probabilidades confiables. Por ejemplo, que yo esté digitando este libro le confiere una probabilidad de cerca del 13% a la letra *e* (ese es el valor de qué tan a menudo un escritor en inglés utiliza la letra *e*). Pero ¿cuál es la probabilidad de que yo escriba este libro?. ¿Cuál es la probabilidad de que Rachmaninoff componga sus variaciones a un tema de Paganini?. ¿Cuál es la probabilidad de que Shakespeare escriba uno de sus sonetos?. Cuando el asunto es sobre creaciones novedosas, el mismo hecho de expresar $P(E \mid D)$ se torna altamente problemático y prejuiciado. Eso ubica a la creación novedosa de un diseñador en el mismo lugar que las leyes naturales, requiriendo del diseño una predictibilidad que es circunscribible en términos de probabilidades. Pero los diseñadores son inventores de novedades sin precedentes, y tal creación innovativa trasciende todas las probabilidades.

3. La ilusión de rigor matemático. Como hice notar en el punto anterior, si E denota la ocurrencia de cierta codificación genética para una cierta enzima novedosa, entonces se puede considerar que P(E | H) es una probabilidad bien definida. Si el problema de asignar esta probabilidad no es técnicamente muy difícil, puede ser que logremos evaluarla con precisión, o al menos estimar una cota superior para ella. Pero ¿qué pasa con P(E | D)?. ¿Qué pasa con probabilidades como esta, más en general, donde una hipótesis de diseño confiere una probabilidad a una creación novedosa? No sólo no hay razón para pensar que dichas probabilidades tengan sentido (vea el punto anterior), sino que cuando los bayesianos razonan con ellas, lo hacen sin asignarles números precisos. La probabilidad P(E | D) funciona como una representación de la ignorancia, dando un aire de rigor matemático a lo que en realidad es simplemente una asignación subjetiva de qué tan plausible parece una hipótesis de diseño a la persona que ofrece el análisis bayesiano.

4. Eliminación del azar sin comparación. Dentro de la aproximación bayesiana, la evidencia estadística es inherentemente comparativa: no hay evidencia a favor o en contra de una hipótesis como tal sino sólo mejor o peor evidencia a favor de una hipótesis en relación con otra. Pero que todo razonamiento estadístico debe ser comparativo de esta forma no puede ser correcto. Existen casos donde una y sólo una hipótesis estadística es relevante y debe ser determinada. Considere, por ejemplo, una moneda honesta (es decir, un disco rígido perfectamente simétrico con lados distinguibles) que usted mismo está lanzando. Si usted observa mil caras en serie (un evento abrumadoramente improbable), usted estará inclinado a rechazar la única hipótesis de azar relevante, a saber, que los lanzamientos de moneda son independientes e idénticamente distribuidos con probabilidad uniforme.

¿Importa para que rechace esta hipótesis de azar si usted ha formulado una hipótesis alternativa?. Yo digo que no. Para ver esto, pregúntese a usted mismo *¿cuándo empiezo a mirar hipótesis alternativas en tales escenarios?*. La respuesta es, precisamente, cuando un evento altamente improbable como mil caras en serie ocurre. Así, no es que usted haya empezado comparando dos hipótesis sino que empezó con una única hipótesis a la cual, cuando se hizo problemática para dar cuenta de una improbabilidad tan alta (sugiriendo ella misma que las pruebas de significancia fisherianas acechan desde el fondo), usted rechazó tácitamente al inventar una hipótesis alternativa. La hipótesis alternativa en tales escenarios es completamente ex post facto. Es inventada únicamente para mantener viva la ficción bayesiana de que todo el razonamiento estadístico debe ser comparativo.

5. Retroceso de las *a priori*. Como variación del último punto, retornemos al ejemplo anterior de una urna con un millón de bolas, una negra y el resto blancas. Como antes, imagine que una moneda legal se lanza si una bola blanca es seleccionada aleatoriamente de la urna, pero una moneda sesgada con probabilidad 0.9 de caer cara es lanzada en caso contrario. Esta vez, sin embargo, imagine que la moneda se lanza no 10 veces sino diez mil veces y que todas las veces el resultado es cara. La probabilidad de obtener diez mil caras en serie con la moneda legal es aproximadamente 1 en 10^{3010}; con la moneda sesgada e aproximadamente 1 en 10^{458} (con diez mil lanzamientos, es extremadamente probable que resulten sellos con cualquiera de las dos monedas). Un análisis bayesiano muestra entonces que la probabilidad de que se haya seleccionado una bola blanca es aproximadamente 1 en 10^{2546}, y la probabilidad de que la única bola negra sea seleccionada es uno menos esa probabilidad minúscula.

¿Debiéramos por lo tanto, como buenos bayesianos, concluir que la bola negra fue en efecto seleccionada y que la moneda sesgada en efecto fue lanzada? (la selección de la bola negra es grandemente más probable, dadas diez mil caras en serie que la selección de una bola blanca). Esto es claramente absurdo. La probabilidad de obtener diez mil caras en serie con cualquier moneda es grandemente improbable y no importa cuál bola fue seleccionada. La única conclusión sensible es que *ninguna* de las dos monedas fue lanzada aleatoriamente diez mil veces. Un bayesiano puede por lo tanto querer cambiar la probabilidad a priori para introducir duda acerca de si la urna, y subsecuentemente una de las dos monedas, fue aleatoriamente muestreada. Pero, como en el punto anterior, debemos preguntarnos qué nos induce a cambiar o revaluar nuestras probabilidades a priori. La respuesta es que no son estrictamente consideraciones bayesianas sino más bien consideraciones de pequeñas probabilidades basadas en hipótesis de azar que, como ya se dejó claro anteriormente, no admiten alternativa alguna. Las alternativas necesitan, entonces, introducirse subsecuentemente porque consideraciones fisherianas, no bayesianas, las impulsan.

6. Evidencia empírica independiente a favor de diseño. Los teóricos bayesianos están casados a menudo con un marco inductivo como el de Hume, en el cual las hipótesis de diseño requieren evidencia empírica e independiente de un diseñador que efectivamente esté trabajando (es decir, que la cámara esté grabando y el diseñador sea –o al menos en principio pudiera ser- captado en la videocámara) antes de poder atribuir diseño legítimamente. En el capítulo anterior vimos que esta restricción no es sólo artificial sino de hecho incoherente porque la inducción no puede ser la base para identificar diseño, pues no hay forma de obtener y practicar esa inducción. No obstante, para los bayesianos casados con Hume, es conveniente bloquear un análisis bayesiano que pueda implicar incluso empezar a pensar en diseño al negar que ciertas hipótesis de diseño –como una hipótesis de diseño que apele a una inteligencia no evolucionada para explicar la complejidad biológica- podrían aun en principio admitir evidencia empírica independiente.

De este modo, en lugar de enfrentar el problema de asignar probabilidades a priori en tales casos, los bayesianos casados con Hume meramente imponen una restricción adicional en el marco bayesiano al estipular, en efecto, que el marco bayesiano no puede usarse a favor de hipótesis de diseño sin evidencia empírica de un diseñador. Estrictamente hablando, esta restricción no tiene lugar dentro de un aparto probabilístico bayesiano (el teorema de Bayes funciona independiente de donde vengan las probabilidades asociadas con una hipótesis de diseño. Solo inserte los números). Pero dicha restricción se está invocando crecientemente en contra del diseño inteligente. Por ejemplo, mientras Sober permitía considerable libertad a las inferencias bayesianas de diseño en biología en su edición de 1993 de *Philosophy of Biology* [*Filosofía de la Biología*] (y así antes de que el diseño inteligente tuviera corriente intelectual), en la edición de 2000 del mismo libro cerró la posibilidad de cualquier inferencia de diseño a un diseñador que carezca de evidencia empírica independiente (después de que el diseño inteligente había creado considerables olas). De este modo, mientras la edición de 1993 le dio cabida al diseño inteligente, la edición del 2000 se la quitó.

El requerimiento de evidencia empírica independiente levanta un curioso dilema para el darwinismo. Imagine que se presentan viajeros del espacio cargados con tecnología increíblemente avanzada. Ellos nos dicen (en español) que han tenido esa tecnología por cientos de millones de años y nos dan evidencia sólida de ello (tal vez señalándonos algún aglomerado de estrellas cuyo arreglo significa un mensaje que confirma la afirmación de los extraterrestres). Más aún, nos demuestran que con esa tecnología pueden ensamblar átomo por átomo y molécula por molécula los organismos más complejos. Suponga que tenemos buenas razones para pensar que estos extraterrestres estuvieron aquí en la Tierra en los momentos claves de la historia (por ejemplo, el origen de la vida, el origen de las eucariotas, el origen de los metazoos y el origen del filos animal en el cámbrico). Suponga, aún más, que al formar la vida de la nada los extraterrestres no dejaron ningún rastro (su tecnología es tan avanzada que limpiaron perfectamente todo tras ellos, nada de basura u otras señales de actividad que dejaran tras de sí). Suponga, finalmente, que ninguno de los hechos biológicos es diferente de lo que es ahora. ¿Deberíamos pensar que en momentos claves de la historia la vida fue diseñada?

Ahora tenemos toda la evidencia empírica independiente que podríamos querer para la existencia de diseñadores físicamente corpóreos capaces de producir la complejidad de la vida en la Tierra. Si, adicionalmente, nuestro mejor análisis probabilístico de los sistemas biológicos en cuestión nos dice que los procesos naturales no guiados no pudieron haber producido dichos sistemas con algo semejante a una probabilidad razonable ¿Se garantiza ahora una inferencia de diseño bayesiana? ¿Podría volverse en ese caso el diseño de la vida más probable que una explicación darwinista (siendo aquí interpretadas las probabilidades en un sentido bayesiano o de verosimilitud) simplemente porque la evidencia empírica independiente confirma a diseñadores con la capacidad e producir sistemas biológicos?

Este prospecto, sin embargo, debe preocupar a los darwinistas. Los hechos de la biología, después de todo, no han cambiado. Con todo, el diseño sería una mejor explicación si se pudieran confirmar diseñadores capaces de producir, digamos, el filos animal cámbrico a través de evidencia empírica independiente. Note que aquí no hay ninguna forma de arma caliente (no tenemos evidencia directa alguna de participación extraterrestre en el registro fósil, por ejemplo). Todo lo que por observación sabemos es que existen seres con el poder de generar la vida y que pudieron haber actuado. ¿Nos ayudaría esto a saber que a los extraterrestres en realidad les gusta construir vida basada en el carbono? ¿Pero cómo sabríamos eso? ¿Simplemente creeríamos en su palabra para ello? Los datos de la biología y de la historia natural, suponemos, permanecen como están ahora.

Pero si el diseño es una mejor explicación simplemente por la evidencia empírica independiente de seres extraterrestres tecnológicamente avanzados ¿por qué no debería ser una mejor explicación en la ausencia de tal evidencia? Si el darwinismo es una explicación tan pobre que podría colapsar en el instante que se pudieran verificar independientemente seres extraterrestres capaces de generar formas de vida en toda su complejidad ¿entonces por qué debe dejar de ser una explicación pobre en la ausencia de tales extraterrestres?. Una vez más, los hechos mismos de la biología no han cambiado.

¿Hay alguna forma de salvar el requerimiento de evidencia empírica independiente? Claramente no sería legítimo modificar este requerimiento al descartar la evidencia circunstancial enteramente y permitir sólo evidencia directa de un "testigo ocular" de un diseñador que en realidad manipule el objeto diseñado en cuestión. Incluso Elliot Sober no seguiría el camino de esta propuesta (vea su *Reconstructing the Past* [*Reconstruyendo el Pasado*]. Para reconstruir el pasado necesitamos evidencia circunstancial). Para Sober, en principio la evidencia circunstancial podría soportar la hipótesis de diseño biológico. Lo importante para Sober es que haya evidencia empírica independiente a favor de la existencia de un diseñador. Pero no se requiere un arma caliente. De hecho, requerir un arma caliente en el sentido de un "testigo ocular" directo sería tan malo para el darwinismo como para el diseño inteligente. La evidencia es simplemente tan circunstancial tanto para el uno como para el otro.

Pero una vez la evidencia empírica independiente a favor de diseño pueda ser circunstancial, estableciendo meramente la existencia de un diseñador con el poder causal y la oportunidad para producir el efecto en cuestión (como en el caso del experimento planteado de los extraterrestres), para poder dar una explicación tenemos exactamente el mismo conjunto de datos biológicos que teníamos antes de que adquiriéramos esa evidencia. Por lo tanto el requerimiento de evidencia empírica independiente es vacío (si esta puede ser circunstancial) o prejuiciado (si se requiere que sea directa). Y en cada caso obstruye la indagación de cualquier forma real de diseño que pueda estar presente. Si requerimos evidencia empírica independiente de diseño pero no la tenemos, no veremos diseño incluso si tal diseño existe.

7. Uso implícito de especificaciones. Y finalmente llegamos al problema más dañino que pueda enfrentar la aproximación bayesiana, a saber, que presupone la misma clase de especificaciones y regiones de rechazo que pretendía excluir. Los teóricos bayesianos ven en las especificaciones una característica dispensable e incongruente de las inferencias de diseño. Por ejemplo, Timothy y Lydia McGrew consideran que las especificaciones no tienen "relevancia epistémica" alguna (Symposium on Design Reasoning [Simposio sobre Razonamiento de Diseño], Calvin College, mayo de 2001). En el mismo simposio Robin Collins, tambien bayesiano, subrayó que "podríamos, a grandes rasgos, definir una especificación como cualquier tipo de patrón para el cual tenemos algunas razones para esperar que un agente inteligente lo produzca". De este modo el uso bayesiano de la especificación puede verse como sigue: dado algún evento E y una hipótesis de diseño D, una especificación ayudaría a inferir diseño en E si la probabilidad de E condicionada a D crece al notar que E se ajusta a la especificación (la cual, á la Collins, es un "patrón para el cual tenemos algunas razones para esperar que un agente inteligente lo produzca").

Pero hay aquí una dificultad crucial que los bayesianos invariablemente dejan de lado. Considere el caso del comisionado para las elecciones en New Jersey, Nicholas Caputo, quien fue acusado de aparejar las líneas en las papeletas de votación (este ejemplo aparece en varios de mis escritos y ha sido ampliamente discutido en Internet. Una línea en la papeleta de votación es el orden en el que los candidatos aparecen listados en la papeleta. Es ventajoso para un candidato estar primero en la lista en una línea de votación porque los votantes tienden a votar más fácilmente para tales candidatos). Llame las selecciones de las líneas de papeleta hechas por Caputo el evento E. E consiste de 41 selecciones de demócratas y republicanos en serie con los demócratas excediendo grandemente en número a los republicanos por 40 a 1. En definitiva, asumamos que las líneas de selección de Caputo en las papeletas se veían como sigue (las noticias que cubrían la historia nunca reportaron la serie real hasta donde yo sé):

DDDDDDDDDDDDDDDDDDDDDDDRDDDDDDDD
DDDDDDDDDD

De este modo, suponemos que las 22 veces iniciales Caputo escogió a los demócratas para encabezar las líneas de las papeletas de votación, luego en la oportunidad 23 escogió a los republicanos, después de lo cual escogió a los demócratas en las oportunidades restantes.

Si los demócratas y los republicanos tuvieron igual probabilidad de encabezar las listas (como afirmó Caputo), este evento tiene probabilidad de 1 en 2 trillones aproximadamente. Esto es improbable, sí, pero en sí mismo no es suficiente para implicar que Caputo está haciendo trampa. Eventos altamente improbables ocurren por azar todo el tiempo después de todo. En realidad, una sucesión cualquiera de 41 demócratas y republicanos sería simplemente igual de inverosímil. ¿Qué necesitamos entonces para confirmar la trampa (y por lo tanto diseño)? Para implicar que Caputo está haciendo trampa, no es suficiente solamente notar la preponderancia de los demócratas sobre los republicanos en alguna sucesión de líneas de selección en las papeletas de votación. En su lugar, se debe notar también que una preponderancia tan extrema como esta es altamente inverosímil. En otras palabras, no era del evento E (las selecciones de la línea en la papeleta de votación como sucedieron) la improbabilidad que el bayesiano necesitaba calcular sino la del evento compuesto E*, el cual consiste de todas las posibles selecciones de línea en las papeletas de votación que exhiben al menos tantos demócratas como seleccionó Caputo. Este evento compuesto E* consiste de 42 posibles selecciones de línea en las papeletas de votación y tiene improbabilidad de 1 en 50 billones. Fue este evento y esta improbabilidad en la cual la Corte Suprema de New Jersey correctamente se enfocó cuando deliberaba si en efecto Caputo había hecho trampa. Más aún, es este el evento que deben identificar los bayesianos y cuya probabilidad deben calcular para hacer el análisis bayesiano.

¿Pero cómo identifican este evento los bayesianos? Seamos claros en que la observación nunca nos da eventos compuestos como E* sino solo resultados elementales como E (es decir, la selección real de la línea en las papeletas de votación de Caputo y no el ensamble de selecciones tan extremas como la de Caputo) ¿Pero de dónde vino este evento compuesto? Dentro del marco fisheriano la respuesta es clara: E* es la región de rechazo (y por lo tanto la especificación) que cuenta el número de demócratas seleccionados en 41 intentos y totaliza al menos tantos demócratas como en la selección de las líneas en las papeletas de votación de Caputo. Eso fue lo que la corte usó y eso es lo que los bayesianos usan. Los bayesianos, sin embargo, no ofrecen ninguna explicación de cómo identificar los eventos a los cuales les asignan probabilidades. Si los únicos eventos que ellos alguna vez consideraran fueran resultados elementales, no habría ningún problema. Pero ese no es el caso. Los bayesianos de manera rutinaria consideran tales eventos compuestos. En el caso de las inferencias bayesianas de diseño (y definitivamente los bayesianos quieren hacer una inferencia de diseño al respecto de las selecciones de las líneas en las papeletas de votación de Caputo), esos eventos compuestos están dados por las especificaciones.

Permítaseme pintar el cuadro más cabalmente. Considere un resultado elemental E. Suponga inicialmente que no vemos patrón alguno que nos de razón para esperar que un agente inteligente produjo el evento. Pero entonces, escudriñando a través de nuestro conocimiento de fondo, repentinamente vemos un patrón que significa el diseño de E. Bajo un análisis bayesiano, la probabilidad de E dada una hipótesis de diseño repentinamente se dispara. Eso, sin embargo, no es suficiente para permitirnos inferir diseño. Como es usual en el esquema bayesiano, necesitamos comparar una probabilidad condicionada a diseño con una condicionada al azar. ¿Pero para cuál evento calculamos estas probabilidades? Como resultan las cosas, no para el resultado elemental E sino para el evento compuesto E* el cual consiste en todos los resultados elementales que exhiben el patrón que significa diseño. En realidad, no hace bien argumentar que E es el resultado de diseño sobre la base de algún patrón a menos que la colección completa de eventos elementales que exhiben ese patrón sea improbable en sí misma bajo la hipótesis de azar. Por lo tanto, el bayesiano debe comparar la probabilidad de E* condicionada a la hipótesis de diseño con la probabilidad de E* condicionada a la hipótesis de azar.

El pié de página es este: la aproximación bayesiana a la racionalidad estadística es parásita de la aproximación fisheriana y puede adjudicar apropiadamente sólo entre hipótesis que la aproximación fisheriana ha fallado en eliminar. En particular, la aproximación bayesiana no da cuenta alguna de cómo llega a los eventos a los cuales les realiza el análisis bayesiano. La selección de esos eventos es altamente intencional, y en el caso de las inferencias bayesianas de diseño debe presuponer una explicación de la especificación. Lejos de ser refutada por la aproximación bayesiana, la complejidad especificada está por lo tanto implícita a través de todas las inferencias bayesianas de diseño.

Para resumir, no hay ningún mérito en la acusación de que al mirar la complejidad especificada para inferir diseño, el diseño inteligente viola la racionalidad estadística. Todo lo contrario. Al desarrollar la complejidad especificada como herramienta analítica para inferir diseño, el diseño inteligente lleva adelante el estudio del razonamiento científico y vindica la aproximación fisheriana de racionalidad estadística.

Capítulo 4

El Diseño Inteligente como Teoría De la Información

Resumen: Para la comunidad científica el diseño inteligente representa el último intento del creacionismo para acceder a la legitimidad científica. De acuerdo con esto, el diseño inteligente es erróneamente contemplado como otro intento creacionista para amoldar a la ciencia dentro de la ideología religiosa. Pero de hecho, el diseño inteligente puede ser formulado como una teoría científica que tiene consecuencias empíricas y está libre de compromisos religiosos. El diseño inteligente puede ser presentado como una teoría de la información. En esta teoría, la información se transforma en un indicador fiable del diseño y también en un verdadero objeto de investigación científica. En mi trabajo (1) demuestro como la información puede ser detectada y medida de manera fiable y (2) formulo una ley de conservación que gobierna el origen y el flujo de la información. Mi conclusión inequívoca es que la información no es reducible a causas naturales y que el origen de la información debe ser buscado en causas inteligentes. De este modo, el diseño inteligente se convierte en una teoría para detectar y medir la información, que explica su origen y rastrea su flujo.

1. INFORMACIÓN

En *Steps towards life* Manfred Eigen (1992, p. 12) identifica lo que considera el problema central al que se enfrenta la investigación sobre el origen de la vida: "Nuestra tarea consiste en encontrar un algoritmo, una ley natural que nos conduzca hasta el origen de la información". Eigen solo tiene la mitad de la razón. Para determinar como empezó la vida, ciertamente es necesario comprender el origen de la información. Pero incluso entonces, ni el algoritmo ni las leyes naturales son capaces de producir la información. El gran mito de la biología evolutiva moderna es que la información puede conseguirse por nada, sin recurso a la inteligencia. Es este mito el que busco refutar, pero para hacerlo tendré que dar una explicación de la información. Nadie disputa que existe algo llamado información. Como subraya Keith Devlin (1991, p. 1): "nuestras mismas vidas dependen de ella, dependen de su disposición, almacenamiento, manipulación, transmisión, seguridad y cosas parecidas. Grandes cantidades de dinero cambian de manos por la información. La gente habla de ella todo el tiempo. Se pierden vidas por causa suya. Vastos imperios comerciales se crean para comerciar con equipos que la gestionan". Pero ¿qué es exactamente la información? El propósito de este trabajo es responder a esta pregunta, presentando una explicación de la información que sea relevante para la biología.

Entonces ¿qué es la información? La intuición fundamental que subyace a la información no es, como a veces se piensa, la transmisión de señales a través de un canal de comunicación, sino más bien, la actualización de una posibilidad para excluir otras. Como dice Fred Dretske

(1981, p. 4): "la teoría de la información identifica la cantidad de información asociada con, o generada por, la ocurrencia de un suceso (o la realización de un estado de sucesos) con la reducción de la incertidumbre, la eliminación de posibilidades, representadas por ese evento o estado de sucesos". Sin duda, cuando las señales se transmiten a través de una canal de comunicación, se actualiza una posibilidad para excluir otras, es decir, la señal que fue transmitida para excluir aquellas que no lo fueron. Pero esto es sólo un caso especial. La información, en primer lugar, presupone no un medio de comunicación sino de contingencia. Robert Stalnaker (1984, p. 85) ha dejado claro este punto: "el contenido requiere contingencia. Aprender algo, adquirir información, es descartar posibilidades. Comprender la información transmitida en una comunicación es saber qué posibilidades serían excluidas por su verdad". Para que haya información, debe haber una multiplicidad de posibilidades distintas, cualquiera de las cuales podría suceder. Cuando una de estas posibilidades acontece y las otras son descartadas, la información se actualiza. Ciertamente, la información en su sentido más general puede definirse como la actualización de una posibilidad y la exclusión de las otras (obsérvese que esta definición comprende tanto la información sintáctica como la semántica).

Esta manera de definir la información puede ser contraria a la intuición ya que a menudo hablamos de la información inherente en posibilidades que nunca son actualizadas. Así podemos hablar de la información inherente a obtener cien caras de una vez con una moneda no trucada, incluso cuando este suceso nunca sucede. No hay problema con esto. En situaciones contrafácticas la definición de información necesita ser aplicada de manera contrafáctica. Así, al considerar la información inherente a obtener cien caras de una vez con una moneda no trucada, tratamos este suceso o posibilidad como si hubiera sido actualizada. La información necesita ser referenciada no sólo al mundo real sino, de manera cruzada, a todos los mundos posibles.

2. INFORMACIÓN COMPLEJA

¿Cómo se aplica nuestra definición de la información a la biología o, de manera más general, a la ciencia? Para hacer de la información un concepto útil para la ciencia necesitamos hacer dos cosas: primero, enseñar a medir la información; segundo, introducir una distinción crucial, entre información específica (especified) y no específica (unspecified). Primero vamos a mostrar cómo se mide la información. Para medir la información no es bastante contar el número de posibilidades que fueron excluidas, y presentar este número como una medida relevante de la información. El problema es que una simple enumeración de posibilidades excluidas no nos dice nada acerca de cómo se formaron estas posibilidades en primer lugar. Considérese, por ejemplo, los siguientes tipos de manos de póker.

(1) Escalera real.
(2) El resto.

Saber que se ha sacado algo distinto a una escalera real (es decir, la posibilidad 2) es claramente adquirir menos información que saber que se ha sacado una escalera real (posibilidad 1). Sin embargo, si nuestra medida de la información es simplemente una enumeración de posibilidades excluidas, debe asignarse el mismo valor numérico a los dos casos porque en ambos se excluyó una sola posibilidad.

Por tanto, de aquí se sigue que la manera en que medimos la información tiene que ser independiente de cualquier procedimiento para caracterizar las posibilidades a considerar. Y la manera en que hacemos esto no es simplemente contando posibilidades, sino asignando probabilidades a estas posibilidades. Para un mazo de cartas convenientemente barajado, la probabilidad de obtener una escalera real (posibilidad 1) es aproximadamente 0.000002, en tanto que la probabilidad de obtener cualquier otra cosa (posibilidad 2) es aproximadamente 0.999998. Las probabilidades por sí mismas, sin embargo, no son medidas de información. No obstante, aunque las probabilidades distinguen correctamente las posibilidades acorde con la información que contienen, estas probabilidades siguen siendo una manera inconveniente de medir la información. Hay dos razones para esto. Primero, la escala y direccionalidad de los números asignados a las probabilidades deben ser recalibradas. De manera clara, estamos obteniendo más información cuando sabemos que alguien ha obtenido una escalera real que cuando sabemos que alguien ha obtenido otra cosa. Y sin embargo la probabilidad de obtener una escalera real (i.e. 0.000002) es minúscula en comparación con la probabilidad de obtener otra cosa (i.e. 0.999998). Las probabilidades más pequeñas significan más información, no menos.

La segunda razón por la que las probabilidades no son convenientes para medir la información es que son multiplicativas y no aditivas. Si me entero que Alice sacó una escalera real jugando al póker en el *Caesar's Palace* y que Bob sacó una escalera real jugando al póker en el *Mirage*, la probabilidad de que Alice y Bob sacaran dos escaleras reales es el producto de las probabilidades individuales. Sin embargo, conviene que la información sea medida de manera aditiva, de modo que la probabilidad de que Alice y Bob saquen dos escaleras reales a la vez, equivale a la cantidad de información asignada para que Alice saque una escalera real más la cantidad de información asignada para que Bob saque otra escalera real.

Hay una manera obvia de transformar probabilidades que evita dos dificultades y es aplicar a las probabilidades logaritmos negativos. Aplicar logaritmos negativos asigna más información a menos probabilidad y, como el logaritmo de un producto es la suma de los logaritmos, transforma las medidas de probabilidad multiplicativas en medidas de información aditivas. Incluso, en consideración a los teóricos de la información, se acostumbra a usar logaritmos en base 2. La razón para elegir esta base logarítmica es como sigue. Para los teóricos de la información, la manera más conveniente de medir información es en *bits*. Cualquier mensaje enviado a través de un canal de comunicación puede transformarse en una ristra de ceros y unos. Por ejemplo, el código ASCII emplea cadenas de ocho ceros y unos para representar los caracteres de una máquina de escribir, de modo que las palabras y frases son cadenas de cadenas de tales caracteres. De igual manera, todas las comunicaciones pueden ser reducidas a transmisiones de secuencias de ceros y unos. Dada esta reducción, la manera obvia en que los teóricos de la comunicación miden la información es en el número de *bits* transmitidos por el canal de comunicación. Y ya que el logaritmo

Diseño Inteligente | **69**

negativo de la base 2 de una probabilidad corresponde al
número medio de *bits* necesarios para identificar un evento
de esa probabilidad, el logaritmo en base 2 es el logaritmo
canónico de los teóricos de la comunicación. Por tanto,
definimos la medida de la información en un suceso de
probabilidad p como $-\log_2 p$ (véase Shannon y Weaver,
1949, p. 32; Hamming, 1986 o cualquier introducción
matemática a la teoría de la información).

¿Y qué pasa con la aditividad de esta medida de la
información? Recordemos el ejemplo de Alice sacando
una escalera real en el *Caesar's Palace* y Bob sacando una
escalera real en el *Mirage*. Llamemos A al primer suceso y
B al segundo. Ya que los resultados de una mano de póker
son probabilísticamente independientes, la probabilidad de
que se den A y B conjuntamente es igual al producto de las
probabilidades de A y B tomadas individualmente. De
manera simbólica, P(A&B)=P(A) x P(B). Dada nuestra
definición logarítmica de la información, podemos afirmar
que P(A&B)=P(A) x P(B) si y sólo si I(A&B)=I(A) x I(B).
Ya que en el ejemplo de Alice y Bob
P(A)=P(B)=0.000002, I(A)=I(B)=19, y
I(A&B)–I(A)+I(B)=19+19=38. Así, la cantidad de
información inherente a que Alice y Bob obtengan
escaleras reales es de 38 *bits*.

Ya que muchos sucesos son probabilísticamente
independientes, las medidas de información muestran
mucha aditividad. Pero ya que muchos sucesos también
están correlacionados, las medidas de información
muestran así mismo falta de aditividad. En el caso de Alice
y Bob, que Alice saque una escalera real es
probabilísticamente independiente de que lo saque Bob, y
por eso la cantidad de información de que Alice y Bob

saquen los dos una escalera real equivale a la suma de las cantidades individuales de información. Pero vamos a considerar un ejemplo diferente. Alice y Bob lanzan una moneda al aire simultáneamente cinco veces. Alice observa los cuatro primeros lanzamientos pero, como está distraída, se pierde el quinto. Por otra parte, Bob se pierde el primer lanzamiento pero observa los últimos cuatro. Supongamos que las secuencia de lanzamientos es 11001 (1 = cara; 0 = cruz). Así, Alice observa 1100* y Bob observa *1001. Sea A la primera observación y B la segunda. De aquí se sigue que la cantidad de información de A&B es la cantidad de información en la secuencia completa 11001, es decir, 5 bits. Por otra parte, la cantidad de información sólo en A es la cantidad de información en la secuencia incompleta 1100*, es decir, 4 *bits*. De manera similar, la cantidad de información sólo en B es la cantidad de información en la secuencia incompleta *1001, también 4 *bits*. Esta vez la información no puede sumarse: 5=I(A&B); I(A)+I(B)=4+4=8.

Aquí A y B están correlacionados. Alice sabe todo excepto el último *bit* de información en la secuencia completa de 11001. Así cuando Bob le da su secuencia incompleta *1001, todo lo que Alice realmente sabe es el último *bit* de esta secuencia. De manera similar, Bob sabe todo excepto el primer *bit* de la secuencia completa 11001. Cuando Alice le da la secuencia incompleta 1100*, todo lo que Bob sabe realmente es el primer bit en esta secuencia. Lo que parece ser cuatro bits de información realmente acaba siendo un *bit* de información una vez que Alice y Bob consideran la información a priori que ellos poseen sobre la secuencia completa 11001. Si introducimos la idea de la información condicional, es como decir que 5=I(A&B)=I(A)+I(B)=4+1. I(B/A), la información condicional de B dado A, es la cantidad de información en la observación de Bob una vez que la observación de Alice es tomada en cuenta. Y esta, como acabamos de decir, es 1 bit.

I(B/A), como I(A&B), I(A) y I(B) puede ser representado como el logaritmo negativo en base dos de una probabilidad, sólo en esta ocasión la probabilidad bajo el logaritmo es un condicional opuesto a una probabilidad incondicional. Por definición I(B/A)=def $-\log_2 P(B/A)$, donde P(B/A) es la probabilidad condicional de B dado A. Pero ya que P(B/A)=def P(A&B)/P(A), y ya que el logaritmo de un cociente es la diferencia de los logaritmos, $\log_2 P(B/A) = \log_2 P(A\&B) - \log_2 P(A)$, y así $-\log_2 P(B/A) = -\log_2 P(A\&B) + \log_2 P(A)$, que es precisamente I(B/A) = I(A&B) - I(A). Esta última ecuación equivale a:

$$I(A\&B) = I(A) + I(B/A) \ (*)$$

La fórmula (*) es de carácter general, reduciendo a I(A&B) = I(A) + I(B) cuando A y B son probabilísticamente independientes (en cuyo caso P(B/A) = P(B) y entonces I(B/A) = I(B)).

La fórmula (*) afirma que la información en A y B conjuntamente es la información en A más la información en B que no está en A. Por lo tanto, la cuestión es determinar cuanta información adicional de B contribuye a A. Como tal, esta fórmula restringe fuertemente la generación de nueva información. Por ejemplo, ¿genera nueva información un programa de computador llamado A al producir nuevos datos denominados B? Los programas de ordenador son totalmente determinísticos, de manera que B es totalmente determinado por A. Se sigue que

$P(B/A) = 1$, y así $I(B/A) = 0$ (el logaritmo de 1 es siempre 0). De la fórmula (*) se sigue por tanto que $I(A\&B) = I(A)$, y por consiguiente la cantidad de información en A y B conjuntamente no es más que la cantidad de información en A por sí misma.

Por ejemplo, dentro del mismo espíritu, consideremos que no hay más información en dos copias del *Hamlet* de Shakespeare que en una sola copia. Lógicamente, esto resulta obvio, y cualquier recuento de información llegaría al mismo acuerdo. Para ver que nuestro recuento de información llegaría realmente al mismo acuerdo, llamemos A a la primera copia del *Hamlet*, y B a la impresión de la segunda copia. Una vez dada A, B resulta totalmente determinada. Ciertamente, la correlación entre A y B es perfecta. Probabilísticamente esto se expresa al decir que la probabilidad condicional de B dado A es 1, es decir, $P(B/A) = 1$. En términos de teoría de la información diríamos que $I(B/A) = 0$. Como resultado $I(B/A)$ prescinde de la fórmula (*) y así $I(A\&B) = I(A)$. Nuestro formalismo de teoría de la información por lo tanto concuerda con nuestra intuición de que dos copias de *Hamlet* no contienen más información que una sola copia.

La información es una noción complejo-teórica. Verdaderamente, como objeto puramente formal, la medida de la información aquí descrita es una medida de complejidad (cf. Dembski, 1998, ch. 4). La medida de la complejidad se produce siempre que asignamos nuevos números a los grados de complicación. Un conjunto de posibilidades admitirá a menudo varios grados de complicación, desde lo extremadamente simple hasta lo extremadamente complicado. Las medidas complejas asignan números no negativos a estas posibilidades de manera que 0 corresponde a la más simple y X a la más complicada. Por ejemplo, la complejidad computacional está siempre medida en términos de tiempo (i.e. número de pasos computacionales) o de espacio (i.e. cantidad de memoria, usualmente medida en *bits* o en *bytes*) o alguna combinación de los dos. Cuanto más complejo de resolver es un problema computacional, más tiempo y espacio requiere para ejecutar el algoritmo que resuelve el problema. Para la medida de información, el grado de complicación se mide en bits. Dado un suceso A de probabilidad P(A), I(A) = -log2P(A) mide el número de bits asociados a la probabilidad P(A). Por lo tanto hablamos de "complejidad de la información" y decimos que la complejidad de la información aumento a medida que I(A) aumenta (o, análogamente, a medida que P(A) decrece). También hablamos de información "simple" y "compleja" según I(A) significa pocos o muchos *bits* de información. Esta noción de complejidad es importante para la biología ya que no sólo está en cuestión el origen de la información sino también el origen de la información compleja.

3. INFORMACIÓN COMPLEJA ESPECIFICADA

Dada una manera de medir la información y de determinar su complejidad, vayamos ahora a la distinción hecha entre información especificada y no especificada. Este es un tema muy vasto, cuya discusión completa va más allá de las pretensiones de este trabajo (los detalles pueden encontrarse en mi monografía *The design inference*). Sin embargo, en lo que sigue intentaré hacer esta distinción inteligible así como la manera de hacerla rigurosa. Como modo intuitivo de la diferencia entre información especificada y no especificada, consideremos el siguiente ejemplo. Supongamos que un arquero está a 50 metros de un gran muro blanco con el arco y la flecha en la mano. Supongamos que el muro es suficientemente grande para que el arquero no pueda evitar dar en él. Consideremos ahora dos posibles situaciones alternativas. En la primera, el arquero sencillamente dispara a la pared. En la segunda, el arquero pinta primero un blanco en la pared y luego dispara sobre ella, haciendo blanco en el centro de la diana. Supongamos que en ambas situaciones el lugar donde la flecha ha impactado es idéntico. En ambos escenarios la flecha podría haber impactado en cualquier lugar de la pared. Y lo que es más: cualquier lugar donde pudiera impactar es altamente improbable. Se sigue que en los dos escenarios una información altamente compleja resulta actualizada. Sin embargo las conclusiones que extraemos de las dos situaciones son muy diferentes. En la primera, no concluimos absolutamente nada acerca de la capacidad del arquero, en tanto que en la segunda tenemos una evidencia de las habilidades del arquero.

La diferencia obvia entre las dos situaciones es que lógicamente en la primera la información no sigue patrón alguno en tanto que en la segunda sí. En consecuencia, la información que suele interesarnos en calidad de investigadores , y como científicos en particular, es generalmente no la actualización de posibilidades arbitrarias que no corresponden a patrón alguno sino más bien la actualización de posibilidades determinadas que efectivamente se corresponden con patrones. Pero hay más. La información de acuerdo con un patrón, a pesar de encontrarse un paso más en la dirección correcta, no nos proporciona aún suficiente información específica. El problema es que el patrón puede ser concebido después del hecho de manera que en vez de ayudar a dilucidar información, los patrones son meras lecturas de información ya actualizada.

Para percatarse de esto, consideremos una tercera situación en la cual el arquero dispara contra la pared. Al igual que antes, supongamos que el arquero está a 50 metros de una gran pared blanca y con un arco y una flecha en la mano, la pared es tan grande que el arquero no puede evitar dar en la pared. Como en la primera situación, el arquero dispara contra la pared que es todavía blanca. Pero esta vez supongamos que tras haber disparado la flecha y habiendo descubierto el impacto en la pared, el arquero pinta el blanco en el lugar del impacto, de manera que la flecha aparezca justo en el centro de la diana. Supongamos además que el lugar donde impacta la flecha en este caso es el mismo en el que impacta en los otros dos casos. Dado que todos los sitios donde la flecha puede impactar son altamente improbables, tanto en este como en los otros ha sido actualizada una información altamente compleja. Y lo que es más: ya que la información corresponde a un patrón, podemos decir que en este tercer caso se ha actualizado una información con patrón altamente complejo. Sin embargo, sería erróneo decir que ha sido actualizada información altamente compleja. De las tres situaciones, sólo la información del segundo caso es especificada. En ese escenario, al pintar *primero* el blanco y *luego* disparar la flecha, se proporciona el patrón independientemente de la información. Por otra parte, en el tercer caso, al disparar la flecha y luego pintar el blanco, el patrón es una mera lectura de la información.

La información especificada es siempre información de acuerdo con un patrón, pero esto no siempre es información especificada. En la información especificada no vale cualquier patrón. Por lo tanto distinguimos entre los patrones "buenos"y los "malos". De aquí en delante llamaremos *especificaciones* a los "buenos" patrones. Las especificaciones son patrones independientes dados, que no son meras lecturas de información. Por contraste, llamaremos *fabricaciones* a los "malos" patrones. Las fabricaciones son patrones post hoc que son simples lecturas de información existente.

A diferencia de las especificaciones, las fabricaciones no son en absoluto esclarecedoras. No estamos mejor con una fabricación que sin ella. Esto aparece claro al comparar la primera situación con la tercera. Si la flecha impacta en una pared blanca y la pared permanece blanca (como en la primera situación), o la flecha impacta en la pared blanca y se pinta después el objetivo alrededor de la flecha (como en el tercer caso), las conclusiones que extraigamos respecto a la trayectoria de la flecha son las mismas. En cualquier caso, el azar es una explicación tan buena como cualquiera respecto al vuelo de la flecha. El hecho de que el blanco del tercer caso constituye un patrón no constituye diferencia alguna, ya que el patrón ha sido construido enteramente de acuerdo con el trayecto de la flecha. Sólo cuando el patrón viene dado independientemente del trayecto de la flecha, hay sitio para otra hipótesis distinta del azar. Así, sólo en el segundo escenario tiene sentido preguntarse si estamos en presencia de un arquero habilidoso. Sólo en el segundo escenario el patrón constituye una especificación. En el tercer caso, el patrón es sólo una mera fabricación.

La distinción entre información especificada y no especificada puede definirse ahora como sigue: la actualización de una posibilidad (i.e. información) es especificada si, independientemente de la posibilidad de actualización, la posibilidad es identificable por medio de un patrón. Si no lo es, entonces la información es no especificada. Nótese que esta definición implica asimetría respecto de la información especificada y no especificada: la información especificada no pude transformarse en información no especificada, aunque la información no especificada puede transformarse en información especificada. La información no especificada no necesita seguir siendo no especificada sino que puede transformarse en especificada a medida que nuestro conocimiento aumenta. Por ejemplo, una transmisión criptográfica cuyo criptosistema no haya sido aún descubierto constituye información no especificada. Sin embargo, tan pronto como descifremos el código, la transmisión criptográfica se convierte en información especificada.

¿Cuál es la posibilidad de ser identificado por medio de un patrón independiente dado?

La explicación completa de la especificación requiere una respuesta detallada de esta cuestión. Por desgracia, esta exposición está más allá de las pretensiones de este trabajo. Aquí, la dificultad conceptual clave es caracterizar la condición de independencia entre los patrones y la información. Esta condición de independencia se divide en dos condiciones subsidiarias: (1) una condición de independencia condicional estocástica entre la información en cuestión y cierto conocimiento relevante; y (2) una condición de flexibilidad por la cual el patrón en cuestión pueda ser construido a partir del mencionado conocimiento. Aunque estas condiciones tienen sentido de manera intuitiva, no son fácilmente formalizables. Para una explicación en detalle véase mi monografía *The design inference*.

Si la formalización de lo que significa que un patrón sea independiente de una posibilidad es difícil, resulta mucho más fácil en la práctica determinar si un patrón viene dado independientemente de una posibilidad. Si el patrón viene dado con anterioridad a la posibilidad que está siendo actualizada –tal y como sucede en el caso 2 anterior, en el que el objetivo fue pintado antes de que la flecha fuera disparada- entonces el patrón es automáticamente independiente de la posibilidad y entonces nos hallamos ante información especificada. Los patrones dados antes de la actualización de la posibilidad coinciden con la región de rechazo de los estadísticos. Hay una teoría estadística bien establecida que describe tales patrones y su empleo en el razonamiento probabilístico. Se trata claramente de especificaciones ya que, habiendo sido dadas previamente a la actualización de alguna posibilidad, ya han sido identificadas y por tanto son identificables independientemente de la posibilidad que se está actualizando (cf. Hacking, 1965).

Sin embargo, muchos casos interesantes de información especificada son aquellos en los cuales el patrón viene dado después de que una posibilidad haya sido actualizada. Ciertamente este es el caso del origen de la vida: la vida se origina primero y sólo con posterioridad entra en escena el patrón formador de agentes racionales (como nosotros mismos). Sin embargo, sigue siendo cierto que un patrón correspondiente a una posibilidad, aunque haya sido formulado después de que una posibilidad haya sido actualizada, puede constituir una especificación.

Ciertamente este no es el caso de la tercera situación mencionada más arriba en la que el blanco fue pintado alrededor de la flecha justo después de que esta impactara en el muro. Pero considere el lector el siguiente ejemplo. Alice y Bob están celebrando su décimo quinto aniversario de matrimonio. Sus seis hijos se presentan con regalos. Cada regalo es parte de un juego de porcelana. No hay regalos duplicados y, en conjunto, los regalos forman un juego completo de porcelana. Supongamos que Alice y Bob estaban satisfechos con su viejo juego de porcelana y no tenían ninguna sospecha antes de abrir los regalos de adquirir un nuevo juego de porcelana. Por tanto, Alice y Bob carecen de un patrón relevante al que referir sus regalos antes de recibir los regalos de sus hijos. Sin embargo, el patrón que formulan de manera explícita sólo después de recibir los regalos, puede ciertamente formarse antes de recibir dichos regalos, ya que todos nosotros conocemos los juegos de porcelana y cómo distinguirlos de conjuntos que no forman un juego. Por tanto este patrón constituye una especificación: los hijos de Alice y Bob estaban en connivencia y no hicieron sus regalos como actos aleatorios fruto del infantilismo.

Pero ¿qué pasa con el origen de la vida? ¿Es la vida una especificación? Y si es así ¿a qué patrones corresponde y cómo se dan estos patrones independientemente del origen de la vida? Obviamente, los agentes racionales formadores de patrones no entran en escena hasta después que la vida hubiera sido originada. Sin embargo, existen patrones funcionales que corresponden a la vida y que vienen dados independientemente de los verdaderos sistemas vivos. Un organismo es un sistema funcional que comprende muchos subsistemas funcionales. La funcionalidad de los organismos puede simplificarse de varias maneras. Arno

Wouters (1995) los simplifica de manera global en términos de la viabilidad de los organismos completos. Michael Behe (1996) los simplifica en términos de la complejidad irreducible y de la función mínima de los sistemas bioquímicos. Incluso el incondicional darwinista Richard Dawkins admitirá que la vida es funcionalmente especificada, explicando la vida en términos de la funcionalidad de los genes. Así, Dawkins (1987, p. 9) escribe: "las cosas complicadas tienen una cualidad, especificada de antemano, que es altamente improbable que haya sido adquirida por azar o por casualidad solamente. En el caso de los organismos vivos, la cualidad que es especificada de antemano es... la capacidad de propagar genes mediante la reproducción".

La información puede ser especificada. La información puede ser compleja. La información puede ser tanto compleja como especificada. A la información que es tanto compleja como especificada yo la denomino "información compleja especificada" o ICE para abreviar. ICE es lo que ha centrado la atención acerca de la información durante los últimos años, y no sólo en la biología, sino en la ciencia en general. Es ICE lo que Manfred Eigen considera el gran misterio de la biología y lo que él espera finalmente desentrañar en términos de algoritmos y leyes naturales. Es ICE lo que subyace para los cosmólogos en el fino ajuste del universo y lo que los distintos principios antrópicos intentan comprender (cf. Barrow y Tipler, 1986). Es ICE lo que el potencial cuántico de David Bohm obtiene cuando rastrean el universo en busca de lo que Bohm llama "información activa" (cf. Bohm, 1993, pp. 35-38). Es ICE lo que permite al demonio de Maxwell engañar a un sistema termodinámico que tiende al equilibrio térmico (cf. Landauer, 1991, p. 26). Es ICE en lo que David Chalmers espera basar una teoría comprensiva de la conciencia humana (cf. Chalmers, 1996, ch. 8). Es ICE lo que dentro de la teoría de la información algorítmica de Kolmogorov-Chaitin, adopta la forma de cadenas de dígitos comprensibles y no aleatorizadas (cf. Kolmogorov, 1965; Chaitin, 1966).

La ICE no está restringida a la ciencia. La ICE es indispensable en nuestra vida cotidiana. Los 16 dígitos de nuestro número de VISA son un ejemplo de ICE. La complejidad de este número asegura que un potencial ladrón no pueda escoger un número que resulte ser un número válido de tarjeta VISA. Y lo que es más: la especificación de este número asegura que sea su número y no el ningún otro. Incluso su número telefónico constituye ICE. Lo mismo que en el número de la VISA, la complejidad asegura que este número no sea marcado aleatoriamente (por lo menos no muy a menudo) y la especificación asegura que este número es suyo y no de nadie más. Todos los números en nuestros billetes, nuestros resguardos de crédito y órdenes de compra representan ICE. ICE hacc que el mundo funcione. De aquí se deduce que ICE es un campo abonado para la delincuencia. ICE es lo que motiva al codicioso personaje de Michael Douglas en la película *Wall Street* a mentir, estafar y robar. La ICE total y el control absoluto era el objetivo de personaje monomaníaco de Ben Kingsley en la película *Sneakers*. ICE es el artefacto de interés en la mayoría de los *tecno-thrillers*. Nuestra época es una época de información y la información que nos cautiva es ICE.

4. DISEÑO INTELIGENTE.

¿Dónde está el origen de la información compleja especificada? En esta sección expondré que la causa inteligente, o el diseño, explica el origen de la información compleja especificada. Mi argumento se centra en la naturaleza de la causa inteligente y, de manera específica, en lo que hace que las causas inteligentes sean detectables. Para ver lo que hace que la ICE sea un fiable indicador de diseño, necesitamos examinar la naturaleza de la causa inteligente. La principal característica de la causa inteligente es la contingencia dirigida, o lo que llamamos elección. Donde actúa una causa inteligente, elige entre un rango de posibilidades concurrentes. Esto es cierto no sólo en el caso de los humanos sino también en el caso de las inteligencias animales y extraterrestres. Una rata en un laberinto debe elegir si va a la izquierda o a la derecha en varios puntos del mismo. Cuando los investigadores de SETI (*Search for Extra-Terrestrial Intelligence*) intentan descubrir inteligencia en las emisiones de radio extraterrestres que monitorizan, suponen que una inteligencia extraterrestre puede haber elegido cualquiera de las transmisiones de radio posibles y luego intentan hacer coincidir las transmisiones que observan con ciertos patrones que se contraponen (patrones que supuestamente son signos de inteligencia). Siempre que un ser humano balbucea un idioma con significado, elige dentro de un rango de posibles combinaciones de sonido que pueden ser pronunciadas. La causa inteligente siempre implica discriminación, elección entre unas cosas y exclusión de otras.

Una vez sentada la caracterización de las causas inteligentes, la cuestión crucial es cómo reconocer el modo en el que operan. Las causas inteligentes actúan a través de la elección. Entonces, ¿Cómo reconoceremos que una causa inteligente ha efectuado una elección? Un tintero se ha derramado accidentalmente sobre una hoja de papel; alguien toma una pluma y escribe un mensaje en una hoja de papel. En los dos ejemplos una posibilidad entre casi un conjunto infinito resulta actualizada. En ambos ejemplo se actualiza una contingencia y otras resultan descartadas. Sin embargo, en un ejemplo deducimos diseño y en otro deducimos azar. ¿Cuál es la diferencia relevante? No sólo hace falta observar que la contingencia ha sido actualizada, sino que nosotros mismos tenemos también que poder especificar la contingencia. La contingencia debe conformarse respecto a un patrón independiente dado, y debemos poder formular independientemente ese patrón. Una mancha aleatoria de tinta no es especificable; un mensaje escrito con tinta sobre el papel es especificable. Wittgenstein (1980, p. 1e) hizo la misma observación tal y como sigue: "tenemos la tendencia a considerar el idioma chino como una jerga ininteligible. Alguien que comprenda el chino reconocerá un idioma en lo que está escuchando. De manera similar, yo no puedo discernir la *humanidad* del hombre".

Al escuchar una palabra china, alguien que entienda el chino no sólo reconocerá que una de entre todas las posibles palabras ha sido actualizada, sino que también será capaz de especificar la palabra como perteneciente al idioma chino. Contrástese con alguien que no entienda el chino. Al escuchar una palabra china, alguien que no entienda el chino también reconoce que se ha actualizado una palabra de entre todo el rango posible, pero esta vez, debido a su carencia de comprensión del chino, es incapaz de especificar la palabra como perteneciente al idioma chino. Para alguien que no comprende el chino, la palabra parecerá un galimatías. El galimatías –la pronunciación de sílabas sin sentido ininterpretables dentro de cualquier idioma conocido- siempre actualiza una palabra de entre un posible rango de palabras. Sin embargo, el galimatías, por no corresponderse con nada comprensible en idioma alguno, tampoco puede ser especificado. Como resultado, el galimatías no puede considerarse como comunicación inteligente, sino como lo que Wittgenstein denomina "balbuceo inarticulado".

La actualización de una entre varias posibilidades en competencia, la exclusión del resto y la especificación de la posibilidad que fue actualizada resume cómo reconocemos las causas inteligentes o, de manera equivalente, como detectamos el diseño. La tríada actualización – exclusión – especificación constituye el criterio general para detectar inteligencia, sea esta animal, humana o extraterrestre. La actualización establece que la posibilidad en cuestión es una que realmente ocurrió. La exclusión establece que hubo realmente contingencia (i.e. que había otras posibilidades disponibles y que fueron excluidas). La especificación establece que la posibilidad actualizada es conforme a un patrón dado independientemente de su actualización.

Entonces, ¿Dónde queda la elección, que hemos citado como característica principal de la causalidad inteligente, dentro de este criterio? El problema es que nunca somos testigos directos de la elección, En vez de eso, somos testigos de las actualizaciones de la contingencia que podrían ser el resultado de la elección (i.e. contingencia dirigida), pero que también podrían ser el resultado del azar (i.e. contingencia ciega). Por consiguiente sólo hay una manera de explicar la diferencia: la especificación. La especificación es el único medio disponible para que nosotros distingamos la elección, del azar, la contingencia dirigida, de la contingencia ciega. La actualización y la exclusión conjuntas garantizan que estamos ante una contingencia. La especificación garantiza que estamos tratando con una contingencia dirigida. La tríada actualización – exclusión – especificación es, por lo tanto, lo que necesitamos para identificar la elección y, con ella, la causa inteligente.

Los psicólogos que estudian el aprendizaje y el comportamiento animales conocen la tríada actualización – exclusión – especificación desde siempre aunque de manera implícita. Para estos psicólogos –conocidos como teóricos del aprendizaje- aprender es discriminar (cf. Mazur, 1990; Schwartz, 1984). Para aprender una tarea, el animal debe adquirir la capacidad de actualizar comportamientos adecuados para esa tarea, del mismo modo que la capacidad de excluir comportamientos no adecuados para la misma. Además, para que un psicólogo reconozca que un animal ha aprendido una tarea, es necesario no sólo que observe que el animal se haya comportado de manera adecuada, sino que también haya especificado ese comportamiento. Por tanto, para admitir que una rata ha aprendido con éxito cómo atravesar el laberinto, un psicólogo debe especificar primero la secuencia de giros a izquierda y derecha que conducen a la rata a la salida del laberinto. Sin duda, una rata que camina al azar a través de dicho laberinto discrimina una secuencia de giros a izquierda y derecha. Pero al caminar de manera aleatoria, la rata no da señal de que pueda discriminar la secuencia apropiada de giros a izquierda y derecha como para salir del laberinto. En consecuencia, el psicólogo que estudia la rata no tendrá razones para pensar que la rata ha aprendido a cruzar el laberinto. Sólo si la rata ejecuta la secuencia de giros a izquierda y derecha especificada por el psicólogo, entonces el psicólogo reconocerá que la rata ha aprendido a atravesar el laberinto. Por consiguiente, son precisamente los comportamientos aprendidos lo que consideramos inteligencia animal. De aquí que no resulte sorprendente que la misma estrategia empleada para reconocer el aprendizaje animal se utilice para reconocer las causas inteligentes en general, por ejemplo, actualización, exclusión y especificación.

Por lo tanto, esta estrategia general para reconocer las causas inteligentes coincide de manera precisa con cómo reconocemos la información compleja especificada: primero, la precondición básica para que exista información es la contingencia. Así, se debe establecer que podría obtenerse cualquiera de una multiplicidad de posibilidades distintas. Luego, debe establecerse que la posibilidad actualizada después que las otras fueran excluidas, era también específica. Hasta el momento, la coincidencia entre la estrategia general para reconocer causas inteligentes y el modo en que reconocemos la información compleja especificada es exacta. Sólo queda un cabo suelto: la complejidad. Aunque la complejidad es esencial para la ICE (que corresponde a las primeras letras del acrónimo), su papel en esta estrategia general para reconocer la cusa inteligente no es evidente de manera inmediata. En esta estrategia, se actualiza una posibilidad entre varias en concurrencia, las restantes son excluidas, y la posibilidad que fue actualizada es especificada. ¿Dónde aparece en esta estrategia la complejidad?

La respuesta es que está allí implícita. Para percatarse de ello, considérese de nuevo a la rata atravesando el laberinto pero ahora tómese un laberinto muy simple en el que dos giros a la derecha conducen a la rata a la salida. ¿Cómo determinará un psicólogo que estudie la rata si ésta ha aprendido a salir del laberinto? Poner a la rata en el laberinto no será suficiente. Dado que el laberinto es muy simple, puede que la rata efectúe dos giros a la derecha por azar y salga del mismo. Por lo tanto el psicólogo no estará seguro de si la rata ha aprendido realmente a salir del laberinto o es que simplemente ha tenido suerte. Pero vamos a contrastar esta situación con otro laberinto más complicado en que la rata deba seguir la secuencia precisa de giros a derecha e izquierda para salir del laberinto. Supóngase que la rata debe efectuar cien giros correctos a izquierda y derecha y que cualquier error impide a la rata salir del laberinto. Un psicólogo que vea una rata que no efectúa un solo giro erróneo y en breve salga del laberinto quedará convencido de que la rata ha aprendido realmente a salir del laberinto y no de que ha tenido una suerte loca. En el laberinto simple existe una probabilidad sustancial de que la rata salga por azar; en el laberinto complejo esto es extraordinariamente improbable. El papel de la complejidad a la hora de detectar diseño aparece ahora claro, ya que la improbabilidad es precisamente lo que queremos decir cuando hablamos de complejidad (cf. Sección 2).

Este argumento para mostrar que el ICE es un indicador fiable del diseño puede resumirse como sigue: ICE es un indicador fiable de diseño porque su admisión coincide con cómo reconocemos las causas inteligentes en general. Por lo general, para reconocer una causa inteligente debemos establecer que una posibilidad de entre un rango de posibilidades en concurrencia ha sido actualizada. Y lo que es más: las posibilidades que compiten y que han sido excluidas deben ser posibilidades disponibles suficientemente numerosas, de manera que al especificar la posibilidad que fue actualizada no pueda ser atribuible al azar. En términos de complejidad, esto significa que la posibilidad que ha sido especificada es altamente compleja. Todos los elementos de la estrategia general para reconocer la causalidad inteligente (i.e. actualización, exclusión y especificación) encuentran su contrapartida en la información compleja especificada: ICE. La ICE señala lo que necesitamos ver para detectar diseño.

A manera de epílogo, Quiero llamar la atención del lector acera de la etimología de la palabra "inteligente". La palabra "inteligente" deriva de dos palabras latinas, la preposición *inter*, que quiere decir "entre", y el verbo *lego*, que quiere decir elegir o seleccionar. Así, de acuerdo con esta etimología, la inteligencia consiste en *elegir entre*. De aquí se sigue que la etimología de la palabra "inteligente" es paralela al análisis formal de la causalidad inteligente que acabamos de dar. "Diseño inteligente" es por lo tanto una expresión perfectamente apropiada, que significa que el diseño es deducido precisamente porque una causa inteligente ha hecho lo que sólo una causa inteligente puede hacer: efectuar una elección.

5. LA LEY DE LA CONSERVACIÓN DE LA INFORMACIÓN

La biología evolutiva se ha resistido con firmeza a atribuir la ICE a la causalidad inteligente. Aunque Manfred Eigen reconoce que el problema central de la biología evolutiva es el origen de la ICE, no tiene intención de atribuir la ICE a la causalidad inteligente. De acuerdo con Eigen, las causas naturales son adecuadas para explicar la ICE. Para Eigen, la única cuestión es cuál de las causas naturales explica el origen de la ICE. Queda así ignorada la pregunta, lógicamente anterior, de si las causas naturales son en principio capaces de explicar el origen de la ICE. Y sin embargo, es la pregunta que destruye por entero el proyecto de Eigen. Las causas naturales son en principio incapaces de explicar el origen de la ICE. Con toda seguridad, las causas naturales pueden explicar el flujo de ICE, siendo idealmente adecuadas para transmitir la ICE ya existentes. Sin embargo, lo que las causas naturales no pueden hacer es originar la ICE. Esta afirmación poderosamente restrictiva, por la cual las causas naturales sólo pueden transmitir ICE pero no originarla, es lo que yo llamo la Ley de Conservación de la Información. Es esta ley la que confiere un contenido científico definido a la afirmación de que la ICE está inteligentemente causada. El objetivo de esta sección es bosquejar brevemente la Ley de Conservación de la Información (un tratamiento en detalle aparecerá en *Uncommon Descent*, un libro que estoy escribiendo conjuntamente con Stephen C. Meyer y Paul Nelson).

Resulta sencillo percatarse de que las causas naturales no pueden explicar la ICE. Las causas naturales comprenden azar y necesidad (cf. El libro de Jacques Monod del mismo título). Debido a que la información presupone contingencia, la necesidad es por definición incapaz de producir información y mucho menos información compleja especificada. Para que haya información debe haber una multiplicidad de posibilidades disponibles una de las cuales es actualizada y las restantes excluidas. Esto es contingencia. Pero si un resultado B es necesario dado la condición antecedente A, entonces la probabilidad de B supuesto A es uno, y la información en B, dado A, es cero. Si B es necesario supuesto A, la fórmula (*) reduce I(A&B) a I(A), lo que es como decir que B no contribuye con nueva información a A. De aquí se sigue que la necesidad es incapaz de generar nueva información. Obsérvese que lo que Eigen denomina "algoritmo" y "leyes naturales" caen dentro del ámbito de la necesidad.

Ya que la información presupone contingencia, vamos a examinar más de cerca la contingencia. La contingencia puede asumir sólo dos formas. O se trata de contingencia ciega –contingencia sin propósito alguno- que es azar, o se trata de contingencia guiada, contingencia con propósito – que es causalidad inteligente. Dado que ya sabemos que la causalidad inteligente es capaz de generar ICE (cf. Sección 4), vamos a considerar ahora si el azar pudiera también ser capaz de generar ICE. Primero hay que subrayar que el puro azar, sin ayuda alguna y abandonado sólo a sus propias fuerzas, es incapaz de generar ICE. El azar puede generar información compleja no especificada e información especificada no compleja. Lo que el azar no puede hacer es generar información que es conjuntamente especificada y compleja.

Por lo general, los biólogos no discuten esta afirmación. La mayoría están de acuerdo en que el puro azar –lo que Hume llamaba la hipótesis epicúrea- no explica adecuadamente la ICE. Jacques Monod (1972) es una de las pocas excepciones, y aduce que el origen de la vida, aunque enormemente improbable, puede atribuirse sin embargo al azar mediante un efecto de selección. Del mismo modo que el ganador de la lotería muestra su sorpresa al ganar, nosotros mostramos nuestra sorpresa al haber evolucionado. Pero una lotería está destinada a tener un ganador y de este modo también algo está destinado a evolucionar. Algo enormemente improbable está destinado a suceder y por lo tanto el hecho que nos ha sucedido (i.e. que hemos sido seleccionados – de aquí el nombre de efecto selectivo) no excluye el azar. Este es el argumento de Monod que es una falacia. Falla completamente a la hora de comprender la especificación. Además, confunde una condición necesaria para la existencia de la vida con su explicación. El argumento de Monod ha sido refutado por los filósofos John Leslie (1989), John Earman (1987) y Richard Swinburne (1979). También ha sido refutado por el biólogo Francis Crack (1981, cap. 7), Bernd-Olaf Küppers (1990, ch. 6) y Hubert Jockey (1992, ch. 9). Los efectos selectivos no hacen del azar una explicación adecuada de la ICE.

Por tanto, la mayoría de los biólogos rechazan el puro azar como explicación adecuada de la ICE. El problema aquí no es una simple falta de razonamiento estadístico. El puro azar es también científicamente insatisfactorio como explicación de la ICE. Explicar la ICE en términos de puro azar no es más instructivo que declararse ignorante o que proclamar que la ICE es un misterio. Una cosa es explicar por azar el resultado de una cara en un único lanzamiento de una moneda. Otra muy distinta es, como señala Küppers (1990, p. 59), seguir a Monod y asumir la opinión de que "la secuencia específica de nucleótidos en el ADN del primer organismo surgió por un mero proceso aleatorio en la historia primigenia de la tierra". La ICE clama por una explicación y el puro azar no la explica. Tal y como señala correctamente Richard Dawkins (1987, p. 139), "podemos aceptar una cierta cantidad de suerte en nuestras explicaciones (científicas), pero no demasiado".

Si el azar y la necesidad abandonados a sí mismos no pueden generar la ICE, ¿es posible que el azar y la necesidad conjuntamente puedan generarla? La respuesta es no. Siempre que el azar y la necesidad trabajan juntos, las contribuciones respectivas del azar y de la necesidad pueden ser ordenadas de manera secuencial. Pero al ordenar las contribuciones respectivas del azar y de la necesidad de modo secuencial, queda claro que no se genera en ningún momento ICE. Considérese el caso del ensayo y error (el ensayo corresponde a la necesidad y el error al azar). Contemplado en cierta ocasión como un método grosero de resolver problemas, el ensayo y error ha despertado la estima de los científicos que lo consideran como el último recurso de sabiduría y creatividad en la naturaleza. Los algoritmos probabilísticos de la ciencia computacional (e.g. algoritmos genéticos, véase Forrest, 1993) dependen en su totalidad del ensayo y error. Del mismo modo, el mecanismo darviniano de mutación y selección natural es una combinación de ensayos y errores en la que la mutación aporta el error y la selección el ensayo. Se comete un error después del cual se hace un ensayo. Pero en ningún momento se genera ICE.

Por tanto, las causas naturales son incapaces de generar ICE. Denomino a esta conclusión amplia Ley de Conservación de la Información, o LCI para abreviar. La LCI tiene profundas implicaciones para la ciencia. Entre sus corolarios están los siguientes: (1) La ICE, en un sistema de causas naturales, permanece constante o decrece, (2) La ICE no puede ser generada de manera espontánea, originarse endógenamente, u organizarse a sí misma (en la terminología empleada en las investigaciones acerca del origen de la vida, (3) La ICE es un sistema cerrado de causas naturales o bien ha estado desde siempre o fue adicionada en algún momento de manera exógena (implicando que el sistema, aunque ahora aparece cerrado, no siempre lo estuvo), y (4) en particular, cualquier sistema cerrado de causas naturales de duración finita recibió toda la cantidad de ICE que contiene antes de convertirse en un sistema cerrado.

Este último corolario es especialmente pertinente para la naturaleza de la ciencia pues muestra que la explicación científica no es coextensiva con la explicación reduccionista. Richard Dawkins, Daniel Dennett y otros científicos están convencidos de que las verdaderas explicaciones científicas deben ser reduccionistas, yendo desde lo más complejo a lo más simple. Así, Dawkins (1987, p. 316) escribe: "Lo que hace de la evolución una teoría tan clara es que explica cómo la complejidad organizada puede surgir de la simplicidad primigenia". Así, Dennett (1995, p. 153) contempla toda explicación científica que va de lo más simple hasta lo más complejo como "petición de principio". Dawkins (1987, p. 13) hará equivaler de manera explícita la explicación científica propiamente dicha con lo que él llama "reduccionismo jerárquico", según el cual "una entidad compleja a cualquier nivel de la organización jerárquica" debe ser correctamente explicada "en términos de entidades sólo un nivel por debajo en la jerarquía". Mientras que nadie negará que la explicación reduccionista resulta extremadamente efectiva dentro de la ciencia, es difícil que sea el único tipo de explicación del que la ciencia dispone. La estrategia de análisis de "divide y vencerás" que subyace tras la explicación reduccionista tiene una aplicación estrictamente limitada dentro de la ciencia. En particular, este tipo de análisis es totalmente incapaz de hacer progresos con la ICE. La ICE demanda una causa inteligente. Las causas naturales no.

6. BIBLIOGRAFÍA

Barrow, John D. and Frank J. Tipler. 1986. *The Anthropic Cosmological Principle*. Oxford: Oxford University Press.

Behe, Michael. 1996. *Darwin's Black Box: The Biochemical Challenge to Evolution*. New York: The Free Press.

Bohm, David. 1993. *The Undivided Universe: An Ontological Interpretation of Quantum Theory*. London: Routledge.

Chaitin, Gregory J. 1966. On the Length of Programs for Computing Finite Binary Sequences. *Journal of the ACM*, 13:547-569.

Chalmers, David J. 1996. *The Conscious Mind: In Search of a Fundamental Theory*. New York : Oxford University Press.

Crick, Francis. 1981. *Life Itself: Its Origin and Nature*. New York: Simon and Schuster.

Dawkins, Richard. 1987. *The Blind Watchmaker*. New York: Norton.

Dembski, William A. 1998. *The Design Inference: Eliminating Chance through Small Probabilities*. Forthcoming, Cambridge University Press.

Dennett, Daniel C. 1995. *Darwin's Dangerous Idea: Evolution and the Meanings of Life*. New York: Simon & Schuster.

Devlin, Keith J. 1991. *Logic and Information*. New York: Cambridge University Press.

Dretske, Fred I. 1981. *Knowledge and the Flow of Information*. Cambridge, Mass.: MIT Press.

Earman, John. 1987. The Sap Also Rises: A Critical Examination of the Anthropic Principle. *American Philosophical Quarterly*, 24(4): 307317.

Eigen, Manfred. 1992. *Steps Towards Life: A Perspective on Evolution*, translated by Paul Woolley. Oxford: Oxford University Press.

Forrest, Stephanie. 1993. Genetic Algorithms: Principles of Natural Selection Applied to Computation. *Science*, 261:872-878.

Hacking, Ian. 1965. *Logic of Statistical Inference*. Cambridge: Cambridge University Press.

Hamming, R. W. 1986. *Coding and Information Theory*, 2nd edition. Englewood Cliffs, N. J.: Prentice- Hall.

Kolmogorov, Andrei N. 1965. Three Approaches to the Quantitative Definition of Information. *Problemy Peredachi Informatsii* (in translation), 1(1): 3-11.

Küppers, Bernd-Olaf. 1990. *Information and the Origin of Life*. Cambridge, Mass.: MIT Press.

Landauer, Rolf. 1991. Information is Physical. *Physics Today*, May: 2329.

Leslie, John. 1989. *Universes*. London: Routledge.

Mazur, James. E. 1990. *Learning and Behavior*, 2nd edition. Englewood Cliffs, N.J.: Prentice Hall.

Monod, Jacques. 1972. *Chance and Necessity*. New York: Vintage.

Schwartz, Barry. 1984. *Psychology of Learning and Behavior*, 2nd edition. New York: Norton.

Shannon, Claude E. and W. Weaver. 1949. *The Mathematical Theory of Communication*. Urbana, Ill.: University of Illinois Press.

Stalnaker, Robert. 1984. *Inquiry*. Cambridge, Mass.: MIT Press.

Swinburne, Richard. 1979. *The Existence of God*. Oxford: Oxford University Press.

Wittgenstein, Ludwig. 1980. *Culture and Value*, edited by G. H. von Wright, translated by P. Winch.

Chicago: University of Chicago Press.

Wouters, Arno. 1995. Viability Explanation. *Biology and Philosophy*, 10:435-457.

Yockey, Hubert P. 1992. *Information Theory and Molecular Biology*. Cambridge: Cambridge University Press.

Capitulo 5

Utilizando la Teoría del Diseño Inteligente para guiar la Investigación Científica

La Teoría del Diseño Inteligente (ID, por sus siglas en inglés) puede contribuir a la ciencia por lo menos en dos niveles. En un nivel, el ID trata de inferir a partir de evidencia, si una cierta característica del mundo fue diseñada. Este es el nivel donde operan el filtro explicativo de William Dembski y el concepto de Michael Behe de complejidad irreductible. También es el nivel que ha recibido la mayoría de la atención en los años recientes, porque la existencia de incluso una sola característica diseñada en los seres vivos (por lo menos en los anteriores a los humanos) le daría la vuelta a la teoría Darwiniana de la evolución, la cual actualmente domina la biología occidental.

En otro nivel, el ID puede funcionar como una "metateoría", dando lugar a un marco conceptual para la investigación científica. Al sugerir hipótesis susceptibles de experimentación acerca de las características del mundo que han sido sistemáticamente ignoradas por otras metateorías (como la de Darwin), y conduciendo al descubrimiento de nuevas teorías, el ID podría demostrar indirectamente su productividad científica.

En noviembre del 2002, Bill Dembski, Paul Nelson y yo visitamos las oficinas principales de Ideation, Inc. Ideation es un negocio próspero basado en TRIZ, un acrónimo de la frase rusa que significa "Teoría de Soluciones Inventivas de Problemas". Basado en un análisis de patentes exitosas, TRIZ provee guías para encontrar soluciones para problemas específicos de ingeniería o manufactura. Cuando el presidente de Ideation nos llevó a comer, nos dijo que antes de que el ID pudiera ser tomado seriamente tendría que resolver problemas reales.

TOPS

Me inspiré en esto para bosquejar algo que llamé la Teoría de Solución de Problemas de Organismos (TOPS). Hablando estrictamente, supongo que el equivalente biológico de TRIZ analizaría experimentos exitosos para buscar guías para resolver problemas de investigación presentados por hipótesis existentes. Sin embargo, elegí intentar un enfoque distinto: tal y como lo formulé, TOPS sugiere como el ID podría conducir a nuevas hipótesis y descubrimientos científicos.

TOPS inicia con la observación de que la evidencia es suficiente para garantizar al menos la aceptación provisional de dos proposiciones: (1) La evolución Darwiniana (la teoría que propone que las características nuevas de los seres vivos se originan a través de selección natural actuando en variaciones aleatorias) es falsa, y (2) el ID (la teoría de que muchas características de los seres vivos sólo pudieron haberse originado por medio de un agente inteligente) es cierta.

TOPS entonces rechaza explícitamente varias implicaciones de la evolución Darwiniana. Estas incluyen:

(1a) La implicación de que los seres vivos son mejor entendidos del fondo hacia arriba, en términos de constituyentes moleculares. (1b) Las implicaciones de que las mutaciones del DNA son la materia prima de la evolución, que el desarrollo embrionario está controlado por un programa genético, que el cáncer es una enfermedad genética, etc. (1c) La implicación de que muchas características de los seres vivos son vestigios inútiles de procesos aleatorios, así que es una pérdida de tiempo inquirir en sus funciones.

Finalmente, TOPS asume como hipótesis de trabajo que varias implicaciones del ID son verdaderas. Estas incluyen: (2a) La implicación de que los seres vivos son mejor comprendidos de arriba hacia abajo, como seres orgánicos irreduciblemente complejos. (2b) Las implicaciones de que las mutaciones del DNA no conducen a la macroevolución, que el programa de desarrollo de un embrión no se reduce a su DNA, que el cáncer se origina en características estructurales superiores a la célula en lugar de en su DNA, etc. (2c) La implicación de que debe presumirse que todas las características vivientes tienen una función hasta que se pruebe lo contrario, y que la ingeniería de reversa es la mejor forma de entenderlas.

Es importante notar que "implicación" no es lo mismo que "deducción lógica". La evolución Darwiniana no excluye de forma lógica las implicaciones del ID aquí listadas, ni el ID excluye de forma lógica todas las implicaciones de la evolución Darwiniana. Un darwinista puede aceptar la idea de que otras características en el embrión además de su DNA influencian su desarrollo, y los darwinistas pueden (y de hecho lo hacen) usar ingeniería de reversa para entender las funciones de las características de los seres vivos. Además, un punto de vista del ID no descarta de forma lógica programas genéticos o la idea de que algunas características de los seres vivos pudieran ser vestigios inútiles de la evolución. Las diferencias entre la evolución Darwiniana y el ID que forman el punto de partida de TOPS no son exigencias lógicas mutuamente excluyentes, sino diferencias de énfasis. El objetivo de TOPS no es mostrar que la evolución Darwiniana conduce por pasos lógicos a conclusiones falsas, sino explorar qué pasa cuando se utiliza ID en lugar de una teoría evolucionista como marco de trabajo para hacerse preguntas de investigación.

Tomemos, por ejemplo, la investigación hecha en vastas regiones de genomas de vertebrados que no codifican proteínas. Desde una perspectiva neo-darwinista, las mutaciones del DNA son la materia prima de la evolución porque el DNA codifica proteínas que determinan las características esenciales de organismos. Dado que regiones que no codifican, no producen proteínas, los biólogos darwinistas los han desechado por décadas como ruido evolucionista aleatorio o "DNA basura". Desde el punto de vista del ID, sin embargo, es extremadamente improbable que un organismo gaste sus recursos en preservar y transmitir tanta "basura". Es mucho más probable que las regiones "no codificadoras" tengan funciones que simplemente aún no hemos descubierto.

Investigaciones recientes muestran que el "DNA basura" tiene, de hecho, funciones antes insospechadas. Aunque la investigación fue hecha en un marco darwinista, sus resultados llegaron como una completa sorpresa para la gente que trata de formular preguntas de investigación dentro del marco darwinista. El hecho del que el "DNA basura" *no* sea basura ha emergido no gracias a la teoría de la evolución, sino a pesar de ella. Por otra parte, la gente que formula preguntas de investigación en un marco de ID presumiblemente hubiera buscado las funciones de las regiones no codificadoras del DNA, y ahora podríamos saber considerablemente más de ellas.

TOPS y el cáncer

En noviembre del 2002, decidí aplicar TOPS a un problema biomédico específico. No siendo una persona tímida, decidí atacar al cáncer.

Aprendí rápidamente al revisar la literatura científica que el cáncer no está correlacionado con anormalidades a nivel cromosómico –un fenómeno llamado "inestabilidad cromosómica" (Lengauer et al., 1998). La inestabilidad cromosómica, en turno, está correlacionada con anormalidades del centrosoma –particularmente la presencia de centrosomas extras o alargados. Un número creciente de investigadores tratan al cáncer no como una enfermedad del DNA, sino como una "enfermedad centrosomal" (Brinkley and Goepfert, 1998; Pihan et al., 1998; Lingle and Salisbury, 2000). En 1985, publiqué una hipótesis sobre como los centrosomas podrían producir una fuerza para dividir las células que empuja a los cromosomas fuera de los polos del huso (Wells, 1985). Los biólogos celulares hace ya tiempo que conocen esta "fuerza polar de eyección" o "viento polar" (Rieder et al., 1986; Rieder and Salmon, 1994), pero el mecanismo sigue siendo desconocido. La fuerza ha sido atribuida a elongación microtubular y/o a proteínas motoras asociadas a microtubos, pero ninguna de estas explicaciones se ajusta a todos los hechos (Wells, 2004).

En la hipótesis que propuse en 1985, interacciones magnéticas en el centrosoma causarían que los microtubos del huso se "bambolearan" como un vórtice de laboratorio, aunque a una frecuencia mucho mayor y una amplitud mucho menor, produciendo una fuerza centrífuga dirigida hacia fuera de los polos. Luego me di cuenta (con la ayuda del físico David Snoke) que las interacciones magnéticas que había propuesto en 1985 no funcionarían. En el 2002 se me ocurrió, sin embargo, que el concepto aún viable del vórtice podría ayudar a explicar el lazo entre los centrosomas y el cáncer: centrosomas muy numerosos o muy grandes producirían una fuerza polar de eyección muy fuerte, dañando a los cromosomas y conduciendo a la inestabilidad cromosomal.

Si la fuerza polar de eyección fuera realmente el lazo entre los centrosomas y el cáncer, de cualquier forma, y la fuerza polar de eyección ocurriera debido a un movimiento de tipo vórtice de los microtubos del huso, ¿cuál podría ser el mecanismo que produce este movimiento? Mi atención inmediatamente giró hacia los centríolos.

Los centrosomas en células animales contienen centríolos, pequeños organelos de longitudes menores a una millonésima de metro. Excepto por su papel en nuclear cilios y flagelos eucarióticos, sus funciones precisas permanecen siendo un misterio (Pueble et al., 2000). Nunca han sido un objeto favorito de estudio dentro del marco de la teoría Darwiniana, porque aunque se replican cada vez que una célula se divide, no contienen DNA (Marshall and Rosenbaum, 2000), y no tienen intermedios evolutivos de los cuales reconstruir filogenias (Fulton, 1971).

Las células de plantas superiores no contienen centríolos (Luykx, 1970; Pickett-Heaps, 1971); ni producen una fuerza polar de eyección como la que se observa en las células animales (Khodjakov et al., 1996). Se me ocurrió que esta correlación puede no ser accidental. Los centríolos pueden ser la fuente de la fuerza polar de eyección, y también la clave para entender el cáncer.

Utilizando microscopía electrónica, los centríolos se ven como pequeñas turbinas. Usando TOPS como mi guía, concluí que si los centríolos *se ven* como turbinas pueden de hecho *ser* turbinas. Utilicé ingeniería de reversa para formular una hipótesis cuantitativa, que pueda ser sujeta a experimentación, ligando a los centríolos, la fuerza polar de eyección y al cáncer. Esa hipótesis esta resumida a continuación, y la versión técnica detallada (Wells, 2004) ha sido enviada para su publicación a un *journal* de biología.

Los centríolos como pequeñas turbinas

Los centríolos son de forma casi cilíndrica, y cuando maduran tienen típicamente un diámetro de cerca de 0.2 μm y una longitud de cerca de 0.4 μm. Al extremo del centríolo más cercano al centro de la célula se le llama "próximo", y al otro "distal". El organelo está compuesto de nueve grupos de microtubos. Estos están organizados en terminales triples a cerca de la mitad de distancia del extremo distal, el cual consiste de microtubos dobles (Stubblefield and Brinkley, 1967; De Harven, 1968; Wheatley, 1982; Bornens, et al., 1987).

Los microtubos triples que componen la mitad cercana del centríolo forman navajas con una inclinación de aproximadamente 45 grados con respecto a la circunferencia. Varios autores han notado que los microtubos triples tienen una disposición del tipo de una turbina. Si el centríolo fuera de hecho una pequeña turbina, el fluido que sale a través de las navajas causaría que el organelo rotara de acuerdo a las manecillas del reloj si se le ve desde el extremo próximo.

Para que la turbina centriolar gire, debe haber un mecanismo para bombear fluido a través de las navajas. Se han observado estructuras helicoidales en los lúmenes de los centríolos (Stubblefield and Brinkley, 1967; Paintrand et al, 1992). Las estructuras helicoidales también han sido observadas en asociación con el aparato de par central que rota dentro de un ciliar o axonema flagelar (Goodenough and Heuser, 1985; Mitchell, 2003), y los axonemas son nucleados por cuerpos basales que son interconvertibles con los centríolos (Pueble et al., 2000). Si la hélice dentro de un centríolo rota como el aparato central de un axonema, podría funcionar como un "tornillo de Arquímedes", un destapacorchos que drenaría fluido hacia dentro a través del extremo próximo y lo forzaría a salir por las navajas de la turbina del triplete de microtubos.

La bomba helicoidal podría ser provista de energía por dineína. La dineína produce movimientos mediados por microtubos en los axonemas de cilios y flagelos, aunque su modo de acción en los centríolos tendría que ser diferente del anterior. Los cilios y flagelos se mueven por un deslizamiento basado en dineína entre los microtubos dobles (Brokaw, 1994; Porter and Sale, 2000). En los centríolos, sin embargo, las únicas estructuras parecidas a la dineína parecen estar asociadas con columnas internas en el lumen. (Paintrand et al., 1992) Las moléculas de dineína en esas columnas podrían operar una bomba de tornillo de Arquímedes interna al interactuar con sus navajas helicoidales. Por analogía con el aparato de par central en los axonemas, la hélice dentro de un centríolo rotaría presumiblemente a cerca de 100 Hz.

La dinámica de un par de centríolos

La mayoría de los centrosomas contienen un par de centríolos conectados cerca de sus extremos próximos y orientados a ángulos rectos uno respecto al otro (Bornens, et al., 1997; Paintrand et al., 1992; Bornens, 2002). El miembro más viejo ("madre") de un par de centríolos se distingue del menor ("hija") por varias estructuras, incluyendo "accesorios del distal" que se proyectan a un cierto ángulo de los filos cercanos al distal de los microtubos dobles, y "accesorios subdistales" que forman un collar grueso alrededor de la mayor parte de la mitad entre el distal y el centríolo madre y sirven como ancla para los microtubos que se extienden hacia el huso (Paintrand et al., 1992; Piel et al., 2000). Cuando los centríolos están aislados bajo condiciones bajas en calcio, los apéndices subdistales se disocian de la pared del centríolo madre mientras que los apéndices dístales permanecen conectados a él (Paintrand et al., 1992). Estas características son consistentes con un modelo en el cual los accesorios subdistales forman un cojinete conectado al citoesqueleto de la célula, y los apéndices dístales forman un reborde que mantiene al centríolo madre en su cojinete. **(Figura 1)**.

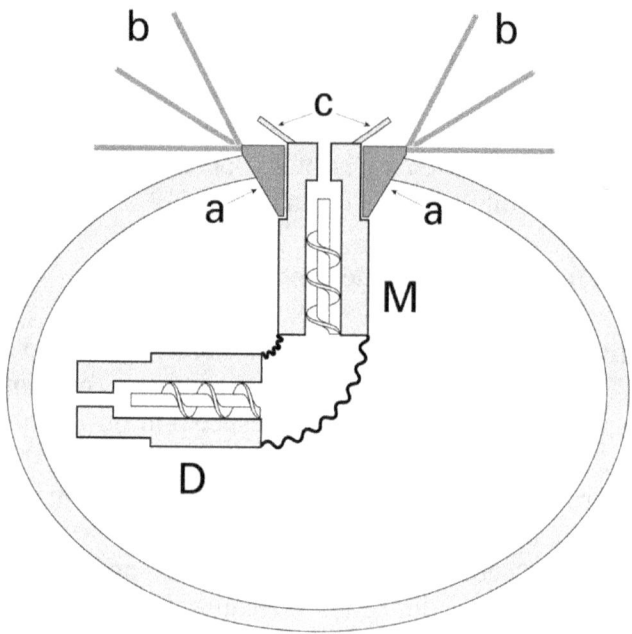

Figura 1. Sección transversal del un par de centríolos. (M) Centríolo madre. (D) Centríolo hija. Note las hélices internas en cada uno de ellos. (a) Accesorios subdistales. (b) Microtubos del huso (los cuales están anclados a los accesorios subdistales). (c) Accesorios dístales. En la hipótesis presentada aquí, los accesorios subdistales funcionan como un cojinete y los accesorios dístales como un reborde. La elipse es la cápsula centromatriz que comprende al par de centríolos.

El centríolo hija, restringido por su conexión próxima a la madre, no rotará en su propio eje; en cambio, oscilará completo a lo largo del eje largo del centríolo madre. Sin embargo, la hija aún funcionará como turbina, produciendo un torque que presionaría al centríolo madre lateralmente contra la pared interna de su cojinete. El torque de la hija causará por tanto que el par de centríolos gire excéntricamente, produciendo un "bamboleo" parecido al movimiento de un vórtice de laboratorio.

El par de centríolos está rodeado por una red estructural de filamentos de 12-15 nm de diámetro llamados la "centromatriz" (Schnackenberg et al., 1998). El fluido dentro de la cápsula de centromatriz no permanece estacionario, sino que es agitado en forma circular por el giro del centríolo hija. Podría parecer que la fricción contra la pared interna de la centromatriz podría ofrecer una enorme resistencia a tal movimiento; sin embargo, sorpresivamente, la resistencia podría ser baja debido a "nanoburbujas" (Tyrrell and Attard, 2001; Steitz et al., 2003; Ball, 2003). Nanoburbujas de 200 nm de diámetro y 20 nm de espesor pueden producir una superficie compuesta de filamentos hidrofóbicos de 12-15 nm de fricción casi nula. Si se mantiene el suministro de poder de forma continua por parte de la bomba helicoidal dentro del centríolo madre, los cálculos muestran que el par de centríolos podría alcanzar una velocidad angular de más de 10 kHz a la mitad del camino, por medio de división celular (ver el Apéndice Matemático).

Los centríolos y la fuerza polar de eyección

Los accesorios subdistales que forman el cojinete para el par de centríolos que giran también ancla a los microtubos que se extienden dentro del huso (Paintrand et al., 1992; Piel et al., 2000). Otros microtubos están anclados en el material pericentriolar que rodea la centromatriz. Justo como un vórtice imparte su bamboleo a un tubo de ensaye colocado en él, así hace el centrosoma con los microtubos que de él emanan. Presumiblemente los microtubos del huso no transmitirán este movimiento de forma tan uniforme como las paredes rígidas de vidrio de un tubo de ensayo, pero pueden ser lo suficientemente rígidas para inducir a los objetos dentro del huso a soportar movimientos no diferentes a los que contiene un tubo de ensayo en un vórtice. Vale la pena notar a este respecto que los microtubos en arreglos ordenados exhiben más tiesura que la que se esperaría para cilindros rígidos que no interactúan entre sí (Sato et al., 1998). Los objetos dentro del huso entonces soportan cierta frecuencia, movimientos circulares de pequeña amplitud perpendiculares a los microtubos polares, como fue propuesto originalmente por Wells (1985). Los objetos en la mitad de un huso bipolar por tanto experimentarían una fuerza centrífuga lateral hacia fuera del eje largo del huso. Los cálculos (ver Apéndice Matemático) muestran que esta fuerza podría ser mayor a cinco veces la fuerza de gravedad. El arreglo cónico de los microtubos convertiría parte de ella en una componente paralela al eje del huso, produciendo una fuerza más pequeña tendiente a mover los objetos de forma radial, alejándolos del polo. El bamboleo producido por un par de centríolos en giro podría por lo tanto generar una fuerza polar de eyección.

Implicaciones para el cáncer

Si los centríolos generan una fuerza polar de eyección, la presencia de demasiados pares de centríolos en cualquiera de los polos puede resultar en una excesiva fuerza polar de eyección que sujeta a los cromosomas a un estrés inusual que causa rompimientos y traslocaciones. Incluso más seria que la presencia de centríolos extra sería una falla de los mecanismos de control que normalmente cierran las turbinas centriolares al comienzo de una anafase, porque los pares de centríolos entonces se continuarían acelerando y generando fuerzas polares de eyección mayores a las normales.

Una fuerza polar de eyección debida a centríolos podría ser en parte generada por niveles intracelulares de calcio. En células animales que se dividen, el inicio de una anafase está normalmente acompañado de un aumento transitorio en la concentración de Ca^+ intracelular (Poenie et al., 1986). Concentraciones elevadas de Ca^{2+} pueden conducir a una flexión asimétrica o a la quietud en los axonemas de los flagelos del esperma del erizo de mar (Brokaw, 1987). Esto puede ser debido a un cambio inducido por Ca^{2+} en la dirección del movimiento de la energía de los brazos de dineína (Ishijima et al., 1996), o a un efecto en el aparato del par central (Bannai, et al., 2000). Si la bomba helicoidal que está dentro de un centríolo está conducida por dineína, entonces, un aumento en la concentración de calcio intracelular podría disminuirla.

Vale la pena notar a este respecto que un buen número de estudios recientes han reportado un lazo entre el calcio y la deficiencia de vitamina D con varios tipos de cáncer. Suplementos dietarios de calcio pueden reducir modestamente el riesgo de cáncer colorectal (McCullough et al., 2003), y parece haber una correlación inversa entre los niveles de vitamina D y el cáncer de próstata (Konety et al., 1999). Análogos y metabolitos de vitamina D inhiben el crecimiento de células cancerosas de próstata in vitro (Krishnan et al., 2003) y en vivo (Vegesna et al., 2003), y además tienen un efecto similar en células de cáncer de mama (Flanagan et al., 2003). Si los centríolos generan una fuerza polar de eyección, la correlación entre los niveles de calcio y vitamina D con el cáncer podría ser una consecuencia –por lo menos en parte- del papel del calcio en apagar las turbinas centriolares al inicio de una anafase.

Discusión

Stubblefield y Brinkley (1967) propusieron que movimientos secuenciales de los microtubos triples del centríolo hacen girar una hélice interna, la cual ellos creyeron ser DNA, con el fin de facilitar el ensamble del microtubo. Desde entonces está claro, sin embargo, que los centríolos no contienen DNA (Marshall and Rosenbaum, 2000). En la hipótesis aquí propuesta, el centríolo es una pequeña turbina compuesta de navajas de microtubos triples accionada por una bomba helicoidal interna. Esto es lo contrario a la idea de Stubblefield y Brinkley de que los microtubos triples accionan la hélice interna.

Bornens (1979) sugirió que los centríolos que giran rápidamente, accionados por un ATPasa en estructuras voltereta en sus extremos proximales, funcionan como giroscopios para proveer un sistema inercial de referencia para la célula y generar oscilaciones eléctricas que coordinan los procesos celulares. En la hipótesis propuesta aquí, los centríolos que giran rápidamente producirían oscilaciones altas de baja amplitud en los microtubos del husillo, que son mecánicos, no eléctricos como Bornens propuso.

Hay varias formas de probar esta hipótesis. Dos de ellas son:

Debería ser posible detectar oscilaciones en los microtubos del huso temprano en prometafase por microscopía de inmunofluorescencia y tecnología de cámaras de alta velocidad.

Debería ser posible regular la fuerza polar de eyección al aumentar la concentración de calcio intracelular durante la prometafase o bloquear su aumento al inicio de la anafase.

Si la hipótesis presentada aquí soporta esta y otras pruebas experimentales, entonces puede contribuir a entender mejor no sólo la división celular, sino también el cáncer.

Reconocimientos

El autor reconoce con agradecimiento las útiles sugerencias de David W. Snoke, Keith Pennock y Lucy P. Wells. El autor también agradece a Joel Shoop por producir la ilustración y a Meter L. Maricich por asistirnos con el análisis matemático.

Referencias

Ball, P., 2003. How to keep dry in water. Nature 423, 25-26.

Bannai, H., Yoshimura, M., Takahashi, K., Shingyoji, C., 2000. Calcium
     regulation of microtubule sliding in reactivated sea urchin sperm flagella.
     J. Cell Sci. 113, 831-839.

Bornens, M., 1979. The centriole as a gyroscopic oscillator: implications for cell
     organization and some other consequences. Biol. Cell. 35, 115-132.
Bornens, M., 2002. Centrosome composition and microtubule anchoring
     mechanisms. Curr. Opin. Cell Biol. 14, 25-34.
Bornens, M., Paintrand, M., Berges, J., Marty, M-C., Karsenti, E., 1987. Structural
     and chemical characterization of isolated centrosomes. Cell Motil.
     Cytoskeleton 8, 238-249.

Brinkley, B.R., Goepfert, T.M., 1998. Supernumerary centrosomes and cancer:
     Boveri's hypothesis resurrected. Cell Motil. Cytoskeleton 41, 281-288.
     Brokaw, C.J., 1987. Regulation of sperm flagellar motility by calcium and cAMPdependent
     phosphorylation. J. Cell. Biochem. 35, 175-184.
Brokaw, C.J., 1994. Control of flagellar bending: a new agenda based on dynein
     diversity. Cell Motil. Cytoskeleton 28, 199-204.

De Harven, E., 1968. The centriole and the mitotic spindle, in: Dalton, A.J.,
> Haguenau, F. (Eds.), Ultrastructure in Biological Systems, v. 3: The
> Nucleus, Academic Press, New York, pp. 197-227.

Flanagan, L., Packman, K., Juba, B., O'Neill, S., Tenniswood, M., Welsh, J., 2003.
> Efficacy of vitamin D compounds to modulate estrogen receptor negative
> breast cancer growth and invasion. J. Steroid Biochem. Mol. Biol. 84, 181-192.

Fulton, C., 1971. Centrioles, in: Reinert, A.J., Ursprung, H., (Eds.), Origin and
> Continuity of Cell Organelles, Springer-Verlag, New York, pp. 170-221.

Goodenough, U.W., Heuser, J.E., 1985. Substructure of inner dynein arms, radial
> spokes, and the central pair/projection complex of cilia and flagella. J.
> Cell Biol. 100, 2008-2018.

Ishijima, S., Kubo-Irie, M., Mohri, H., Hamaguchi, Y., 1996. Calcium-dependent
> bidirectional power stroke of the dynein arms in sea urchin sperm
> axonemes. J. Cell Sci. 109, 2833-2842.

Khodjakov, A., Cole, R.W., Bajer, A.S., Rieder, C.L., 1996. The force for poleward
> chromosome motion in *Haemanthus* cells acts along the length of the
> chromosome during metaphase but only at the kinetochore during
> anaphase. J. Cell Biol. 132, 1093-1104.

Konety, B.R., Johnson, C.S., Trump, D.L., Getzenberg, R.H., 1999. Vitamin D in
the prevention and treatment of prostate cancer. Semin. Urol. Oncol. 17,
77-84.

Krishnan, A.V., Peehl, D.M., Feldman, D., 2003. Inhibition of prostate cancer
growth by vitamin D: regulation of target gene expression. J. Cell.
Biochem. 88, 363-371.

Lengauer, C., Kinzler, K.W., Vogelstein, B., 1998. Genetic instabilities in human
cancers. Nature 396, 643-649.

Lingle, W.L., Salisbury, J.L., 2000. The role of the centrosome in the development
of malignant tumors. Curr. Top. Dev. Biol. 49, 313-329.

Luykx, P., 1970. Cellular mechanisms of chromosome distribution. Int. Rev.
Cytol. Suppl. 2, 1-173.

Marshall, W.F., Rosenbaum, J.L., 2000. Are there nucleic acids in the
centrosome? Curr. Top. Dev. Biol. 49, 187-205.

McCullough, M.L., Robertson, A.S., Rodriquez, C., Jacobs, E.J., Chao, A., Jonas,
C., Calle, E.E., Willett, W.C., Thun, M.J., 2003. Calcium, vitamin D, dairy
products, and risk of colorectal cancer in the cancer prevention study II
nutrition cohort (United States). Cancer Causes Control 14, 1-12.

Mitchell, D.R., 2003. Reconstruction of the projection periodicity and surface

architecture of the flagellar central pair complex. Cell Motil. Cytoskeleton
55, 188-199.

Paintrand, M., Moudjou, M., Delacroix, H., Bornens, M., 1992. Centrosome
organization and centriole architecture: their sensitivity to divalent
cations. J. Struct. Biol. 108, 107-128.
Pickett-Heaps, J., 1971. The autonomy of the centriole: fact or fallacy? Cytobios
3, 205-214.
Piel, M., Meyer, P., Khodjakov, A., Rieder, C.L., Bornens, M., 2000. The
respective contributions of the mother and daughter centrioles to
centrosome activity and behavior in vertebrate cells. J. Cell Biol. 149, 317-
329.
Pihan, G.A., Purohit, A., Wallace, J., Knecht, H., Woda, B., Quesenberry, P.,
Doxsey, S.J., 1998. Centrosome defects and genetic instability in
malignant tumors. Cancer Res. 58, 3974-3985.
Poenie, M., Alderton, J., Steinhardt, R., Tsien, R., 1986. Calcium rises abruptly
and briefly throughout the cell at the onset of anaphase. Science 233, 886-
889.
Porter, M.E., Sale, W.S., 2000. The 9 + 2 axoneme anchors multiple inner arm
dyneins and a network of kinases and phosphatases that control motility.
J. Cell Biol. 151, F37-F42.

Preble, A.M., Giddings, T.M. Jr., Dutcher, S.K., 2000. Basal bodies and centrioles:
   their function and structure. Curr. Top. Dev. Biol. 49, 207-233.
Rieder, C.L., Davison, A.E., Jensen, L.C.W., Cassimeris, L., Salmon, E.D., 1986.
   Oscillatory movements of monooriented chromosomes and their position
   relative to the spindle pole result from the ejection properties of the aster
   and half-spindle. J. Cell Biol. 103, 581-591.
Rieder, C.L., Salmon, E.D., 1994. Motile kinetochores and polar ejection forces
   dictate chromosome position on the vertebrate mitotic spindle. J. Cell
   Biol. 124, 223-233.
Sato, M., Schwartz, W.H., Selden, S.C., Pollard, T.D., 1988. Mechanical properties
   of brain tubulin and microtubules. J. Cell Biol. 106, 1205-1211.
Schnackenberg, B.J., Khodjakov, A., Rieder, C.L., Palazzo, R.E., 1998. The
   disassembly and reassembly of functional centrosomes in vitro. Proc.
   Natl. Acad. Sci. U.S.A. 95, 9295-9300.
   Steitz, R., Gutberlet, T., Hauss, T., Klösgen, B., Krastev, R., Schemmel, S.,
Simonsen, A.C., Findenegg, G.H., 2003. Nanobubbles and their precursor
   layer at the interface of water against a hydrophobic substrate. Langmuir
   19, 2409-2418.
Stubblefield, E., Brinkley, B.R., 1967. Architecture and function of the

mammalian centriole, in: Warren, K.B. (Ed.), Formation and Fate of Cell Organelles, Academic Press, New York, pp. 175-218.

Tyrrell, J.W.G., Attard, P., 2001. Images of nanobubbles on hydrophobic surfaces and their interactions. Phys. Rev. Lett. 87, 176104/1-176104/4.

Vegesna, V., O'Kelly, J., Said, J., Uskokovic, M., Binderup, L., Koeffle, H.P., 2003. Ability of potent vitamin D_3 analogs to inhibit growth of prostate cancer cells in vivo. Anticancer Res. 23, 283-290.

Wheatley, D.N., 1982. The Centriole: A Central Enigma of Cell Biology, Elsevier, Amsterdam.

Wells, J., 1985. Inertial force as a possible factor in mitosis. BioSystems 17, 301-315.

Wells, J., 2004. A hypothesis linking centrioles, polar ejection forces, and cancer. Submitted for publication.

Capítulo 6

Cómo Detectar El Diseño En Las Ciencias Naturales

La forma en que cualquier diseñador avanza desde la concepción hasta la fabricación de una cosa es, por lo menos a grandes rasgos: (1) concepción de un propósito; (2) desarrollo de un plan para lograr ese propósito; (3) especificación de materiales de construcción e instrucciones de ensamble para ejecutar el plan; (4) aplicación de las instrucciones de ensamble a los materiales de construcción por parte del diseñador o algún suplente.

El resultado es un objeto diseñado, y el éxito del diseñador resulta en medida del grado en que el objeto logre el propósito por el que fue creado. En el caso de los diseñadores humanos, este proceso de cuatro partes no causa polémica. Está implícito en cocinar un pastel, manejar un automóvil, malversar fondos o construir una súper computadora. No sólo nos involucramos repetidamente en este proceso de diseño en cuatro partes, sino que hemos sido testigos de cómo otra gente lo ha utilizado en innumerables ocasiones. Conociendo una historia causal suficientemente detallada, podríamos rastrear el proceso de principio a fin.

Pero supongamos que no contamos con una historia causal detallada y no podemos rastrear el proceso de diseño.

Imaginemos que todo lo que tenemos es un objeto, y debemos decidir si emergió de un proceso de diseño. En ese caso, ¿cómo decidir si el objeto fue diseñado? Si el objeto en cuestión se parece bastante a otros objetos que sabemos que fueron diseñados, entonces no habrá dificultades para inferir la existencia de un diseño. Por ejemplo, si encontramos un pedazo de papel con algo escrito, inferimos la existencia de un autor humano aunque no sepamos nada de la historia causal del papel. Todos conocemos humanos que escriben en pedazos de papel y no hay razón para suponer que este pedazo en particular tenga una historia causal diferente.

Sin embargo, cuando se trata de seres vivos, la comunidad biológica sostiene que se necesita una historia causal muy diferente. Para ser más exactos, la comunidad biológica admite que los sistemas vivos parecen estar diseñados. Por ejemplo, Richard Dawkins, biólogo de Oxford, escribe: "La biología es el estudio de cosas complicadas que dan la apariencia de haber sido diseñadas para un propósito". Igualmente, el Nóbel de fisiología o medicina Francis Crick escribe: "Los biólogos deben tener constantemente en cuenta que lo que ven no fue diseñado, sino que evolucionó".

El término "diseño" aparece con mucha frecuencia en la literatura biológica. Aún así, su uso se regula cuidadosamente. Según la comunidad biológica, la apariencia de diseño en la biología es engañosa. Esto no evita que la biología esté llena de dispositivos maravillosos. Hasta aquí, los biólogos asienten de buena gana. Sin embargo, en lo que concierne a ellos, las cosas vivas no son resultado del proceso de diseño en cuatro partes aquí descrito.

Pero, ¿cómo sabe la comunidad biológica que los seres vivos parecen estar diseñados pero no lo están? La exclusión del diseño en la biología ciertamente contrasta con la vida ordinaria, donde necesitamos dos formas principales para explicar las cosas: por un lado fuerzas materiales ciegas, por otro lado, intención o diseño. Sin embargo, en las ciencias naturales una de estas formas de explicación se considera superflua: el diseño. Desde la perspectiva de las ciencias naturales, el diseño, como acción de un agente inteligente, no es una fuerza creativa fundamental en la naturaleza. En cambio, se cree que fuerzas materiales ciegas, caracterizadas por la casualidad y la necesidad, y sujetas a leyes infranqueables, son suficientes para realizar toda la creación de la naturaleza.

La teoría de Darwin es todo un caso. Según el darvinista Francisco Ayala, "el diseño funcional de los organismos y sus características parecerían entonces argumentar la existencia de un diseñador. El mayor logro de Darwin fue mostrar que la organización dirigida de los seres vivos puede explicarse como resultado de un proceso natural -la selección natural- sin la necesidad de recurrir a un Creador u otro agente externo. A partir de ahí, el origen y adaptación de los organismos, su abundancia y sorprendentes variaciones, fueron introducidos al reino de la ciencia".

Sin embargo, ¿es verdad que la organización dirigida de los seres vivos puede explicarse sin recurrir a un diseñador? ¿Recurrir a un diseñador en las explicaciones biológicas nos sacaría necesariamente del reino de la ciencia? La respuesta a ambas preguntas es un tajante "no".

Lo que ha mantenido a la idea del diseño fuera del campo de las ciencias naturales desde que Darwin publicara hace 140 años El Origen de las Especies, es la ausencia de métodos precisos para distinguir entre objetos producidos inteligentemente y objetos producidos al azar. Para que la idea del diseño sea un concepto científico fructífero, los científicos tienen que asegurarse de poder determinar confiablemente si algo fue diseñado. Johannes Kepler pensaba que los cráteres de la luna habían sido diseñados inteligentemente por sus moradores. Ahora sabemos que fueron formados por fuerzas naturales ciegas.

Este miedo a atribuir falsamente un diseño a algo para ser luego desmentido es lo que ha evitado que la idea del diseño sea utilizada en las ciencias naturales. Con métodos precisos para distinguir entre objetos originados inteligentemente y objetos creados aleatoriamente, ahora es posible formular una teoría de diseño inteligente que evite con éxito el error de Kepler y ubique confiablemente la idea del diseño en los sistemas biológicos.

La teoría del diseño inteligente es sobre los orígenes y el desarrollo biológico. Su principal afirmación es que se necesitan causas inteligentes para explicar ciertas estructuras biológicas complejas ricas en información, y que dichas causas son detectables empíricamente. Decir que las causas inteligentes son empíricamente detectables es decir que existen métodos bien definidos que, con base en características observables del mundo, pueden separar confiablemente las causas inteligentes de las causas naturales no dirigidas.

Muchas ciencias especiales ya han desarrollado métodos para hacer esa distinción: ejemplos notables son la ciencia forense, la criptografía, la arqueología, la generación aleatoria de números y la búsqueda de vida inteligente. Cuando se detectan causas inteligentes por estos métodos, se descubre un tipo de información subyacente conocida alternativamente como complejidad especificada o información compleja especificada.

Por ejemplo, ¿cómo infirieron los radioastrónomos de la película *Contacto* (protagonizada por Jodie Foster y basada en una novela de Carl Sagan) la presencia de vida extraterrestre a partir de las señales espaciales que monitoreaban? Los investigadores introducían las señales a computadoras programadas para reconocer muchos patrones preestablecidos que actuaban como cedazo. Las señales que no concordaban con ninguno de los patrones eran clasificadas como aleatorias.

Después de años de recibir señales aleatorias aparentemente carentes de significado, los investigadores de *Contacto* descubrieron un patrón de pulsos y pausas correspondiente a la secuencia de todos los números primos desde el 2 hasta el 101. (Los números primos son números divisibles sólo entre sí mismos y entre uno). Cuando una secuencia empieza con dos pulsos, luego una pausa, tres pulsos, luego una pausa y continúa así hasta los 101 pulsos, los investigadores deben inferir la presencia de inteligencia extraterrestre.

¿Por qué? No hay nada en las leyes de la física que haga que las señales de radio tomen una forma u otra. Por lo tanto, la secuencia es contingente más que necesaria. Además, es una secuencia larga y, por lo tanto, compleja. Notemos que si a la secuencia le faltara complejidad, fácilmente habría podido suceder por casualidad.

Finalmente, no solamente era compleja, también exhibía un patrón o especificación dada independientemente (no era solamente una vieja secuencia de números, sino una con significado matemático: los números primos).

Igualmente, decimos que un suceso exhibe complejidad especificada si es contingente y, por lo tanto, innecesario - si es complejo y, por consecuencia, no repetible por casualidad, y especificado en el sentido de exhibir un patrón dado independientemente. Note que la complejidad o improbabilidad no es suficiente para eliminar la casualidad -lance una moneda al aire suficientes veces y será testigo de algún suceso altamente complejo o improbable. Aún así, no tendrá razón para dejar de atribuirlo a la casualidad.

Lo importante de las especificaciones es que sean dadas objetivamente y no impuestas sobre sucesos a posteriori. Por ejemplo, si un arquero tira flechas a una pared y luego pinta blancos de tiro alrededor de las flechas, está imponiendo un patrón a posteriori. Por otro lado, si los objetivos se establecen con anticipación (son especificados) y el arquero da en ellos con precisión, sabemos que fue por diseño.

La combinación de complejidad y especificación convenció a los radioastrónomos de la película Contacto de la existencia de una inteligencia extraterrestre. La complejidad especificada es la marca característica o firma de la inteligencia. La complejidad especificada es una marca empírica confiable de inteligencia en la misma forma que las huellas digitales son una marca empírica confiable de la presencia de una persona (vea las justificaciones teóricas en mi libro *No Free Lunch* [No Hay Comida Gratis], 2002).

Sólo la causalidad inteligente da lugar a la complejidad especificada. De ahí deducimos que la complejidad especificada está más allá de lo que las fuerzas ciegas pueden hacer. No queremos decir que los sistemas o procesos físicos no puedan exhibir complejidad especificada o servir como conducto a la complejidad especificada. Sí pueden, porque aún cuando funcionen sin dirección inteligente pueden tomar la complejidad especificada ya existente y jugar con ella. Pero esa no es la cuestión. Lo que nos interesa es saber si el mundo físico (concebido como un sistema cerrado de causas físicas ciegas interrumpidas) puede generar complejidad especificada cuando previamente no existía.

Para ver lo que está en juego, piense en un grabado de Durero. Surgió al imprimir un bloque entintado de madera sobre un papel. Exhibe complejidad especificada, pero la aplicación mecánica de tinta al papel mediante un bloque de madera no da cuenta de esa complejidad. Es necesario rastrearla a la complejidad especificada del bloque de madera, la cual, a su vez, debe rastrearse hasta la actividad diseñadora de Durero mismo (en este caso, labrar deliberadamente los bloques). Las cadenas causales de la complejidad especificada inician con una inteligencia diseñadora.

Para contrarrestar este razonamiento, los materialistas asumen que la mente de Durero no es más que la operación física de su cerebro, que a su vez, se dice, fue originado por un proceso físico ciego: ¡la evolución! Ese es precisamente el punto en cuestión, saber si la inteligencia puede reducirse a un proceso físico o si lo trasciende. La teoría del diseño inteligente argumenta que la complejidad especificada de los sistemas biológicos (por ejemplo, el cerebro de Durero) no puede explicarse en términos de fuerzas físicas ciegas.

Cuando se formula adecuadamente, la teoría del diseño inteligente es una teoría de la información. Dentro de ella, la información compleja especificada (o complejidad especificada) se convierte en un indicador confiable de causalidad inteligente, así como en un objeto adecuado de investigación científica. En consecuencia, el diseño inteligente se convierte en una teoría que detecta y mide información, explica su origen y rastrea su flujo. Por lo tanto, la teoría del diseño inteligente es minimalista desde el punto de vista teológico. Detecta inteligencia sin especular acerca de su naturaleza.

En *La Caja Negra de Darwin*, el bioquímico Michael Behe muestra cómo se puede relacionar la complejidad especificada con el diseño biológico. Define los sistemas irreductiblemente complejos como aquellos formados por varias partes interrelacionadas donde la eliminación de cualquiera de las partes anula el funcionamiento de todo el sistema. Para Behe, la complejidad irreducible es un certero indicador de diseño. Uno de los sistemas bioquímicos irreduciblemente complejos analizados por Behe es el flagelo bacterial, un motor giratorio en forma de látigo e impulsado por ácido que gira a 100,000 revoluciones por minuto, permitiendo la navegación de las bacterias en su ambiente acuoso.

Behe muestra que la intrincada maquinaria de este motor molecular -un rotor, un estator, aros tóricos, cojinetes y un eje impulsor- requiere la interacción coordinada de por lo menos treinta proteínas complejas, y que la ausencia de cualquiera de ellas produciría la falla total del motor. Behe argumenta que el mecanismo darviniano es en principio incapaz de generar sistemas de complejidad irreducible. En *No Free Lunch* [No Hay Comida Gratis] señalo que el concepto de complejidad irreducible de Behe constituye un caso especial de complejidad especificada que implica, necesariamente, la existencia de un diseño, como en el caso del flagelo bacterial y otros sistemas.

Al aplicar la prueba de la complejidad especificada a los organismos biológicos, los teóricos del diseño se concentran en sistemas identificables -encimas individuales, máquinas moleculares y cosas así- que exhiban una función clara y cuya complejidad pueda evaluarse razonablemente. Por supuesto, cuando alguna parte de un organismo exhibe complejidad especificada, se asume que todo el organismo fue diseñado. No es necesario demostrar el diseño de cada aspecto del organismo, aunque algunos aspectos puedan haber sido resultado de fuerzas puramente físicas.
La teoría del diseño ha tenido una historia turbulenta. Hasta ahora, su principal falla había sido la falta de una fórmula conceptualmente poderosa que hiciera avanzar fructíferamente a la ciencia. Hoy la detectabilidad empírica de las causas inteligentes promete convertir al diseño inteligente en una teoría científica hecha y derecha, distinguiéndola de los argumentos de diseño filosóficos y teológicos tradicionalmente conocidos como "teología natural".

El mundo presenta sucesos, objetos y estructuras cuya explicación agota todas las causas naturales no dirigidas posibles, y que sólo pueden aclararse echando mano a causas inteligentes. La teoría del diseño inteligente lo demuestra rigurosamente. Así toma una vieja intuición filosófica y la transforma en un programa de investigación científica.

Capítulo 7

Máquinas Moleculares
Respaldo Experimental para la Inferencia de Diseño

Una Serie de Ojos

¿Cómo vemos? En el siglo XIX la anatomía del ojo se conoció con lujo de detalles y los sofisticados mecanismos que emplea para proveer un retrato exacto del mundo exterior sorprendió a todos los que estaban familiarizados con ellos. Los científicos del siglo XIX observaron correctamente que si una persona fuera tan desafortunada como para perder uno de las muchas funciones integradas, tales como la lente, el iris o los músculos oculares, el resultado inevitable sería una pérdida severa de visión o la ceguera. Por esta razón se concluyó que el ojo sólo funcionaría si se encontraba casi intacto.

Cuando Carlos Darwin estaba considerando posibles objeciones a su teoría de la evolución por la selección natural, él presentó en su libro El Origen de las Especies una discusión sobre el tema del ojo en la sección del libro titulada adecuadamente "Órganos de Extrema Perfección y Complejidad". Él se dio cuenta de que si en una generación un órgano con la complejidad del ojo apareciera súbitamente, el hecho sería equivalente a un milagro. De alguna manera, para que la evolución darwininiana sea creíble, la dificultad que el público tenía en visualizar la formación gradual de órganos complejos tenía que ser removida.

Darwin tuvo éxito brillantemente, no describiendo los pasos que la evolución pudo haber usado en construir el ojo, sino más bien identificando a una variedad de animales que se conocía tenían ojos de diferente complejidad, desde una mancha sensitiva a la luz hasta el complejo ojo de los vertebrados, y sugiriendo que la evolución del ojo humano pudo haber tenido órganos semejantes como estadíos intermedios en su formación.

Pero la pregunta persiste. ¿Cómo vemos? Aunque Darwin fuera capaz de persuadir a una buena parte del mundo que un ojo moderno podría haberse producido gradualmente a partir de estructuras mucho más simples, él ni siquiera intentó explicar cómo la sencilla mancha sensitiva a la luz, que servía como punto de partida, funcionaba. Cuando Darwin discutió el ojo obvió la cuestión de su mecanismo último(1):

> "Cómo un nervio vino a ser sensible a la
> luz a penas nos interesa más que cómo
> surgió la vida misma".

Él tenía una excelente razón para declinar contestar esa pregunta: La ciencia del siglo XIX no había progresado hasta el punto de que el asunto ni siquiera pudiera ser abordado. La pregunta de cómo funciona el ojo —o sea, qué sucede cuando un fotón de luz impacta la retina— simplemente no podía ser contestado en esa época. De hecho, ninguna pregunta respecto al mecanismo de la vida podía ser contestado en esa época. ¿Cómo los músculos de los animales causan movimiento? ¿Cómo funciona la fotosíntesis? ¿Cómo se extrae la energía de la comida? ¿Cómo combate el cuerpo la infección? Nadie lo sabía.

"Calvinismo"

Ahora bien, parece ser una característica de la mente humana que, cuando no está restringida por el conocimiento de los mecanismos de un proceso, entonces le parece fácil imaginarse procesos sencillos que conduzcan de la "no función" a la "función". Un divertido ejemplo de esto lo podemos ver en la tirilla cómica de Calvin y Hobbes. El pequeño Calvin siempre se encuentra teniendo aventuras en compañía de su tigre Hobbes, metiéndose a una caja y haciendo viajes al pasado, o tomando una pistola de rayos de juguete y "transmogificándose" a sí mismo en varias formas de animales, o, nuevamente, usando una caja como un duplicador y haciendo copias de sí para poder enfrentar a los poderes mundiales tales como su mamá y su profesores. Un niño pequeño como Calvin encuentra fácil imaginarse que una caja pueda volar como un avión (o algo semejante), porque Calvin no conoce cómo es que funcionan los aeroplanos.

Un buen ejemplo en el mundo biológico de los cambios complejos con semejanza de procesos sencillos lo es la creencia en la generación espontánea. Uno de los principales proponentes de la teoría de la generación espontánea a mediados del siglo XIX lo fue Ernst Haeckel, un gran admirador de Darwin y un ardiente propulsor de su teoría. Desde la visión limitada de las células que ofrecían los microscopios de entonces, Haeckel creía que la célula era un "sencillo grumo de una combinación albuminosa de "carbón"(2), no muy diferente de un pedazo de gelatina microscópica. De modo que le pareció a Haeckel que una forma de vida tan sencilla podría ser reproducida con facilidad a partir de material inorgánico. En el año 1859, el año de la publicación de "El Origen de las Especies", un barco explorador, el H.M.S. Cyclops, obtuvo del fondo del mar un fango de apariencia curiosa. Eventualmente Haeckel observó esta sustancia y pensó que se asemejaba mucho a algunas células que había visto en el microscopio. Entusiasmado, trajo esto a la atención de Thomas Henry Huxley, gran amigo y defensor de Darwin. Huxley también quedó convencido que era "Urschleim" (protoplasma), el progenitor mismo de la vida, y Huxley nombró al fango Bathybus Haeckelli, en honor al eminente proponente de la abiogénesis.

La arcilla no creció. En años posteriores, con el desarrollo de nuevas técnicas bioquímicas y microscopios mejorados, se reveló la complejidad de la célula. Se demostró que los "sencillos grumos" contenían miles diferentes tipos de moléculas orgánicas, proteínas, ácidos nucleicos, muchas distintas estructuras subcelulares , compartimientos especializados para procesos especializados, y una extremadamente complicada arquitectura. Mirando atrás con la perspectiva de nuestro tiempo, el episodio del "Bathybius Haeckelli" puede parecer tonto o hasta vergonzoso, pero no debería verse así. Haeckel y Huxley se comportaron normalmente, como Calvin, ya que no estaban conscientes de la complejidad de la células, ellos pensaron que era fácil creer que las células se originaban del simple barro.

A través de la historia ha habido muchos otros ejemplos, similares al de Haeckel, Huxley y la célula, donde una pieza clave de un rompecabezas científico específico se hallaba más allá del entendimiento de la época. En ciencia, existe un término peculiar para una máquina o estructura o proceso que hace algo, pero cuyo mecanismo por el cual logra hacerlo es desconocido: se le llama una "caja negra". En los tiempos de Darwin toda la Biología era una caja negra: no sólo la célula, o el ojo, o la digestión, o la inmunología, sino toda estructura y función porque, en última instancia, nadie podía explicar cómo ocurrían los procesos biológicos.

Ernst Mayr, el prominente biólogo, historiador y fuerza impulsadora de la síntesis neodarwiniana, señaló que(3):

> "Cualquier revolución científica tiene que aceptar toda suerte de "cajas negras", porque, si tuviéramos que esperar a que todas las cajas negras se abriesen, nunca podríamos tener ningún avance conceptual".

Esto es cierto. Pero en días pasados, cuando las cajas negras se abrían, la ciencia, y a veces todo el mundo, parecían cambiar. La Biología ha progresado enormemente debido al modelo propuesto por Darwin. Pero las cajas negras que Darwin aceptó están siendo abiertas ahora y nuestra visión del mundo vuelve a ser sacudido.

Proteínas

Para poder entender la base molecular de la vida es necesario entender cómo es que esas cosas llamadas "proteínas" funcionan. Aunque la gente piensa en proteína como algo que se come (uno de los principales grupos alimenticios), cuando están en el cuerpo de un animal o de una planta no ingeridos sirven un propósito diferente. Las proteínas son la maquinaria de los tejidos vivos que construyen las estructuras y que llevan a cabo las reacciones químicas necesarias para la vida. Por ejemplo, el primero de varios pasos necesarios para la conversión del azúcar a formas de energía biológicamente utilizables se lleva a cabo por una proteína llamada hexoquinasa. La piel está hecha en su mayoría de una proteína llamada colágeno. Cuando la luz llega a su retina ésta interactúa con una proteína llamada rodopsina. Como puede observarse aún en este pequeño conjunto de ejemplos, las proteínas llevan a cabo funciones sorprendentemente diversas. Sin embargo, en general, una determinada proteína puede desarrollar una o pocas funciones: la rodopsina no puede formar piel y el colágeno no interactúa con la luz para producir la visión. Por esta razón una célula típica contiene miles y miles de proteínas diferentes para llevar a cabo las muchas tareas necesarias para la vida, de la misma manera que en el taller del carpintero hallaremos diferentes clases de herramientas para sus variadas tareas.

¿A qué se asemejan esas versátiles herramientas? La estructura básica de las proteínas es bastante simple: son cadenas formadas mediante la unión de unidades llamadas aminoácidos (ácidos amínicos). Aunque la cadena de proteína puede consistir desde 50 hasta 1000 aminoácidos, cada posición puede contener sólo uno de los 20 diferentes aminoácidos. En este respecto son como las palabras: las palabras pueden ser de diferente longitud pero están hechas de un conjunto de sólo 26 letras. Ahora bien, una cadena de aminoácidos no está flotando en la célula al garete, más bien se dobla formando una estructura específica que puede ser muy diferente para otros tipos de proteínas. Dos cadenas de aminoácidos diferentes —dos diferentes proteínas— pueden doblarse para formar estructuras tan específicas y diferentes entre sí como específicas y diferentes entre sí son una sierra y una llave inglesa. Y, como las herramientas en el hogar, si la forma de las proteínas se distorsionada significativamente, entonces fallarán en cumplir su tarea.

La Visión del Hombre

En general, al nivel molecular los procesos biológicos son llevados a cabo por una red de proteínas, cada una de las cuales realiza una tarea particular en una cadena.

Retornemos a la pregunta, ¿cómo vemos? Aunque para Darwin el evento primario de la visión era una caja negra, a través del esfuerzo de muchos bioquímicos la contestación a la pregunta de la vista parece estar a nuestro alcance.(4) Cuando la luz llega a la retina, un fotón es absorbido por una molécula orgánica llamada 11-cis-retinal, causando que ésta se reorganice en picosegundos y se convierta en trans-retinal. Este cambio en forma de las moléculas retinales fuerza un cambio correspondiente en la forma de la proteína rodopsina, a la que está firmemente ligada. Como consecuencia de la metamorfosis en la proteína, la conducta de la proteína cambia de manera muy específica. La proteína alterada puede ahora interactuar con otra proteína llamada transducina. Antes de asociarse con la rodopsina, la transducina está muy ligada a una pequeña molécula orgánica llamada GDP, pero cuando se une a la rodopsina el GDP se disocia de la transducina y una molécula llamada GTP, muy parecida a pero críticamente diferente de GDP, se enlaza con la transducina.

El intercambio de GDP por GTP en el complejo de tranducina-rodopsina altera su conducta. La GTP-tranducina-rodopsina se liga a una proteína llamada fosfodiesterasa, localizada en el lado interno de la membrana celular. Cuando esto ocurre la fosfodiesterasa adquiere la habilidad de descomponer una molécula llamada GMPc. Inicialmente hay abundancia de moléculas de GMPc en la célula, pero la acción de la fosfodiesterasa baja la concentración de GMPc. La activación de la fosfodiesterasa puede asemejarse al remover el tapón en la tina de baño, bajando el nivel del agua.

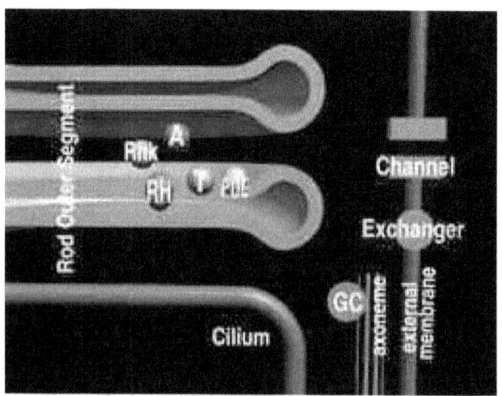

Fig. 1 Elementos necesarios para la visión.

Una segunda proteína en la membrana que se liga al GMPc, llamada un canal iónico, puedes ser concebida como una puerta de entrada especial que regula el número iónico de sodio en la célula. El canal iónico normalmente permite que iones de sodio entren a la célula mientras que otra proteína diferente los bombea activamente hacia afuera. La acción dual del canal de ion y de la bomba de proteínas mantiene el nivel de sodio dentro de la célula dentro de unos niveles específicos. Cuando la concentración de GMPc es reducida de su valor normal por el rompimiento realizado por la fosfodiesterasa, muchos canales se cierran, resultando en una reducción de la concentración celular de los iones de sodio (de carga positiva). Esto provoca un desequilibrio de cargas entre ambos lados de la membrana celular lo que, finalmente, causa una corriente eléctrica que será transmitida por el nervio óptico hasta el cerebro. El resultado, cuando es interpretado por el cerebro, es la percepción visual.

Si la bioquímica de la visión estuviera limitada a las reacciones mencionadas arriba, la célula agotaría rápidamente su provisión de 11-cis-retinal, y GMPc, así como de iones de sodio. Por lo tanto se necesita un sistema para limitar la señal que se genera y para restaurar la célula a su estado original. Existen varios mecanismos para este propósito. Normalmente, en la oscuridad, el canal iónico, también permite que iones de calcio, además de los de sodio, entren a la célula. El calcio es bombeado hacia a fuera de ésta por una proteína diferente, de modo que se mantenga una concentración de calcio constante dentro de la célula. Sin embargo, cuando los niveles de GMPc bajan, cerrando el canal iónico y disminuyendo la concentración de sodio, la concentración de calcio también disminuye. La enzima fosfodiesterasa, que destruye el GMPc, es grandemente ralentizada a concentraciones bajas de calcio. Además, una proteína llamada guanilatociclasa comienza a volver a sintetizar el GMPc cuando los niveles de calcio comienzan a bajar. Mientras tanto, mientras todo esto está sucediendo, la proteína metarrodopsina II es modificada químicamente por una enzima llamada rodopsinaquinasa, que coloca un grupo fosfato en su sustrato. La rodopsina modificada es entonces unida por una proteína denominada arrestina, que previene que la rodopsina continúe estimulando (activando) la transducina. De esta manera la célula contiene mecanismos para limitar la señal amplificada desencadenada por un fotón.

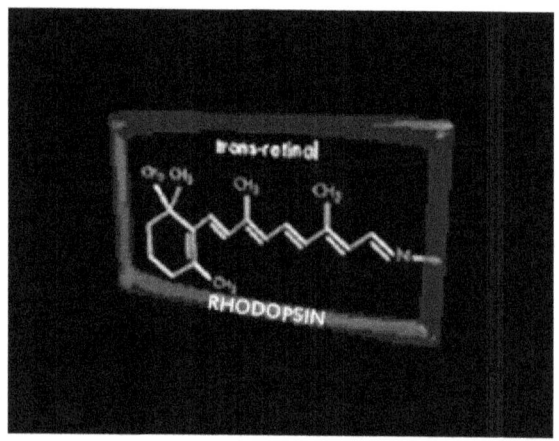

Fig. 2 Animación del efecto de un fotón
sobre una molécula de rodopsina.
(http://www.arn.org/docs/mm/rodopsin.gif)

El transretinal eventualmente se separa de la molécula de rodopsina y tiene que ser reconvertida a 11-cisretinal y, nuevamente, ligado a una opsina para regenerar la rodopsina para otro ciclo visual. Para lograr esto, el transretinal es primeramente modificado químicamente por una enzima para convertirla en transretinol, una forma que contiene dos átomos adicionales de hidrógeno. Una segunda enzima entonces isomeriza la molécula a 11-cisretinol. Finalmente, una tercera enzima remueve los átomos de hidrógeno anteriormente añadidos para formar 11-cisretinal, y el ciclo es completado.

Para Explicar la Vida

Aunque no se han citado aquí muchos detalles de la bioquímica de la visión, hemos pretendido demostrar con este vistazo que, últimamente, esto es lo que significa "explicar" la visión. Éste es el nivel de explicación que la ciencia biológica eventualmente debe perseguir. Para poder decir que se comprende alguna función, se deben dilucidar todos los pasos relevantes en el proceso. Los pasos relevantes en el proceso biológico ocurren, en última instancia, al nivel molecular, de manera que la explicación satisfactoria de un proceso biológico, tales como la vista, la digestión o la inmunidad, deben incluir una explicación molecular. Ahora que la caja negra de la visión ha sido abierta, ya no es suficiente, una "explicación evolucionista" para aclarar "solamente" las estructuras anatómicas de los ojos como un todo, como hizo Darwin en el siglo XIX y como los propagandistas de la evolución hacen hoy. La anatomía es, sencillamente, irrelevante. También lo es el registro fósil. No importa si el registro fósil es o no consistente con la teoría evolucionista, como no importaba en la física que la teoría de Newton fuese consistente con la experiencia cotidiana. El registro fósil no tiene nada que decirnos sobre, digamos, cómo las interacciones entre el 11-cisretinol con la rodopsina, la transducina y la fosfodiesterasa podrían haberse desarrollado paso a paso. Tampoco los patrones de biogeografía importan, o la genética de poblaciones, o las explicaciones que la teoría de la evolución ha ofrecido para explicar los órganos rudimentarios o la abundancia de especies. "Cómo es que el nervio viene a ser sensitivo a la luz difícilmente nos importan más que cómo se originó la vida misma", dijo Darwin el en siglo XIX. Pero ambos fenómenos han atraído el interés de la bioquímica moderna. La historia de la lenta parálisis de investigación del origen de la vida es muy interesante, pero no tenemos espacio para comentarlo aquí. Es suficiente señalar que actualmente los estudios del origen de la vida se han disuelto en una cacofonía de modelos en conflicto, cada uno poco convincente, seriamente incompleto e incompatible con los demás modelos. En privado aún la mayoría de los biólogos evolucionistas admitirán que la ciencia no tiene explicación para el origen de la vida.(5)

El propósito de este trabajo es el de demostrar que los mismos problemas que acosan la investigación sobre el Origen de la Vida, también lo hacen con los esfuerzos para explicar cómo pudo venir a existir cualquier sistema bioquímico complejo. La Bioquímica ha revelado un mundo molecular que resiste tenazmente ser explicado por el mismo sistema que ha sido aplicado por largo tiempo al nivel de todo el organismo. Ninguna de las cajas negras de Darwin —el origen de la vida o el origen de la visión u otro sistema bioquímico complejo— ha sido demostrado por su teoría.

Complejidad Irreductible

En el Origen de la Especies Darwin dijo:(6)

> "Si se pudiera demostrar que cualquier órgano complejo existió que no pudiera haber sido formado por numerosas y sucesivas modificaciones pequeñas, mi teoría se vendría abajo completamente".

Un sistema que llena los requisitos de Darwin es uno que exhibe complejidad irreductible. Por complejidad irreductible quiero significar a un único sistema compuesto de varias partes que interactúan entre sí y que contribuyen a su función básica, y donde la eliminación de cualquiera de estas partes provoca que el sistema deje de funcionar. Un sistema irreductiblemente complejo no puede ser producido gradualmente por modificaciones leves sucesivas de un sistema precursor, ya que cualquier precursor de un sistema irreductiblemente complejo, por definición, no funciona. Ya que la selección natural requiere una función para seleccionar, un sistema biológico irreductiblemente complejo, si es que existe tal cosa, tendría que surgir como una unidad integrada para tener algo sobre lo que actuar. Es casi universalmente admitido que tal súbito evento sería irreconciliable con el gradualismo que Darwin propuso. En este punto, sin embargo, "irreductiblemente complejo" es sólo un término cuyo poder reside principalmente en su definición. Debemos ahora preguntarnos si alguna cosa real es de hecho complejamente irreductible, y, si lo hay, preguntarnos si también existe algún sistema biológico irreductiblemente   complejo.

Considere la ratonera (Figura 3). Las ratoneras que mi familia utiliza en nuestro hogar para lidiar con los indeseables roedores, consisten de una serie de partes. Éstas son: (1) una plataforma plana de madera que sirve como base; (2) un "martillo" de metal que realiza la acción propiamente de aplastar al ratoncito; (3) un resorte de metal con extremos extendidos que ejercen presión sobre la plataforma y el martillo cuando la ratonera está "cargada"; (4) un "gatillo" sensible que se activa cuando se le ejerce una leve presión y (5) una barra de metal que mantiene en su posición al martillo cuando la ratonera está cargada y que conecta con el gatillo. También hay grapas y tornillos que mantienen al sistema en su sitio.

Fig. 3 Una ratonera. Si falta cualquiera de sus partes, la ratonera no funciona.

Si uno de los componentes de la ratonera (la base, el martillo, el resorte, el gatillo o la barra de metal) falta, entonces la trampa no funciona. En otras palabras, la sencilla pequeña ratonera no tiene la capacidad de capturar al ratón hasta que todas las partes están en su lugar.

Porque la ratonera está necesariamente compuesta de diferentes partes, es "irreductiblemente compleja". Por lo tanto, existe un sistema irreductiblemente complejo.

Máquinas Moleculares

Ahora, ¿existe algún sistema bioquímico que sea irreductiblemente complejo? Sí, de hecho existen muchos.

Anteriormente hablamos sobre las proteínas. En muchas

estructuras biológicas las proteínas son sencillamente componentes de máquinas moleculares aún mayores. Como el tubo, los alambres, tuercas y tornillos en el caso del aparato de televisión, muchas proteínas son partes de estructuras que sólo funcionan cuando básicamente todos los componentes están ensamblados. Un buen ejemplo de esto lo es el cilio.(7)

Los cilios son organelos parecidos a cabellos que existen en la superficie de las células de muchos animales y plantas inferiores. Estos sirven para mover líquido sobre la superficie de la célula o para "remar", moviendo células individuales a través del líquido. En el hombre, por ejemplo, las células epiteliales que recubren el tracto respiratorio poseen (cada célula) unos 200 cilios que se agitan sincrónicamente para mover la mucosidad hacia la garganta para su eliminación.

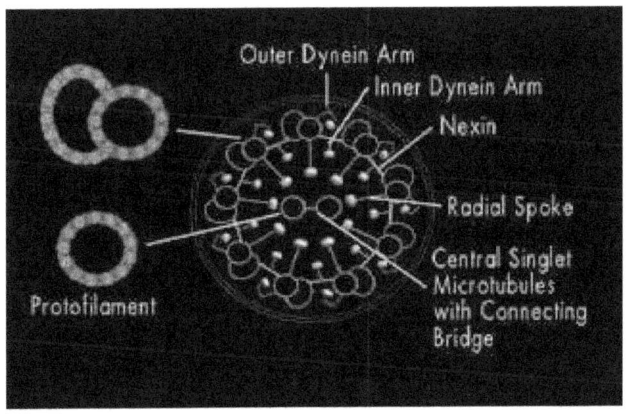

Fig. 4 Vista seccional de un cilio.

Cada cilio está compuesto de un grupo de fibras cubierto por una membrana, que se llama axonema. Un axonema contiene un anillo de 9 microtúbulos dobles rodeando a dos microtúbulos centrales. Cada doblete periférico consiste de un anillo de 13 filamentos (sub-fibra A) fundidos a otra parte compuesta de 10 filamentos (sub-fibra B). Los filamentos de los microtúbulos están compuestos por dos proteínas llamadas alfa y beta - tubulina. Los 11 microtúbulos que forman el axonema se mantienen juntos por tres tipos de conectores: Las sub-fibras A están unidas a los microtúbulos centrales por conexiones radiales [como los de las bicicletas]; los dobletes periféricos adyacentes están unidos por conectores que consisten de una proteína altamente elástica llamada nexina y los microtúbulos centrales están unidos por un puente conector. Finalmente, cada sub-fibra A tiene dos "brazos", uno exterior y otro interior, ambos conteniendo la proteína "dineína".

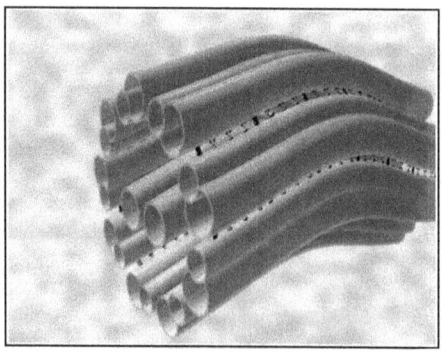

Fig. 5a El cilio, vista tridimensional.

Pero, ¿cómo trabaja el cilio? Los experimentos indican que el movimiento ciliar resulta del "correr" de los brazos de "dineína" sobre un microtúbulo por encima de una sub-fibra B adyacente de un segundo microtúbulo, de manera que los dos microtúbulos se deslizan alternadamente

(Figuras 5a y 5b). Todo esto activado por energía química. Sin embargo, los puentes transversales entre los microtúbulos en un cilio intacto previenen que los microtúbulos adyacentes se deslicen uno sobre el otro más allá de una pequeña distancia. Estos puentes transversales, por lo tanto, convierten al movimiento inducido por la dineína en un movimiento de batido de todo el axonema.

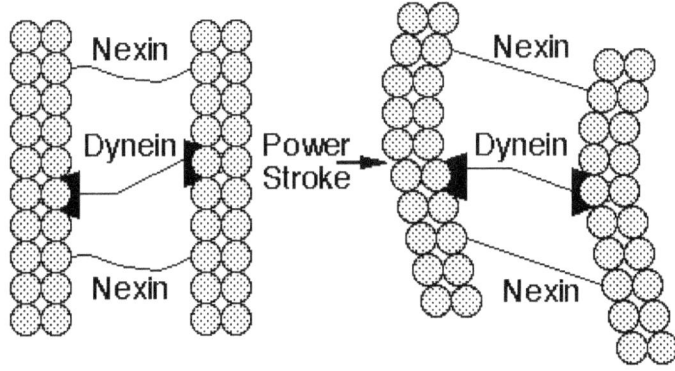

Fig. 5b Dibujo esquemático de parte de un cilio. La transmisión de fuerza de la proteína motor, dineína, pegada a un microtúbulo contra la sub-fibra B de un microtúbulo adyacente, causa que las fibras se deslicen uno sobre la otra, adelantándose alternadamente. La proteína unificadora flexible, nexina, convierte el movimiento deslizante en un movimiento de batido.

Ahora, descansemos y repasemos el trabajo del cilio y consideremos lo que esto implica. Los cilios están compuestos de por lo menos 6 proteínas: alfa-tubulina, beta-tubulina, dineína, nexina, conexiones radiales y una proteína central en puente. Éstas se combinan para desarrollar una tarea, el movimiento ciliar, y todas estas proteínas deben estar presentes para que el cilio funcione. Si las tubulinas están ausentes, entonces los filamentos no se deslizan; si la dineína falta, entonces los cilios se quedan rígidos y quietos; si la nexina o alguna otra de las proteínas conectoras faltan, entonces el axonema se deshace cuando los filamentos se deslicen.

Lo que vemos en el cilio, entonces, no sólo es una profunda complejidad, sino que también es una complejidad irreductible a escala molecular. Recuerde que definimos "complejidad irreductible" como un aparato que requiere varios diferentes componentes para que el todo funcione. Mi ratonera debe tener una base, el martillo, un resorte, y una barra sujetadora, todo funcionando coordinadamente, de modo que la ratonera lleve a cabo su trabajo. De manera similar, el cilio, tal y como está constituido, debe tener los filamentos deslizantes, las proteínas conectoras y las proteínas motoras para que funcione. En la ausencia de alguno de estos componentes, el aparato es inservible.

Los componentes del cilio son moléculas específicas. Esto quiere decir que no se pueden invocar aquí "cajas negras"; la complejidad del cilio es final, fundamental. Y, de la misma manera que los científicos (cuando comenzaron a descubrir las complejidades de la célula) se dieron cuenta de lo tonto que es pensar que la vida surgió espontáneamente en un sólo paso o a través de varios pasos desde el fango del océano, de la misma manera nos damos cuenta que el complejo cilio no puede conseguirse en un sólo paso o en una serie de pasos. Pero como la complejidad del cilio es irreductible, entonces no puede tener precursores funcionales. Ya que el cilio irreductiblemente complejo no puede tener precursores funcionales no puede haber sido producido por la selección natural, que requiere de un funcionamiento contínuo. La selección natural es impotente cuando no hay función que seleccionar. Podemos ir más allá y decir que, si el cilio no puede producirse por selección natural, entonces el cilio fue diseñado.

El Estudio de la "Evolución Molecular"

Abundan otros ejemplos de complejidad irreductible, incluyendo aspectos del transporte de proteínas, coagulación de la sangre, ADN circular, transporte de electrones, el flagelo bacteriano, telómeros, fotosíntesis, regulación de la transcripción y mucho más.

Los ejemplos de complejidad irreductible pueden ser encontrados en virtualmente cada página de un libro de texto de bioquímica. Pero si estas cosas no pueden ser explicadas por la evolución darwininiana, ¿cómo ha considerado la comunidad científica estos fenómenos en los últimos cuarenta años?

Un buen lugar para buscar la contestación a esa pregunta lo es el "Journal of Molecular Evolution". El JME es la revista científica que se comenzó específicamente para tratar el tema de cómo la evolución ocurre al nivel molecular. Tiene un nivel científico alto y es editado por figuras prominentes del campo.

En un número reciente del JME se publicaron once artículos; los once trataban simplemente del análisis de secuencias de proteínas o ADN. Ninguno de los artículos discutía modelos detallados para estructuras intermedias en el desarrollo de estructuras biomoleculares complejas. En los pasados diez años el JME ha publicado 886 trabajos. De estos, 95 discutieron la síntesis química de moléculas que se piensan fueron necesarias para el comienzo de la vida, 44 propusieron modelos matemáticos para mejorar el análisis de las secuencias, 20 trataban de las implicaciones evolutivas de estructuras actuales y 719 eran análisis de secuencias de proteínas o polinucleótidos.

Ninguno de los artículos discutió modelos detallados para estructuras intermedias en el desarrollo de estructuras biomoleculares complejas. Esto no es una peculiaridad del JME. No se encuentran trabajos publicados que discutan modelos detallados para estructuras intermedias en el desarrollo de estructuras biomoleculares complejas en las publicaciones profesionales (americanas) National Academy of Science, Nature, Science, the Journal of Molecular Biology o en ninguna otra publicación.

Las comparaciones de secuencias dominan mayoritariamente la literatura de la evolución molecular. Pero las comparaciones de secuencias por sí mismas no pueden explicar el desarrollo de sistemas bioquímicos complejos de la misma manera que las comparaciones hechas por Darwin sobre ojos simples y complejos no pudo explicarle cómo funciona la visión. Por lo tanto la ciencia está muda en esta área. Esto quiere decir que cuando inferimos que los sistemas bioquímicos complejos fueron diseñados, no estamos contradiciendo resultados de experimento alguno, no estamos en conflicto con ningún estudio teórico. No hay que cuestionar experimento alguno, pero la interpretación de todos los experimentos debe ser reexaminada ahora, de la misma manera en que los resultados que eran consistentes con una cosmovisión newtoniana tuvieron que ser reinterpretados cuando la dualidad onda-partícula de la materia fue discernida.

Conclusión

Se dice con frecuencia que la ciencia debe evitar toda conclusión que suene a lo sobrenatural. Pero esto me parece que constituye una mala lógica y una mala ciencia. La ciencia no es un juego en que se usan reglas arbitrarias para decidir cuáles explicaciones serán admitidas. Más bien, es un esfuerzo de hacer aseveraciones correctas sobre la realidad física Hace tan sólo 60 años atrás que se observó por primera vez la expansión del universo. Este hecho inmediatamente sugirió un evento singular, que, en algún momento del remoto pasado, el universo comenzó a expandirse a partir de un tamaño extremadamente pequeño. Para muchas personas, esta inferencia esta cargada de alusiones a un evento sobrenatural, la creación, el principio del universo. El prominente físico A.S. Eddington probablemente habló por muchos físicos al manifestar su disgusto sobre dicha noción (8):

Filosóficamente, la noción de un comienzo abrupto al actual orden de la Naturaleza me es repugnante, como pienso que lo es para la mayoría; y aún aquellos que darían la bienvenida a una prueba para la intervención de un creador probablemente considerarán que un simple dar cuerda en alguna época remota no es en verdad la clase de relación entre Dios y su mundo que trae satisfacción a la mente.

Sin embargo, la hipótesis del Big Bang fue abrazada por la Física y ha probado ser un paradigma muy fructífero a lo largo de los años. El punto aquí es que los físicos siguieron sus datos a donde parecían llevarles, aún cuando algunos pensaron que el modelo daba apoyo y se acomodaba a la religión.

Actualmente, según la bioquímica multiplica los ejemplos de sistemas moleculares fantásticamente complejos, sistemas que aún desaniman aún el intento de explicar su origen, debemos aceptar la enseñanza recibida en la Física. La conclusión del diseño fluye naturalmente de los datos; no debemos alejarnos de esto; debemos enfrentarlo y construir sobre ello.

En conclusión, es importante que nos demos cuenta que no estamos infiriendo el diseño desde lo que no sabemos, sino de lo que sabemos. No estamos infiriendo el diseño como una manera de disponer de una "caja negra", sino para explicar una caja abierta. Un hombre de una cultura primitiva que ve un automóvil puede asumir que estaba impulsado por el viento o por un antílope escondido bajo el coche, pero cuando abre el capó y ve el motor, inmediatamente se da cuenta de que ha sido diseñado. De la misma manera la bioquímica ha abierto la célula para examinar lo que la hace funcionar y observamos que eso, también, fue diseñado.

Fue un shock para la gente del siglo XIX cuando descubrieron, por observaciones hechas por la ciencia, que muchos aspectos del mundo biológico podían ser adscritos al elegante principio de la selección natural. Es un shock para nosotros en el siglo XX descubrir, por observaciones hechas por la ciencia, que los mecanismos fundamentales de la vida no pueden ser adscritos a la selección natural y que, por lo tanto, fueron diseñados. Pero debemos tratar nuestro shock lo mejor que podamos y seguir adelante. La teoría de una evolución no dirigida ya está muerta, pero el trabajo de la ciencia continúa.

Este artículo fue presentado originalmente en el verano de 1994 en la reunión del C.S. Lewis Society, en la Universidad de Cambridge.

Referencias.

1.Darwin, Charles (1872) Origin of Species 6th ed (1988), p.151, New York University Press, New York.

2.Farley, John (1979) The Spontaneous Generation Controversy from Descartes to Oparin, 2nd ed, p.73, The JohnsHopkins University Press, Baltimore.

3.Mayr, Ernst (1991) One Long Argument, p. 146, Harvard University Press, Cambridge.

4.Devlin, Thomas M. (1992) Textbook of Biochemistry, pp.938954, WileyLiss, New York.

5. El retoricista de la Universidad de Washington John Angus Campbell ha observado que "edificios inmensos de ideas como el positivismo nunca mueren realmente. La gente pensante las abandona gradualmente y aún las ridiculizan entre ellos mismos, pero mantienen las partes útiles persuasivas para asustar a los no iniciados." "The Comic Frame and the Rhetoric of Science: Epistemology and Ethics in Darwin's Origin," Rhetoric Society Quarterly 24, pp.2750 (1994). Esto ciertamente aplica a la manera en que la comunidad científica maneja los asuntos del origen de la vida.

6.Darwin, p.154.

7.Voet, D. & Voet, J.G. (1990) Biochemistry, pp.11321139, John Wiley & Sons, New York.

8.Cited in Jaki, Stanley L. (1980) Cosmos and Creator, pp.56, Gateway Editions, Chicago.

Capítulo 8

El ADN y el Origen de la Vida: Información, Especificidad y Explicación

RESUMEN: Actualmente, muchos investigadores del origen de la vida consideran que el problema del origen de la información biológica es el problema central al que se enfrentan. Sin embargo, el término "información" puede referirse a varios conceptos teóricamente distintos. Al distinguir entre información *específica* y no específica, este ensayo pretende acabar con la ambigüedad en la definición asociada al término "información" tal y como se emplea en biología. El objetivo es evaluar explicaciones en liza para el origen de la información biológica. En especial, este ensayo discute la adecuación causal de las explicaciones de la química naturalista evolutiva para el origen de la información biológica específica, tanto si se basan en el "azar" como en la "necesidad" o en ambos. En cambio, aduce que el presente estado de conocimiento de las potencias causales apunta al diseño inteligente o a una causa agente como mejor explicación y más causalmente adecuada del origen de la información biológica específica.

Introducción

Las teorías sobre el origen de la vida presuponen necesariamente el conocimiento de los atributos de las células vivas. Como ha observado el historiador de la biología Harmke Kamminga, "en el corazón del problema del origen de la vida hay una cuestión fundamental: ¿De qué, exactamente, estamos intentado explicar el origen?"[5]. O, como lo plantea el pionero y teórico de la química evolutiva Alexander Oparin, "el problema de la naturaleza de la vida y el problema de su origen se han vuelto inseparables"[6]. Los investigadores del origen de la vida quieren explicar el origen de las primeras y supuestamente más simples –o por lo menos mínimamente complejas-células vivientes. Como resultado, los avances dentro de los campos que explican la naturaleza de la vida unicelular han definido históricamente las cuestiones que la discusión planteada por el origen de la vida debe responder.

Desde finales de los años 50 y la década de los 60, los investigadores del origen de la vida admiten cada vez más la naturaleza específica y compleja de la vida unicelular y de las biomacromoléculas de las que dependen esos sistemas. Además, los biólogos moleculares y los investigadores del origen de la vida han caracterizado esta complejidad y especificidad en términos de información. Los biólogos moleculares se refieren de manera rutinaria al ADN, al ARN y a las proteínas como portadores o depósitos de "información"[7]. Muchos investigadores del

[5] Harmke Kamminga, "Protoplasm and the Gene," in *Clay Minerals and the Origin of Life,* ed. A. G. Cairns-Smith and H. Hartman (Cambridge: Cambridge University Press, 1986), 1.
[6] Alexander Oparin, *Genesis and Evolutionary Development of Life* (New York: Academic Press, 1968), 7.
[7] F. Crick and J. Watson, "A Structure for Deoxyribose Nucleic Acid," *Nature* 171 (1953): 737-38; F. Crick and J. Watson, "Genetical Implications of the Structure of Deoxyribose Nucleic Acid," *Nature 171* (1953): 964-67, esp. 964; T. D. Schneider, "Information Content of Individual Genetic Sequences," *Journal of Theoretical Biology 189* (1997): 427-41; W. R. Loewenstein, *The Touchstone of Life: Molecular Information, Cell Communication, and the*

origen de la vida consideran hoy día el origen de la
información contenida en esas biomacromoléculas como la
cuestión central que debe afrontar la investigación. Como
ha dicho Bernd Olaf Kuppers, "claramente, el problema
del origen de la vida equivale básicamente al problema del
origen de la información biológica"[8].

Este ensayo evaluará las explicaciones en liza del origen
de la información necesaria para construir la primera
célula viviente. Esto requerirá determinar lo que los
biólogos han querido decir con el término *información*, tal
y como se aplica a las biomacromoléculas. Tal y como
muchos han hecho notar, "información" puede denotar
varios conceptos teóricamente distintos. Este ensayo
intentará eliminar tal ambigüedad para determinar con
precisión el tipo de información de la cual los
investigadores del origen de la vida deben explicar "el
origen". En las páginas siguientes, se buscará primero
caracterizar la información en el ADN, ARN y proteínas
como *explanandum* (un hecho que necesita de explicación)
y, en segundo lugar, *evaluar* la eficacia de los tipos de
explicación en liza a la hora de explicar el origen de la
información biológica (es decir, de los *explanans* en
competición).

La primera parte busca demostrar que los biólogos
moleculares han utilizado el término información de
manera consistente para referirse a las propiedades
conjuntas de la complejidad, de la especificidad y

Foundations of Life (New York:
Oxford University Press, 1999).
[8] Bernd-Olaf Kuppers, *Information and the Origin of Life* (Cambridge:
MIT Press, 1990), 170-72.

especificación funcionales. El uso biológico del término se contrastará con el uso teórico clásico de la información para demostrar que la "información biológica" tiene un sentido más rico que la clásica teoría matemática de Shannon y Wiener. La primera parte argumentará también en contra de los intentos de tratar la "información" biológica como una metáfora carente de contenido empírico y/o de estatus ontológico[9]. Se demostrará que el término "información biológica" se refiere a dos características reales de los seres vivos, complejidad y especificidad, características que conjuntamente requieren una explicación.

La segunda parte evaluará las distintas teorías que compiten por explicar el origen de la información biológica específica necesaria para producir el primer sistema vivo. Las categorías de "azar" y "necesidad" proporcionarán una heurística valiosa para comprender la historia reciente de la investigación del origen de la vida. Desde 1920 hasta mediados de los años 60, los investigadores del origen de la vida se apoyaron principalmente en teorías que enfatizaban el papel creativo de los eventos aleatorios –el "azar"- a menudo en tandem con ciertas formas de selección natural prebiótica. Sin embargo, desde los últimos años 60 los teóricos han enfatizado las leyes o propiedades deterministas de la autoorganización – es decir, de la "necesidad" físico-química. La segunda parte criticará la adecuación causal

---

[9] L. E. Kay, "Who Wrote the Book of Life? Information and the Transformation of Molecular Biology," *Science in Context* 8 (1994): 601-34; 1. E. Kay, "Cybernetics, Information, Life: The Emergence of Scriptural Representations of Heredity," *Configurations* 5 (1999): 23-91; 1. E. Kay, *Who Wrote the Book of Life?* (Stanford, Calif.: Stanford University Press, 2000), xv-xix.

de las teorías químico-evolutivas basadas en el "azar", la "necesidad" y la combinación de ambas. La conclusión contenida en la tercera parte, sugerirá que el fenómeno de la información, comprendido como complejidad específica, requiere un enfoque explicativo radicalmente diferente. En particular, argumentaré que nuestro conocimiento presente de las potencias causales sugiere que el diseño inteligente es una explicación mejor y más adecuada a las causas del origen de la complejidad específica (la información así definida) presente en grandes biomoléculas como el ADN, el ARN y las proteínas.

I.

A. De lo sencillo a lo complejo: definiendo el explanandum biológico.

Después de que Darwin publicara "El Origen de las Especies" en 1859, muchos científicos comenzaron a pensar en los problemas que Darwin no había resuelto[10]. Aunque la teoría de Darwin pretendía explicar cómo la

---

[10] La única conjetura de Darwin acerca del origen de la vida se encuentra en una carta de 1871 no publicada dirigida a Joseph Hooker. En ella, bosqueja las líneas maestras de la idea de la química evolutiva, a saber, que la vida podría haber surgido primero a partir de una serie de reacciones químicas. Tal y como él lo concibió, "si (¡y que "si" más grande!) pudiéramos creer en algún tipo de pequeño charco caliente, con toda clase de amonios, sales fosfóricas, luz, calor y electricidad, etc, presentes, de modo que un compuesto proteico se formara químicamente listo para someterse a cambios aún más complejos..." [El manuscrito de Darwin no ha podido ser comprendido en su totalidad debido a lo complicado de su letra. La frase en cuestión está incompleta, si bien deja bastante claro que Darwin concibió los principios de la química evolutiva naturalista. N. Del T.]. Cambridge University Library, Manuscript Room, Darwin Archives, cortesía de Peter Gautrey.

vida se había hecho más compleja a partir de "una o unas pocas formas simples", no explicaba, y tampoco intentaba explicar, como se había originado la vida. Sin embargo durante las décadas de 1870 y 1880, biólogos evolutivos como Ernst Haeckel y Thomas Huxley suponían que concebir una explicación para el origen de la vida sería bastante fácil, en gran parte porque Haeckel y Huxley creían que la vida era, en esencia, una sustancia química simple llamada "protoplasma" que podía ser fácilmente elaborada mediante la combinación y recombinación de reactivos simples como el dióxido de carbono, el oxígeno y el nitrógeno.

Durante los siguientes sesenta años, los biólogos y los bioquímicos revisaron su concepción de la naturaleza de la vida. Durante las décadas de 1860 y 1870, los biólogos tendieron a ver la célula, en palabras de Haeckel, como un "glóbulo de plasma homogéneo" e indiferenciado. Sin embargo hacia los años 30, la mayoría de los biólogos ya contemplaban las células como un sistema metabólico complejo[11]. Las teorías del origen de la vida reflejaron esta creciente apreciación de la complejidad celular. Mientras que las teorías decimonónicas sobre la abiogénesis concebían la vida como algo surgido casi instantáneamente a través de uno o dos pasos de un proceso de "autogenia" química, las teorías de comienzos del siglo XX –como la teoría de la abiogénesis evolutiva de Oparin- concebían un proceso de varios billones de años de transformación desde los reactivos simples hasta los sistemas metabólicos complejos[12]. Incluso entonces, la mayoría de los

---

[11] E. Haeckel, *The Wonders of Life,* traducido por J. McCabe (London: Watts, 1905), 111; T. H. Huxley, "On the Physical Basis of Life," *Fortnightly Review* 5 (1869): 129-45.
[12] A. I. Oparin, *The Origin of Life,* traducido por S. Morgulis (New

científicos durante los años 20 y 30 subestimaron la complejidad y la especificidad de la célula y sus componentes funcionales claves, tal y como los avances de la biología molecular pronto dejarían claro.

B. La complejidad y especificidad de las proteínas.

Durante la primera mitad del siglo XX, los bioquímicos habían reconocido el papel central de las proteínas en el mantenimiento de la vida. Aunque muchos creyeron por error que las proteínas contenían también la fuente de la información hereditaria, los biólogos subestimaron repetidamente la complejidad de las proteínas.

Por ejemplo, durante los años 30, el cristalógrafo británico, experto en rayos X, William Astbury, descubrió la estructura molecular de ciertas proteínas fibrosas como la queratina, la proteína estructural clave de la piel y el pelo[13]. La queratina muestra una estructura repetitiva relativamente simple y Astbury estaba convencido de que todas las proteínas, incluidas las misteriosas proteínas globulares de tanta importancia para la vida, representaban variaciones del mismo patrón regular primario. De manera similar, los bioquímicos Max Bergmann y Carl Niemann del Rockefeller Institute, argumentaron en 1937 que los aminoácidos se daban en proporción regular,

---

York: Macmillan, 1938); S. C. Meyer, "Of Clues and Causes: A Methodological lnterpretation of Origin of Life Studies" (Ph.D. diss., Cambridge University, 1991).

[13] W. T. Astbury and A. Street, "X-Ray Studies of the Structure of Hair, Wool and Related Fibers," *Philosophical Transactions of the Royal Society of London* A 230 (1932): 75-101; H. Judson, *Eighth Day of Creation* (New York: Simon and Schuster, 1979), 80; R. Olby, *The Path to the Double Helix* (London: Macmillan, 1974), 63.

matemáticamente expresable, dentro de las proteínas. Otros biólogos imaginaron que la insulina y la hemoglobina, por ejemplo, "consistían en haces de varillas paralelas"[14].

Sin embargo, desde los años 50, una serie de descubrimientos provocó un cambio en esta visión simplista de las proteínas. Entre 1949 y 1955, el bioquímico Fred Sanger determinó la estructura molecular de la insulina. Sanger demostró que la insulina consistía en una secuencia larga e irregular de los diferentes tipos de aminoácidos, antes que una cuerda de cuentas de colores ordenada sin ningún patrón distinguible. Su trabajo mostró para una sola proteína lo que sucesivos trabajos demostrarían que era norma: la secuencia de aminoácidos de las proteínas funcionales desafía generalmente una regla sencilla y en cambio se caracteriza por la aperiodicidad o la complejidad[15]. A finales de los 50, los trabajos de John Kendrew sobre la estructura de la mioglobina demostraron que las proteínas también exhibían una sorprendente complejidad tridimensional. Lejos de ser las estructuras simples que los biólogos habían imaginado anteriormente, apareció una forma tridimensional e irregular extraordinariamente compleja: una maraña de aminoácidos retorcida y curvada. Como Kendrew explicó en 1958, "la gran sorpresa fue que era tan irregular... parecían carecer casi totalmente del tipo de ordenamiento regular que uno anticipa instintivamente, y

---

[14] Olby, *Path to the Double Helix,* 7, 265.

[15] Judson, *Eighth Day,* 213, 229-35, 255-61, 304, 334-35, 562-63; F. Sanger and E. O. P. Thompson, "The Amino Acid Sequence in the Glycyl Chain of Insulin," parts 1 and 2, *Biochemical Journal* 53 (1953): 353-66, 366-74.

es más complicado de lo que había predicho cualquier teoría de la estructura de proteínas"[16].

Hacia la mitad de los años 50, los bioquímicos reconocían que las proteínas poseían otra destacable propiedad. Además de la complejidad, las proteínas poseen también especificidad, tanto en su ordenamiento unidimensional como en su estructura tridimensional. En tanto que constituidas por aminoácidos químicamente bastante simples, a modo de "bloques de construcción", su función –tanto si son enzimas, transductores de señales o componentes estructurales de la célula- depende de manera crucial de un ordenamiento complejo y específico de estos bloques[17]. En particular, la secuencia específica de aminoácidos en la cadena y la interacción química resultante entre aminoácidos, determina en su mayor parte la estructura específica tridimensional que la cadena adoptará como un todo. Recíprocamente, estas estructuras o formas determinan qué función realizará la cadena aminoacídica en la célula, si es que tiene alguna.

Para una proteína funcional, su estructura tridimensional se adapta como un guante a otras moléculas, posibilitando la catálisis de reacciones químicas específicas o la construcción de estructuras celulares específicas. A causa de su especificidad tridimensional, una proteína no puede

---

[16] Judson, *Eighth Day,* 562-63; J. C. Kendrew, G. Boda, H. M. Dintzis, R. G. Parrish, and H. Wyckoff, "A Three-Dimensional Model of the Myoglobin Molecule Obtained by X-Ray Analysis," *Nature* 181 (1958): 662-66, esp. 664.

[17] B. Alberts, D. Bray, J. Lewis, M. Raff, K. Roberts, and J. D. Watson, *Molecular Biology of the Cel!* (New York: Garland, 1983), 111-12, 127-31.

sustituir a otra del mismo modo que una herramienta no puede ser sustituida por otra. Una topoisomerasa no puede realizar el trabajo de una polimerasa del mismo modo que un hacha no puede realizar la función de un soldador. En vez de ello, las proteínas realizan funciones solo en virtud de su capacidad tridimensional de encajar ["fit", N. del T.], tanto con otras moléculas igualmente específicas y complejas como con sustratos más simples del interior de la célula. Además, la especificidad tridimensional deriva en gran parte de la especificidad de la secuencia unidimensional a la hora de ordenar los aminoácidos que forman la proteína. Incluso ligeras alteraciones de la secuencia provocan a menudo la pérdida de funcionalidad de la proteína.

C. La complejidad y la especificidad de la secuencia del ADN.

Durante gran parte del siglo XX, los investigadores subestimaron ampliamente la complejidad (y el significado) de ácidos nucleicos como el ADN o el ARN. Por entonces, los científicos conocían la composición química del ADN. Los biólogos y los químicos sabían que además de azúcar (y más tarde fosfatos), el ADN se componía de cuatro bases nucleotídicas diferentes, llamadas adenina, timina, guanina y citosina. En 1909, el químico P. A. Levene demostró (incorrectamente como resultó más tarde) que las cuatro bases nucleotídicas siempre se daban en cantidades iguales dentro de la molécula de ADN[18]. Él formuló lo que llamó la "hipótesis tetranucleotídica" para explicar ese hecho putativo. De acuerdo con esta hipótesis, las cuatro bases nucleotídicas

---

[18] Judson, *Eighth Day, 30.*

del ADN se unían en secuencias repetidas de los mismos cuatro reactivos en el mismo orden secuencial. Dado que Levene concebía esos ordenamientos secuenciales como repetitivos e invariantes, su potencial para expresar cualquier diversidad genética parecía limitado de manera inherente. Para dar cuenta de las diferencias heredables entre especies, los biólogos necesitaron descubrir alguna fuente de especificidad variable o irregular, alguna fuente de información, dentro de las líneas germinales de los diferentes organismos. Sin embargo, en tanto que el ADN era considerado como una molécula repetitiva y sin interés, muchos biólogos supusieron que el ADN podía jugar un papel escaso, si es que lo tenía, en la transmisión de la herencia.

Esta concepción comenzó a cambiar a mediados de los años 40 por varias razones. En primer lugar, los famosos experimentos de Oswald Avery sobre cepas virulentas y no virulentas de *Pneumococcos* identificaron el ADN como un factor clave a la hora de explicar las diferencias hereditarias entre distintas estirpes bacterianas[19]. En segundo lugar, Erwin Chargaff, de la Universidad de Columbia, a finales de los años 40 socavó la "hipótesis tetranucleotídica". Chargaff demostró, en contradicción con los primeros trabajos de Levene, que las frecuencias de nucleótidos difieren realmente entre especies, incluso cuando a menudo dichas frecuencias se mantienen constantes dentro de las mismas especies o dentro de los mismos órganos o tejidos de un único organismo[20]. Lo que

---

[19] Ibid., 30-31, 33-41, 609-10; Oswald T. Avery, C. M. MacCleod, and M. McCarty, "Induction of Transformation by a Deoxyribonucleic Acid Fraction Isolated fram Pneumococcus Type III," *Journal of Experimental Medicine* 79 (1944): 137-58.
[20] Judson, *Eighth Day,* 95-96; E. Chargaff, *Essays on Nucleic Acids*

es más importante, Chargaff admitió que incluso para ácidos nucleicos de exactamente "la misma composición analítica" –es decir, aquellos con la misma proporción relativa de las cuatro bases (en abreviatura, A, T, C y G)- eran posibles "enormes" cantidades de variación en la secuencia. Tal y como él lo explicó, diferentes moléculas de ADN o parte de las moléculas podían "diferir entre ellas... en la secuencia, aunque no en la proporción de sus constituyentes". Se dio cuenta de que, para un ácido nucleico compuesto por 2500 nucleótidos (más o menos la longitud de un gen largo) el número de secuencias "que muestran la misma proporción molar de purinas (A, G) y pirimidinas... no está lejos de 10^{1500}" [21]. Así, Chargaff demostró que, al contrario de la "hipótesis tetranucleotídica", la secuenciación de las bases del ADN bien podía mostrar el alto grado de variabilidad y aperiodicidad requerido por cualquier portador potencial de la herencia.

En tercer lugar, el descubrimiento de la estructura tridimensional del ADN por Watson y Crick en 1953 dejó claro que el ADN podía funcionar como portador de la información hereditaria[22]. El modelo propuesto por Watson y Crick concebía una estructura de doble hélice para explicar la forma de cruz de Malta de los patrones obtenidos por los estudios del ADN realizados por Franklin, Wilkins y Bragg a comienzos de los años 50 mediante cristalografía de rayos X. De acuerdo con el modelo de Watson y Crick, ahora bien conocido, las dos hebras de la hélice estaban hechas de moléculas de azúcar

---

(Amsterdam: Elsevier, 1963), 21.
[21] Chargaff, *Essays, 21.*
[22] Crick and Watson, "Structure."

y fosfato unidas por enlaces fosfodiéster. Las bases nucleotídicas estaban unidas horizontalmente a los azúcares en cada una de las hebras de la hélice y a una base complementaria de la otra hebra para formar un "peldaño" interno en una "escalera" torsionada. Por razones geométricas, su modelo requería el apareamiento (a lo largo de la hélice) de adenina con timina y de citosina con guanina. Este emparejamiento complementario ayudaba a explicar una regularidad significativa en los ratios de la composición descubiertos por Chargaff. Aunque Chargaff había demostrado que ninguna de las cuatro bases nucleotídicas aparece con la misma frecuencia que los otros tres, él sí descubrió que las proporciones molares de adenina y timina, por un lado, y de citosina y guanina por el otro, son iguales de manera consistente[23]. El modelo de Watson y Crick explicaba la regularidad que Chargaff había expresado en sus famosos "ratios".

El modelo de Watson y Crick dejó claro que el ADN podía tener una impresionante complejidad química y estructural. La estructura de doble hélice del ADN presuponía una estructura extremadamente larga y de alto peso molecular, con un impresionante potencial de variabilidad y complejidad en la secuencia. Tal y como explicaron Watson y Crick, "el esqueleto de azúcar-fosfato de nuestro modelo es completamente regular pero cualquier secuencia de pares de bases puede encajar en nuestra estructuras. De aquí se sigue que en una larga molécula son posibles muchas permutaciones diferentes y,

---

[23] Judson, *Eighth Day*, 96.

por lo tanto, parece posible que la secuencia precisa de bases sea el código portador de la información genética"[24].

Tal y como sucedió con las proteínas, los sucesivos descubrimientos pronto demostraron que las secuencias de ADN no solo eran muy complejas sino también altamente específicas en lo relativo a sus requerimientos biológico-funcionales. El descubrimiento de la complejidad y la especificidad de las proteínas habían llevado a los investigadores a sospechar un papel funcional específico para el ADN. Los biólogos moleculares, que trabajaban al despuntar de los resultados de Sanger, suponían que las proteínas eran complejas en demasía (y también funcionalmente específicas) para surgir in vivo por azar. Además, dada su irregularidad, parecía imposible que una ley química general o una regularidad pudiese explicar su ensamblaje. En su lugar, como ha recordado Jacques Monod, los biólogos moleculares comenzaron a buscar una fuente de información o de "especificidad" en el interior de la célula que pudiera dirigir la construcción de estructuras tan complejas y tan altamente específicas. Para explicar la presencia de la especificidad y complejidad en la proteína, tal y como más tarde insistiría Monod, "necesitabais en todo caso un código"[25].

La estructura del ADN descubierta por Watson y Crick sugería un medio por el que la información o la especificidad podían codificarse a lo largo de la espiral del esqueleto de azúcar-fosfato[26]. Su modelo sugería que las variaciones en la secuencia de bases nucleotídicas

[24] Crick and Watson, "Genetical Implications," 964-67.
[25] Judson, *Eighth Day*, 611.
[26] Crick and Watson, "Structure"; Crick and Watson, "Genetical Implications."

pudieran encontrar expresión en la secuencia de aminoácidos que forman las proteínas. En 1955, Crick propuso la idea de la denominada hipótesis de secuencia. Según la hipótesis de Crick, la especificidad en el ordenamiento de los aminoácidos en la proteína deriva de la especificidad en el ordenamiento de las bases nucleotídicas en la molécula de ADN[27]. La hipótesis de secuencia sugería que las bases nucleotídicas en el ADN funcionaban como letras de un alfabeto o caracteres en una máquina de codificar. Del mismo modo como las letras de un alfabeto en un lenguaje escrito pueden realizar la función de comunicación dependiendo de su secuencia, igualmente podrían las bases nucleotídicas del ADN originar la producción de una molécula funcional de proteína dependiendo de su preciso ordenamiento secuencial. En ambos casos, la función depende de manera crucial de la secuencia. La hipótesis de secuencia implicaba no solo la complejidad sino también la funcionalidad específica de las bases de la secuencia de ADN.

A comienzos de los años 60, una serie de experimentos habían confirmado que las bases de la secuencia de ADN jugaban un papel crítico en la determinación de la secuencia de aminoácidos durante la síntesis de proteínas[28]. Por entonces, se conocieron los procesos y los

---

[27] Judson, *Eighth Day,* 245-46, 335-36.
[28] Ibid., 470-89; J. H. Matthei and M. W. Nirenberg, "Characteristics and Stabilization of DNAase-Sensitive Protein Synthesis in *E. colli* Extracts," *Proceedings of the National Academy of Sciences, USA* 47 (1961): 1580-88; J. H. Matthei and M. W. Nirenberg, "The Dependence of Cell-Free Protein Synthesis in *E. colli* upon Naturally Occurring or Synthetic Polyribonucleotides," *Proceedings of the National Academy of Sciences, USA* 47 (1961):

mecanismos por los que la secuencia de ADN determina los pasos clave de dicha síntesis (por lo menos de manera general). La síntesis de proteínas o "expresión génica" procedía en primer lugar copiando largas cadenas de bases nucleotídicas durante un proceso conocido como transcripción. La copia resultante, un "transcrito", fabricaba una hebra sencilla de "ARN mensajero" que ahora contenía una secuencia de bases de ARN que reflejaba con precisión la secuencia de bases de la hebra original de ADN. El transcrito era entonces transportado hasta un orgánulo complejo denominado ribosoma. En el ribosoma, el transcrito era "traducido" con ayudas de moléculas adaptadoras altamente específicas (llamadas ARN-transferentes) y de enzimas específicas (llamadas aminoacil ARNt sintetasas) para producir una cadena de aminoácidos en crecimiento (figura 1)[29]. En tanto que la función de la molécula de proteína deriva del ordenamiento específico de veinte tipos diferentes de aminoácidos, la función del ADN depende del ordenamiento de solo cuatro tipos de bases. Esta ausencia de correspondencia uno-a-uno implica que un grupo de tres bases nucleotídicas (un triplete) es necesario para especificar un solo aminoácido. En cualquier caso, el ordenamiento secuencial de las bases nucleotídicas determina (en gran parte) el ordenamiento unidimensional de los aminoácidos durante la síntesis de proteínas[30]. Ya

---

1588-1602.

[29] Alberts et al., *Molecular Biology,* 106-8; S. 1. Wolfe, *Molecular and Cellular Biology* (Belmont, Calif.: Wadsworth, 1993), 639-48.

[30] Lógicamente, ahora sabemos que además del proceso de expresión génica, enzimas específicas modifican a menudo las cadenas de aminoácidos después de la traducción para conseguir la secuencia precisa necesaria para permitir el plegamiento correcto de la proteína funcional. Las cadenas de aminoácidos producidas por la expresión

que la función de la proteína depende de manera crítica de la secuencia de aminoácidos y la secuencia de aminoácidos depende críticamente de la secuencia de bases de ADN, las secuencias mismas de las regiones codificantes del ADN poseen un alto grado de

---

génica pueden sufrir luego ulteriores modificaciones de secuencia en el retículo endoplasmático. Finalmente, incluso las cadenas de aminoácidos correctamente modificadas pueden requerir "chaperones" proteicos preexistentes para ayudarles a adoptar una configuración tridimensional funcional. Todos estos factores hacen imposible predecir la secuencia final de una proteína a partir tan solo de su secuencia genética. Véase S. Sarkar, "Biological Information: A Skeptical Look at Some Central Dogmas of Molecular Biology", en *The Philosophy and History of Molecular Biology: New Perspectives*, ed. S. Sarkar (Dordrecht, Netherlands: Boston Studies in Philosophy of Science, 1996), 196, 199-202. Sin embargo, lo impredecible no contradice de ninguna manera la afirmación de que el ADN muestra la propiedad de "especificidad de secuencia", como he expuesto en la parte I, sección E. Por ejemplo, Sarkar aduce que la ausencia de predecibilidad hace que el concepto de información sea teóricamente superfluo para la biología molecular. En cambio, lo impredecible muestra que la especificidad de secuencia de las bases del ADN constituye condición necesaria, pero no suficiente, para lograr el plegamiento proteico, es decir, el ADN contiene información específica (parte I, sección E), pero no la suficiente para determinar por sí misma el plegamiento de la proteína. Por el contrario, tanto los procesos de modificación pos-traduccional como la edición genómica pre-transcripcional (mediante exonucleasas, endonucleasas, espliceosomas, y otras enzimas de edición) solo subrayan la necesidad de otras moléculas preexistentes ricas en información para procesar la información genómica de la célula. La presencia de un sistema de procesamiento de la información, complejo y funcionalmente integrado, sugiere *efectivamente* que la información de la molécula de ADN es insuficiente para producir la proteína. Ello no demuestra que tal información sea *innecesaria* para producir las proteínas, ni invalida la afirmación de que el ADN almacena y transmite información genética específica.

especificidad en lo relativo a los requerimiento de la función de la proteína y de la célula.

D. Teoría de la información y biología molecular.

Desde el comienzo de la revolución de la biología molecular, los biólogos asignaron al ADN, al ARN y a las proteínas la propiedad de transportar información. En la jerga de la biología molecular, la secuencia de bases del ADN contiene la "información genética" o las "instrucciones de ensamblaje" necesarias para dirigir la síntesis de proteínas. Sin embargo, el término información puede denotar varios conceptos teóricamente diferentes. Así, se puede preguntar en qué sentido se aplica "información" a estas grandes macromoléculas. Veremos que los biólogos moleculares emplean tanto un concepto más fuerte de la información que el que emplean los matemáticos y los teóricos de la información y una concepción del término ligeramente más débil que el que emplean los lingüistas y los usuarios ordinarios.

Durante los años 40, Claude Shannon, en los laboratorios Bell, desarrollo una teoría matemática de la información[31]. Su teoría equiparaba la cantidad de información transmitida con la cantidad de incertidumbre reducida o eliminada por una serie de símbolos o caracteres[32]. Por ejemplo, antes de echar a rodar un dado de seis caras, hay seis posibles resultados. Antes de lanzar una moneda, hay dos. Echar a rodar el dado por lo tanto eliminará más

---

[31] C. Shannon, "A Mathematical Theory of Communication," *Bell System Technical Journal* 27 (1948): 379-423, 623-56.
[32] C. Shannon, "A Mathematical Theory of Communication," *Bell System Technical Journal* 27 (1948): 379-423, 623-56.

incertidumbre y, de acuerdo con la teoría de Shannon, transmitirá más información que lanzar una moneda. El igualar la información con la reducción de la incertidumbre implicaba una relación matemática entre información y probabilidad (o, de manera inversa, de la complejidad). Nótese que para un dado, cada resultado posible tiene un sexto de probabilidad de suceder, en comparación con un medio para cada cara de la moneda. Así, en la teoría de Shannon la ocurrencia del suceso más improbable transmite más información. Shannon generalizó esta relación diciendo que la cantidad de información transmitida por un suceso es inversamente proporcional a la probabilidad a priori de que ocurra. Cuanto mayor es el número de posibilidades, mayor es la improbabilidad de que uno tenga lugar y por tanto se transmite más información cuando sucede una posibilidad en particular.

Además, la información aumenta cuando las improbabilidades se multiplican. La probabilidad de obtener cuatro caras seguidas cuando se tira al aire una moneda no trucada es ½ x ½ x ½ x ½ o $(½)^4$. Así, la probabilidad de obtener una secuencia específica de caras y/o cruces decrece exponencialmente cuando aumenta el número de intentos. La cantidad de información aumenta análogamente. Incluso así, los teóricos de la información hallan conveniente medir la información de manera aditiva antes que multiplicativa. Por tanto, la expresión matemática común ($I=-\log_2 p$) para calcular la información convierte los valores de probabilidad en medidas de información gracias al negativo de una función logarítmica, en la que el signo negativo expresa la relación inversa entre información y probabilidad[33].

La teoría de Shannon se aplica del modo más sencillo a secuencias de signos o a caracteres alfabéticos que funcionan como tales. Dentro de un alfabeto dado de x caracteres posibles, la colocación de un carácter específico elimina x-1 posibilidades y en consecuencia la correspondiente cantidad de incertidumbre. Dicho con otras palabras, en un alfabeto o juego cualquiera dado de x caracteres posibles (donde cada carácter tiene una probabilidad igual de ocurrir), la probabilidad de que ocurra cualquier carácter es 1/x. Cuanto mayor es el valor de x, mayor es la cantidad de información que se transmite con la ocurrencia de un determinado carácter de la secuencia. En sistemas en los que el valor de x puede conocerse (o estimarse), como sucede en un código o en un lenguaje, los matemáticos pueden fácilmente generar estimas cuantitativas de la capacidad de transportar información. Cuanto mayor es el número de posibles caracteres en cada lugar y cuanto más larga es la secuencia de caracteres, mayor será la capacidad de transportar información –la información Shannon- asociada con la secuencia.

El carácter esencialmente digital de las bases nucleotídicas del ADN y los residuos de aminoácidos de las proteínas, permiten a los biólogos moleculares calcular la capacidad de llevar información (o información sintáctica) de aquellas moléculas mediante el nuevo formalismo de la teoría de Shannon. Debido a que, por ejemplo, en todos los sitios de una cadena de aminoácidos en crecimiento, dicha

---

[33] Ibid.; Shannon, "A Mathematical Theory."

cadena puede añadir cualquiera de los veinte aminoácidos, la colocación de un único aminoácido elimina una cantidad cuantificable de incertidumbre y aumenta en una determinada cantidad la información sintáctica o de Shannon del polipéptido. De manera similar, ya que en una posición dada del esqueleto de ADN puede haber cualquiera de las cuatro bases con igual probabilidad, el valor de p para la ocurrencia de un nucleótido específico en ese sitio es ¼, ó 0.25 [34]. La capacidad de transmitir información de una secuencia de una determinada longitud n puede calcularse empleando la ya familiar expresión de Shannon ($I=-\log_2 p$) una vez que se computa el valor de p para la ocurrencia de una secuencia particular de n nucleótidos de largo donde $p=(\frac{1}{4})^n$. El valor de p da una medida correspondiente de la capacidad de llevar información o de información sintáctica de una secuencia de n bases nucleotídicas[35].

E. Complejidad, especificidad e información biológica.

Aunque las ecuaciones y la teoría de Shannon abrieron una vía poderosa para medir la cantidad de información que puede transmitirse a través de un canal de comunicación, tienen importantes limitaciones. En particular, no distinguían –y no podían distinguir- las secuencias improbables de símbolos de aquellas que transmiten un

---

[34] B. Kuppers, "On the Prior Probability of the Existence of Life," in *The Probabilistic Revolution,* ed. Lorenz Kruger et al. (Cambridge: MIT Press, 1987), 355-69.

[35] Schneider, "Information content"; véase también H. P. Yockey, *Information Theory and Molecular Biology* (Cambridge: Cambridge University Press, 1992), 246-58, para una mayor precisión en cuanto al método de cálculo de la capacidad de transportar información de las proteínas y el ADN.

mensaje. Tal y como aclaró Warren Weaver en 1949, "la palabra información se usa en esta teoría en un sentido matemático especial que no debe confundirse con su uso ordinario. En especial, la información no debe confundirse con el significado"[36]. La teoría de la información podía medir la capacidad de transportar información o la información sintáctica de una secuencia dada de símbolos pero no podía distinguir la presencia de un ordenamiento funcional o con significado de una secuencia aleatoria (por ejemplo "tenemos estas verdades por evidentes en sí" y "ntnyhiznlhteqkhgdsjh"). Así, la teoría de la información de Shannon podía cuantificar la cantidad de información funcional o significativa que *pudiera estar presente* en una secuencia de símbolos o de caracteres, pero no podía distinguir un texto funcional o que contuviera un mensaje respecto de una chapurreo aleatorio. Así, paradójicamente, las secuencias aleatorias de letras tienen a menudo más información sintáctica (o capacidad de contener información), medida según la teoría clásica de la información, de la que tienen secuencias funcionales con significado y con una cierta cantidad de redundancia intencional o de repeticiones.

En esencia, por lo tanto, la teoría de Shannon no dice nada sobre la importante cuestión de si una secuencia de símbolos tiene significado y es funcionalmente específica. Sin embargo, en su aplicación a la biología molecular, la teoría de la información de Shannon tuvo éxito en dar mediciones cuantitativas a grosso modo de la capacidad de transportar información o capacidad sintáctica (donde estos términos corresponden a medidas de complejidad

---

[36] C. Shannon and W. Weaver, *The Mathematical Theory of Communication* Urbana: University of Illinois Press, 1949), 8.

bruta)[37]. Como tal, la teoría de la información ayudó a refinar la comprensión biológica de una característica importante de los componentes biomoleculares cruciales de los que depende la vida: el ADN y las proteínas son altamente complejas y cuantificables. Sin embargo, la teoría por sí misma no podía establecer si la secuencia de bases del ADN o los aminoácidos de las proteínas poseían la propiedad de especificidad funcional. La teoría de la información ayudó a establecer que el ADN y las proteínas *podían* llevar grandes cantidades de información funcional; no a establecer si realmente lo hacían.

La facilidad con la que la teoría de la información se aplicó a la biología molecular (para medir la capacidad de transportar información) ha provocado una confusión considerable sobre el sentido en el que el ADN y las proteínas contienen "información". La teoría de la información sugería con fuerza que tales moléculas poseen una vasta capacidad de llevar información o una gran capacidad de información sintáctica, según la define la teoría de Shannon. Sin embargo, cuando los biólogos moleculares describieron el ADN como portador de la información hereditaria, se referían a algo muy superior al término *información*, tan limitado técnicamente. En su lugar, todo lo más en 1958, como señala Sahotra Sarkar, los más destacados biólogos moleculares definieron la información biológica para incorporar la noción de especificidad de función (y también la de la complejidad)[38]. Los biólogos moleculares como Monod y

---

[37] Schneider, "Information Content," 58-177; Yockey, *Information Theory,* 58-177.

[38] Véase la nota 26. Sarkar, "Biological Information," 199-202, esp. 196; F. Crick, "On Protein Synthesis," *Symposium for the Society of Experimental Biology* 12 (1958): 138-63, esp. 144,

Crick entendían la información –almacenada en el ADN y las proteínas- como algo más que la mera complejidad (o improbabilidad). En realidad, su idea de información asociaba con las secuencias de ADN tanto la contingencia bioquímica como la complejidad combinatoria (permitiendo que la capacidad transportadora del ADN pudiera calcularse), pero también admitían que las secuencias de nucleótidos y de aminoácidos de las biomacromoléculas funcionales poseían un alto grado de *especificidad* en relación con el mantenimiento de la estructura celular. Tal y como Crick explicó en 1958, "por información entiendo la especificidad de la secuencia de aminoácidos de la proteína... Información significa aquí la determinación *precisa* de la secuencia, tanto de las bases del ácido nucleico como de los residuos de aminoácido de la proteína"[39].

Desde finales de los años 50, los biólogos han identificado "la determinación *precisa* de la secuencia" con la propiedad teorética, al margen de la información, de especificidad o especificación. Los biólogos han definido la *especificidad* tácitamente, como "necesaria para conseguir o mantener la función". Por ejemplo, han determinado que las secuencias de bases de ADN son específicas, no tanto por aplicar la teoría de la información sino por hacer una valoración experimental de la función de esas secuencias dentro del conjunto del aparato de expresión génica[40]. Consideraciones similares de tipo

---

153.

[39] Crick, "On Protein Synthesis," 144, 153.

[40] Recuérdese que la determinación del código genético dependía, por ejemplo, de la correlación observada entre los cambios de la secuencia de bases nucleotídicas y la producción de aminoácidos en "sistemas independientes de la célula". Véase Judson, *Eighth Day*, 470-87.

experimental determinaron la especificidad funcional de las proteínas.

Más adelante, los avances de la teoría de la complejidad han hecho posible una explicación general plenamente teórica de la especificación, que se aplica fácilmente a los sistemas biológicos. En concreto, los trabajos recientes del matemático William Dembski utilizan la noción estadística de región de rechazo para proporcionar una explicación formal, compleja y teórica de la especificación. De acuerdo con Dembski, hay especificación cuando un sujeto o un objeto (a) cae dentro de un patrón o dominio dado de manera independiente, (b) "coincide" o ejemplifica un patrón condicionalmente independiente o (c) satisface un conjunto condicionalmente independiente de requerimientos funcionales[41].

Para ilustrar la noción de Dembski acerca de la especificación, considérense dos series de caracteres:

"iuinsdysk]idfawqnzkl,mfdifhs"
"el tiempo y la marea no esperan a nadie"

Dado el número de posibles maneras de ordenar las letras y los signos de puntuación de la lengua inglesa para secuencias de esta longitud, ambas secuencias constituyen ordenamientos de caracteres altamente improbables. Por tanto, ambos tienen una considerable capacidad de transportar información cuantificable. Sin embargo, solo la segunda de las dos secuencias muestra especificación de

---

[41] W. A. Dembski, *The Design Inference: Eliminating Chance Through Small Probabilities* (Cambridge: Cambridge University Press, 1998), 1-35, 136-74.

acuerdo con el modelo de Dembski. Para ver por qué, considérese lo siguiente. Dentro del conjunto de secuencias combinatorias posibles, solo unas pocas transmiten significado. Este reducido conjunto de secuencias con significado, por lo tanto, delimita un dominio o patrón dentro del conjunto más numeroso de la totalidad de posibilidades. Además, este conjunto constituye un patrón "condicionalmente independiente". Dicho con mayor claridad, un patrón condicionalmente independiente corresponde a un patrón preexistente o conjunto funcional de requerimientos, y no a uno concebido después de observar el hecho en cuestión –en este caso en concreto, el suceso de observar las dos secuencias anteriores[42]. Ya que el dominio más pequeño distingue entre secuencias de inglés funcionales y no funcionales y la funcionalidad de las secuencias alfabéticas depende de los convenios preexistentes o independientes del vocabulario y la gramática del inglés, el conjunto o dominio más pequeño adquiere la calificación de patrón condicionalmente independiente[43]. Dado que la segunda

---

[42] Ibid., 136-74.
[43] De las dos secuencias, solo la segunda satisface un conjunto independiente de requisitos funcionales. Para transmitir un significado en inglés, debe emplearse los convencionalismos preexistentes (o independientes) del vocabulario (asociaciones de secuencias de símbolos con objetos, conceptos o ideas particulares) y convencionalismos existentes de la sintaxis y la gramática (como por ejemplo, "toda sentencia requiere un sujeto y un verbo"). Cuando el ordenamiento de los símbolos "coincide" o utiliza estos convencionalismos gramaticales o de vocabulario (es decir, los requisitos funcionales), se da en el inglés la transmisión de significado. La segunda frase ("el tiempo y la marea no esperan a nadie") muestra claramente esa coincidencia entre ella misma y los requisitos preexistentes del vocabulario y la gramática. La segunda frase ha empleado estos convencionalismos para expresar una idea con significado. Por lo tanto, también entra dentro del patrón más reducido

serie de caracteres ("el tiempo y la marea no esperan...") cae dentro de este reducido dominio condicionalmente independiente (o "coincide" con una de las posibles oraciones con significado que caen en él), la segunda secuencia muestra una especificación de acuerdo con el modelo teorético-complejo de Dembski. Aquella secuencia, por lo tanto, presenta conjuntamente las propiedades de complejidad y especificación y posee no solo la capacidad de transmitir información sino también información "específica" y, en este caso, semántica.

Los organismos biológicos también muestran especificidades, pero no necesariamente unas semántica o subjetivamente "significativas". Las secuencias de bases nucleotídicas de las regiones codificantes del ADN son altamente significativas en relación con los requisitos independientemente funcionales de la función de la proteína, de la síntesis de proteínas y de la vida celular. Para mantener la viabilidad, la célula debe regular su metabolismo, meter y sacar materiales a través de la membrana, destruir deshechos y realizar otras funciones específicas. Cada uno de estos requisitos funcionales necesita por el contrario constituyentes, máquinas o sistemas moleculares específicos (normalmente construidos con proteínas) para realizar estas tareas. La construcción de estas proteínas de acuerdo con su forma específica tridimensional requiere ordenamientos específicos de bases nucleotídicas en la molécula de ADN.

(y condicionalmente independiente) que delimita el dominio de las frases en inglés con significado y por tanto, nuevamente, muestra una "especificidad".

Dado que las propiedades químicas del ADN permiten un vasto conjunto de ordenamientos combinatorios posibles de bases nucleotídicas, cualquier secuencia particular será por fuerza altamente improbable y rica en información Shannon o en capacidad de transmitir información. Sin embargo dentro del conjunto de posibles secuencias muy pocas producirán proteínas funcionales, dado el sistema multimolecular de expresión génica situado en el interior de la célula[44]. Aquellos que sí lo hacen, son no solo improbables sino también funcionalmente "especificadas" o "específicas", como dicen los biólogos. Ciertamente, el reducido conjunto de secuencias funcionalmente eficaces delimita nuevamente un dominio o patrón dentro de un conjunto mayor de posibilidades combinatorias. Además, este pequeño dominio constituye un patrón condicionalmente independiente ya que (como ocurre con las secuencias en inglés anteriores) diferencia secuencias funcionales y no funcionales, y la funcionalidad de las secuencias de bases nucleotídicas depende de los requisitos independientes de la función de la proteína. Así, cualquier secuencia de bases nucleotídicas verdadera que cae dentro de este dominio (o que "coincide" con una de las posibles secuencias funcionales que caen dentro de él) muestra especificación. Dicho de otra manera, cualquier secuencia de bases que produce una proteína funcional satisface claramente ciertos requisitos funcionalmente

---

[44] J. Bowie and R. Sauer, "Identifying Determinants of Folding and Activity for a Protein of Unknown Sequences: Tolerance to Amino Acid Substitution," *Proceedings of the National Academy of Sciences, USA 86* (1989): 2152-56; J. Reidhaar-Olson and R. Sauer, "Functionally Acceptable Solutions in Two Alpha-Helical Regions of Lambda Repressor," *Proteins, Structure, Function, and Genetics* 7 (1990): 306-10.

independientes, en especial, los de la función de la proteína. Así, cualquier secuencia que satisface tales requisitos (o "que cae dentro del conjunto más pequeño de secuencias funcionales") es nuevamente no solo altamente improbable sino también específica en relación a ese patrón o dominio independiente. Por tanto, las secuencias nucleotídicas en las regiones codificantes de ADN poseen tanto información sintáctica como información "específica".

Hay que hacer una aclaración acerca de la relación entre información "específica" e información "semántica". Aunque los lenguajes naturales y la secuencia de bases del ADN son ambas específicas, solo los lenguajes naturales transmiten significado. Si se define la "información semántica" como "información subjetivamente significativa que es transmitida sintacticamente (en forma de serie de fonemas o caracteres) y es entendida por un agente consciente", entonces claramente la información del ADN no puede calificarse de semántica. A diferencia del lenguaje escrito o hablado, el ADN no transmite "significado" a un agente consciente.

Más bien, las regiones codificantes del ADN funcionan de manera muy parecida a un programa de software o al código de una máquina, dirigiendo operaciones dentro de un sistema material complejo a través de secuencias de caracteres altamente complejas y sin embargo específicas. Como ha señalado Richard Dawkins "el código de máquina de los genes es increíblemente parecido al de una computadora"[45]. O como ha notado el diseñador de

---

[45] R. Dawkins, *River out of Eden* (New York: Basic Books, 1995), 11.

software Bill Gates, "el ADN es como un programa de computadora pero mucho, mucho más avanzado que ninguno que hayamos creado"[46]. Del mismo modo que con el ordenamiento específico de dos símbolos (0 y 1) en un programa de ordenador se puede realizar una función en un entorno de máquina, también la secuencia precisa de las cuatro bases del ADN pueden realizar una función dentro de la célula.

Aunque las secuencias de ADN no transmiten "significado", muestran especificidad o especificación. Además, como sucede en el código de máquina, la especificidad de secuencia del ADN sucede dentro de un dominio sintáctico (o funcionalmente alfabético). Así, el ADN contiene información tanto sintáctica como específica. En cualquier caso, desde los últimos años 50, el concepto de información, tal y como lo emplean los biólogos moleculares, ha fusionado las nociones de complejidad (o improbabilidad) y especificidad de función. Los constituyentes biomoleculares cruciales de los organismos vivos contienen no solo información sintáctica o Shannon sino también "información *específica*" o "complejidad *específica*"[47]. Por tanto, la información biológica así definida constituye una característica principal de los sistemas vivos cuyo origen debe explicar cualquier modelo acerca del origen de la vida. Además, como veremos más adelante, todas las teorías naturalistas de la química evolutiva han hallado

---

[46] B. Gates, *The Road Ahead* (Boulder, Colo.: Blue Penguin, 1996), 228.
[47] L. E. Orgel, *The Origins of Life on Earth* (New York: John Wiley, 1973), 189.

dificultad al explicar el origen de semejante información biológica funcionalmente "especificada".

F. La información como metáfora: ¿nada que explicar?

Aunque la mayoría de lo biólogos moleculares no tendrían problema en designar al ADN y a las proteínas como moléculas "transportadoras de información", algunos historiadores y filósofos de la biología han desafiado recientemente esta descripción. Antes de evaluar las diferentes tipos de explicación del origen de la información biológica en liza, hay que ocuparse de esta cuestión. En el año 2000, la difunta historiadora de la ciencia Lily Kay calificó de fracaso la aplicación de la teoría de la información a la biología, en especial porque la teoría clásica de la información no podía captar el concepto de significado. Ella sugería que el término *información*, tal y como se usaba en biología, constituía nada más que una metáfora. Dado que, en la perspectiva de Kay, el término no designaba nada real, se deducía que el origen de la "información biológica" no necesitaba explicación alguna. En su lugar, solo necesita explicación el origen del *uso* del término *información*. Como constructivista social, Kay explicaba su utilización como resultado de varias fuerzas sociales que operaban en el interior de la "guerra fría tecnocultural"[48]. De manera diferente pero relacionada, Sarkar había argumentado que el concepto de información tenía poco significado teórico en biología porque carecía de poder predictivo o explicativo[49]. Al igual que Kay, parecía considerar el

---

[48] Véase la nota 5. Kay, "Who Wrote," 611-12, 629; Kay, "Cybernetics"; Kay, *Who Wrote*.

[49] Sarkar, "Biological Information," 199-202.

concepto de información como una metáfora superflua sin referencia empírica ni estatus ontológico.

Por supuesto, en tanto que el término información tiene connotación de significado semántico, funciona como metáfora dentro de la biología. Sin embargo, esto no quiere decir que el término funcione *solo* metafóricamente o que los biólogos del origen de la vida no tengan nada que explicar. Aunque la teoría de la información tiene una aplicación limitada para describir los sistemas biológicos, ha tenido éxito en proporcionar estimas cuantitativas de la complejidad de la biomacromoléculas. Además, trabajos experimentales han establecido la funcionalidad específica de las secuencias de monómeros en el ADN y en las proteínas. Así, el término información tal y como se usa en biología se refiere a dos propiedades reales y contingentes de los sistemas vivos: complejidad y especificidad. Ciertamente, desde que los científicos han comenzado a pensar seriamente en lo que sería necesario para explicar el fenómeno de la herencia, han reconocido la necesidad de alguna característica o sustancia en los organismos vivos que posee precisamente estas dos propiedades conjuntamente. Así, Schrödinger concibió su "cristal aperiódico"; Chargaff se percató de la capacidad del ADN para formar "secuencias complejas"; Watson y Crick asimilaron las secuencias complejas con la "información" y a su vez Crick la equiparó a "complejidad"; Monod asimiló la especificidad irregular de las proteínas a la necesidad de "un código" y Orgel calificó la vida de "complejidad específica"[50]. Además, Davies ha aducido

---

[50] E. Schrodinger, *What Is Life? And Mind and Matter* (Cambridge: Cambridge University Press, 1967), 82; Alberts et al., *Molecular Biology, 21;* Crick and Watson, "A Structure"; Crick and Watson, "Genetical Implications"; Crick, "On Protein"; Judson, *Eighth Day,*

recientemente que la "aleatoriedad específica" de la secuencia de bases del ADN constituye el misterio central en torno al origen de la vida[51]. Cualquiera que sea la terminología, los científicos han reconocido la necesidad de conocer la localización y la fuente de complejidad específica en la célula a fin de transmitir la herencia y mantener la función biológica. La idea subyacente de estos conceptos descriptivos sugiere que la complejidad y la especificidad constituyen propiedades reales de las biomacromoléculas –en realidad, de propiedades que pudieran ser de otra manera pero solo en detrimento de la vida celular. Como observa Orgel: "los organismos vivos se distinguen por su complejidad específica. Los cristales... no cumplen los requisitos de los seres vivos porque carecen de complejidad; las mezclas de polímeros aleatorios tampoco cumplen los requisitos de los seres vivos porque carecen de especificidad"[52].

Por tanto el origen de la especificidad y de la complejidad (combinadas), al que se refiere comúnmente en biología el término información, necesita explicación incluso si el concepto de información tiene la connotación de complejidad de la teoría clásica de la información e incluso si no tiene valor explicativo o predictivo por sí mismo. En cambio, como concepto descriptivo (más que explicativo o predictivo), el término información ayuda a definir (junto con la noción de especificidad o comprendido en ella) el origen de lo que los investigadores del origen de la vida quieren explicar. Así, solo donde la

---

611; Orgel, *Origins of Life, 189.*

[51] P. Davies, *The Fifth Miracle* (New York: Simon and Schuster, 1998), 120.

[52] Orgel, *Origins ofLife, 189.*

información tiene connotación de significado subjetivo, funciona en biología como metáfora. Donde se refiere a una analogía del significado, a saber, la especificidad funcional, define una característica esencial de los sistemas vivos.

II.
A. Explicaciones naturalistas del origen de la información biológica específica.

Los descubrimientos de los biólogos moleculares durante los años 50 y 60 suscitaron la pregunta por el origen último de la complejidad específica o información específica tanto en el ADN como en las proteínas. Por lo menos desde mediados de los años 60, muchos científicos han considerado el origen de la información (así definida) como la cuestión central con que se enfrentaba la biología del origen de la vida[53]. Según esto, los investigadores del origen de la vida han propuesto tres grandes tipos de explicaciones naturalistas para explicar el origen de la

---

[53] Loewenstein, *Touchstone;* Davies, *Fifth Miracle;* Schneider, "Information Content"; C. Thaxton and W. Bradley, "Information and the Origin of Life," in *The Creation Hypothesis: Scientific Evidence for an Intelligent Designer,* ed. J. P. Moreland (Downers Grove, Ill.: InterVarsity Press, 1994),173-210, esp. 190; S. Kauffman, *The Origins ofOrder* (Oxford:
Oxford University Press, 1993), 287-340; Yockey, *Information Theory,* 178-293; Kuppers, *Information and Origin,* 170-72; F. Crick, *Life Uself* (New York: Simon and Schuster, 1981), 59-60, 88; J. Monod, *Chance and Necessity* (New York: Vintage Books, 1971), 97-98, 143; Orgel, *Origins,* 189; D. Kenyon and G. Steinman, *Biochemical Predestination* (New York: McGraw-Hill, 1969), 199-211,263-66; Oparin, *Genesis, 146-47;* H. Quastler, *The Emergence of Biological Organization* (New Haven, Conn.: Yale University Press, 1964).

información genética específica; los que hacen hincapié en el azar, en la necesidad o en la combinación de ambos.

B. Más allá del alcance del azar.

Quizás el punto de vista naturalista más popular acerca del origen de la vida es que éste tuvo lugar exclusivamente por azar. Unos pocos científicos serios han manifestado su apoyo a este punto de vista, por lo menos en varias ocasiones a lo largo de sus carreras. En 1954, por ejemplo el bioquímico George Wald argumentó a favor de la eficiencia causal del azar en conjunción con vastos períodos de tiempo. Tal y como él explicó, "el tiempo es de hecho el héroe del plan... Dado tanto tiempo, lo imposible se convierte en posible, lo posible se hace probable y lo probable virtualmente cierto"[54]. Más tarde, en 1968, Francis Crick sugeriría que el origen del código genético –es decir, el sistema de traducción- podría ser "un accidente congelado"[55]. Otras teorías han invocado el azar como explicación del origen de la información genética, aunque a menudo, en conjunción con la selección natural prebiótica (ver más abajo la sección C).

Casi todos los investigadores serios del origen de la vida consideran ahora el "azar" una explicación causal inadecuada para el origen de la información biológica[56].

---

[54] G. Wald, "The Origin of Life," *Scientific American* 191 (August 1954): 44-53; R. Shapiro, *Origins: A Skeptic's Guide to the Creation of Life on Earth* (New York: Summit Books, 1986), 121.

[55] F. Crick, "The Origin of the Genetic Code," *Journal of Molecular Biology* 38 (1968): 367-79; H. Kamminga, "Studies in the History of Ideas on the Origin of Life" (Ph.D. diss., University of London 1980), 303-4.

[56] C. de Duve, "The Constraints of Chance," *Scientific American* (Jan.

Desde que los biólogos moleculares comenzaron a apreciar la especificidad de secuencia de proteínas y ácidos nucleicos durante los años 50 y 60, se han realizado muchos cálculos para determinar la probabilidad de formular proteínas y ácidos nucleicos funcionales al azar. Morowitz, Hoyle y Wickramasinghe, Cairns-Smith, Prigogine, Yockey y, más recientemente, Robert Sauer han elaborado varios métodos para calcular probabilidades[57]. Pongamos por caso que estos cálculos han supuesto a menudo condiciones prebióticas extremadamente favorables (tanto si eran realistas como si no), mucho más tiempo del que realmente disponía la tierra en sus inicios, y tasas de reacción teóricamente máximas entre los monómeros constituyentes (es decir, entre las partes constituyentes de proteínas, ADN o ARN). Tales cálculos han mostrado invariablemente que la probabilidad de obtener biomacromoléculas secuenciadas funcionales al azar es, en palabras de Prigogine, "infinitamente pequeña... incluso en las escala de... billones de años"[58]. Como escribió Cairns-Smith en 1971, "el azar ciego... es muy limitado. Puede producir [el azar ciego] con extrema facilidad cooperación de bajo nivel [el equivalente a letras y pequeñas palabras], pero se vuelve rápidamente

---

1996): 112; Crick, *Life Itself,* 89-93; Quastler, *Emergence, 7.*
[57] H. J. Morowitz, *Energy Flow in Biology* (New York: Academic Press, 1968), 5-12; F. Hoyle and C. Wickramasinghe, *Evolution from Space* (London: J. M. Dent, 1981),24-27; A. G. Cairns-Smith, *The Life Puzzle* (Edinburgh: Oliver and Boyd, 1971),91-96; 1. Prigogine, G. Nicolis, and A. Babloyantz, "Thermodynamics of Evolution," *Physics Today (23* Nov. 1972); Yockey, *Information Theory,* 246-58; H. P. Yockey, "Self-Organization, Origin of Life Scenarios and Information Theory," *Journal ofTheoretical Biology* 91 (1981): 13-31; Bowie and Sauer, "Identifying Determinants"; Reidhaar-Olson et al., *Proteins; Shapiro, Origins,* 117-31.
[58] Prigogine, "Thermodynamics."

incompetente cuando la cantidad de organización aumenta. Ciertamente, muy pronto los largos tiempos de esperas y los recursos materiales masivos se convierten en irrelevantes"[59].

Considérese las dificultades probabilísticas que deben superarse para construir incluso una proteína corta de 100 aminoácidos de longitud. (Una proteína típica consiste en unos 300 residuos aminoacídicos, y muchas proteínas cruciales son más largas).

En primer lugar, todos los aminoácidos deben formar un enlace químico conocido como enlace peptídico al unirse a otros aminoácidos de la cadena proteica. Sin embargo, en la naturaleza son posibles otros muchos tipos de enlace químico entre aminoácidos; de hecho, los enlaces peptídicos y no peptídicos se dan con más o menos la misma probabilidad. Así, dado un sitio cualquiera de la cadena de aminoácidos en crecimiento, la probabilidad de obtener un enlace peptídico es aproximadamente ½. La probabilidad de obtener cuatro enlaces peptídicos es ($½ \times ½ \times ½ \times ½$) = 1/16 o bien $(½)^4$. La probabilidad de construir una cadena de 100 aminoácidos en la cual todos los enlaces impliquen enlaces peptídicos es $(½)^{99}$, o aproximadamente 1 en 10^{30}.

En segundo lugar, todos los aminoácidos que se encuentran en las proteínas (con una excepción) tienen una imagen especular diferente de sí mismos, una versión orientada a la izquierda, o forma L, y una orientada a la derecha, o forma D. Estas imágenes especulares se denominan isómeros ópticos. Las proteínas funcionales

---

[59] Cairns-Smith, *Life Puzzle*, 95.

solo admiten aminoácidos orientados a la izquierda, sin embargo tanto los orientados a la derecha como los orientados a la izquierda se originan en las reacciones químicas (productoras de aminoácidos) con aproximadamente la misma probabilidad. Al tomar esta "quiralidad" en consideración aumenta la improbabilidad de obtener una proteína biológicamente funcional. La probabilidad de obtener al azar solo aminoácidos L en una cadena peptídica hipotética de 100 aminoácidos de longitud es $(½)^{100}$ o de nuevo aproximadamente 1 entre 10^{30}. Partiendo de mezclas de formas D- y L-, la probabilidad de construir al azar una cadena de 100 aminoácidos de longitud en la que todos los enlaces sean enlaces peptídicos y todos los aminoácidos sean formas L es, por lo tanto, aproximadamente 1 entre 10^{60}.

Las proteínas funcionales tienen un tercer requisito independiente, el más importante de todos; sus aminoácidos deben enlazarse en un ordenamiento específico secuencial, tal y como deben hacerlo las letras en una frase con significado. En algunos casos, incluso el cambio de un aminoácido en un determinado lugar provoca la pérdida de funcionalidad en la proteína. Además, debido a que biológicamente se dan veinte aminoácidos, la probabilidad de obtener un determinado aminoácido en un sitio determinado es pequeña – 1/20. (En realidad la probabilidad es incluso menor porque la naturaleza existen muchos aminoácidos que no forman proteínas). Bajo el supuesto de que todos los sitios de una cadena de proteína requieren un aminoácido en particular, la probabilidad de obtener una determinada proteína de 100 aminoácidos de longitud sería $(1/2)^{100}$ o aproximadamente 1 entre 10^{130}. Sin embargo, ahora sabemos que algunos sitios a lo largo de la cadena toleran varios de los aminoácidos que se hallan comúnmente en las proteínas pero otros no. El bioquímico del MIT Robert Sauer ha utilizado la técnica conocida como "mutagénesis en cassette" para determinar cuanta varianza entre aminoácidos puede tolerarse en una posición dada de varias proteínas. Sus resultados implican que, incluso teniendo en cuenta la posibilidad de variación, la probabilidad de conseguir una secuencia funcional de aminoácidos en varias proteínas aleatorias conocidas (de aproximadamente 100 aminoácidos) es todavía "infinitamente pequeña", de 1 entre 10^{65} aproximadamente[60]. (Hay 10^{65} átomos en nuestra galaxia)[61]. Recientemente, Douglas Axe, de la Universidad de Cambridge, ha utilizado una técnica de mutagénesis refinada para medir la especificidad de secuencia de la proteína barnasa, una RNasa bacteriana. El trabajo de Axe sugiere que en realidad los experimentos previos de mutagénesis subestimaron la sensibilidad funcional de las proteínas al cambio de aminoácidos en la secuencia porque presuponían (de modo incorrecto) la independencia de contexto de los cambios de residuo individuales[62]. Si, además de la improbabilidad de obtener una secuencia

---

[60] Reidhaar-Olson y Sauer, "Functionally Acceptable"; D. D. Axe, "Biological Function Places Unexpectedly Tight Constraints on Protein Sequences", *Journal of Molecular Biology* 301, no. 3: 585-96; M. Behe, "Experimental Support for regarding Functional Classes of Proteins to Be Highly Isolated from Each Other", in *Darwinism: Science or Philosophy?* Ed. J. Buell and V. Hearn (Richardson, Tex.: Foundation for Thorught and Ethics, 1994), 60-71; Yockey, *Information Theory*, 246-58. En realidad, Sauer consideró funcionales secuencias que se plegaban para dar configuraciones tridimensionales estables, aunque muchas secuencias que se pliegan no son funcionales. Por tanto, sus resultados subestiman la dificultad probabilística.

[61] Behe, "Experimental Support."

[62] Axe, "Biological Function."

apropiada, se considera la necesidad de enlaces adecuados y de homoquiralidad, la probabilidad de construir una proteína funcional bastante corta por azar se hace tan pequeña (no más de 1 en 10^{125}) como para aparecer absurda bajo la hipótesis aleatoria. Como ha dicho Dawkins, "podemos aceptar cierta cantidad de suerte en nuestras explicaciones pero no demasiada"[63].

Lógicamente, la afirmación de Dawkins da por sentada una cuestión cuantitativa, a saber, "¿cómo de improbable tiene que ser un suceso, una secuencia o un sistema antes de que la hipótesis del azar pueda ser razonablemente eliminada?". Esta pregunta ha recibido hace poco una respuesta formal. William Dembski, continuando y refinando el trabajo de probabilistas anteriores como Emile Borel, ha demostrado que el azar puede ser eliminado como explicación plausible para sistemas específicos de escasa probabilidad cuando la complejidad de un suceso o secuencia específicos supera los recursos probabilísticos disponibles[64]. Dembski calcula entonces una estima conservadora del "límite de probabilidad universal" en 1 entre 10^{150}, que corresponde a los recursos probabilísticos

---

[63]Dawkins, *Blind Watchmaker,* 54, 139.
[64] Dembski, *Design Inference*, 175-223; E. Borel, *Probabilities and Life*, trans. M. Baudin (New York: Dover, 1962), 28. El umbral de probabilidad universal de Dembski refleja en realidad los recursos de "especificidad", no los recursos probabilisticos del universo. El cálculo de Dembski determina el número de especificaciones posibles en el tiempo finito. Sin embargo, tiene el efecto de limitar los "recursos probabilisticos" disponibles para explicar el origen de cualquier suceso específico de baja probabilidad. Dado que los sistemas vivos son precisamente sistemas específicos de baja probabilidad, el umbral de probabilidad universal limita efectivamente los recursos probabilisticos disponibles para explicar el origen de la información biológica específica.

del universo conocido. Este número proporciona la base teórica para excluir las apelaciones al azar como la mejor explicación de sucesos específicos de probabilidad menos que ½ x 10^{150}. Así, Dembski contesta la pregunta de cuanta suerte –para un caso dado- puede invocarse como explicación.

De manera significativa, la improbabilidad de construir y secuenciar incluso una proteína funcional corta se acerca a este límite de probabilidad universal –el punto en el que las apelaciones al azar se convierten en absurdas dados los "recursos probabilísticos" del todo el universo[65]. Además, haciendo el mismo tipo de cálculo para proteínas moderadamente largas lleva estas mediciones bastante más allá del límite. Por ejemplo, la probabilidad de generar una proteína de solo 150 aminoácidos de longitud (utilizando el mismo método que antes) es menos de 1 en 10^{180}, bastante más allá de las estimas más conservadoras del límite de probabilidad, dada la edad multimillonaria de

---

[65] Dembski, *Design Inference*, 175-223. Los experimentos de mutagénesis por inserción de un casete se han realizado habitualmente en proteínas de aproximadamente 100 aminoácidos de longitud. Sin embargo, las extrapolaciones de estos resultados pueden generar estimas razonables de la improbabilidad de moléculas de proteínas más largas. Por ejemplo, los resultados de Sauer sobre el represor lambda de proteínas y el represor arc sugieren que, en promedio, la probabilidad de cada sitio para encontrar un aminoácido que mantenga la secuencia funcional (o, más exactamente, que produzca plegamiento) es menor que 1 de 4 (1 en 4,4). La multiplicación de ¼ por sí mismo 150 veces (para una proteína de 150 aminoácidos de largo) da una probabilidad de aproximadamente 1 en 10^{91}. Para una proteína de esa longitud, la probabilidad de lograr tanto la homoquiralidad como los enlaces peptídicos exclusivos es también aproximadamente 1 en 10^{91}. Por lo tanto, la probabilidad de lograr todas las condiciones de función necesarias para una proteína de 150 aminoácidos de longitud excede de 1 en 10^{180}.

nuestro universo[66]. Así, supuesta la complejidad de las proteínas, es extremadamente imposible que una búsqueda aleatoria en el espacio de secuencias de aminoácidos posibles, desde el punto de vista combinatorio, pudiera generar incluso una proteína funcional relativamente corta en el tiempo disponible desde el comienzo del universo (pero ni mucho menos la edad de la tierra). Por el contrario, para tener una posibilidad razonable de encontrar una proteína funcional corta en una búsqueda al azar del espacio combinatorio requeriría enormemente más tiempo del que permiten la geología o la cosmología.

Cálculos más realistas (que tienen en cuenta la presencia probable de aminoácidos no proteicos, la necesidad de proteínas más largas para realizar funciones específicas como la polimerización, y la necesidad de cientos de proteínas trabajando en coordinación para producir una célula funcional) solo aumentan estas improbabilidades, incluso más allá de lo computable. Por ejemplo, recientes trabajos experimentales y teóricos sobre la denominada complejidad mínima requerida para mantener el organismo viviente más simple posible sugieren un límite inferior de entre 250 y 400 genes y sus correspondientes proteínas[67]. El espacio de secuencias de nucleótidos correspondiente a tal sistema de proteínas excede de $4^{300,000}$. La

---

[66] Dembski, *Design Inference*, 67-91, 175-214; Borel, *Probabilities*, 28.
[67] E. Pennisi, "Seeking Life's Bare Genetic Necessities," *Science 272* (1996): 1098-99; A. Mushegian and E. Koonin, "A Minimal Gene Set for Cellular Life Derived by Comparison of Complete Bacterial Genomes," *Proceedings of the N ational Academy of Sciences, USA* 93 (1996): 10268-73; C. Bult et al., "Complete Genome Sequence of the Methanogenic Archaeon, *Methanococcus jannaschi*," *Science* 273 (1996): 1058-72.

improbabilidad que corresponde a esta medida de complejidad molecular de nuevo excede enormemente el 1 entre 10^{150} y por tanto los "recursos probabilísticos" de todo el universo[68]. Cuando se considera todo el complemento de biomoléculas funcionales requerida para mantener la mínima función celular y la vitalidad, puede verse porqué las teorías sobre el origen de la vida basadas en el azar han sido abandonadas. Lo que Mora dijo en 1963 todavía se mantiene:

> "las consideraciones estadísticas, la probabilidad, la complejidad, etc, seguidas hasta sus implicaciones lógicas sugieren que el origen y continuación de la vida no está controlado por tales principios. Admitir esto significa utilizar un período de tiempo prácticamente infinito para obtener el resultado derivado. Sin embargo, utilizando esta lógica, podemos probar cualquier cosa"[69].

Aunque la probabilidad de construir solo por azar una biomolécula o una célula operativa es enormemente pequeña, es importante enfatizar que los científicos no han rechazado genéricamente la hipótesis aleatoria meramente debido a la enorme improbabilidad asociada a estos sucesos. Toda mano de cartas o todo dado echado a rodar representará un suceso altamente improbable. Los observadores atribuyen a menudo con justificación tales eventos tan solo al azar. Lo que justifica la eliminación del

---

[68] Dembski, *Design Inference,* 67-91, 175-223,209-10.
[69] P. T. Mora, "Urge and Molecular Biology," *Nature* 199 (1963): 212-19.

azar no es solo la ocurrencia de un suceso altamente improbable sino también la ocurrencia de un suceso improbable que solo se conforma a un patrón discernible (es decir, a un patrón condicionalmente independiente; véase parte I, sección E). Si alguien echa a rodar repetidas veces dos dados y resulta la secuencia 9, 4, 11, 2, 6, 8, 5, 12, 9, 2, 6, 8, 9, 3, 7, 10, 11, 4, 8, y 4 nadie sospechará nada salvo la interacción de fuerzas aleatorias aunque esta secuencia representa un suceso muy improbable dado el número de combinaciones posibles que corresponden a una secuencia de esta longitud. Sin embargo, sacar 20 sietes consecutivos (y con toda seguridad 200) despertará con toda justicia la sospecha de que algo más que el azar está actuando. Los estadísticos han empleado desde hace tiempo un método para determinar cuándo eliminar la hipótesis aleatoria; el método requiere un patrón especificado con antelación o "región de rechazo"[70]. En el ejemplo anterior del dado, puede especificarse previamente que la sucesión de sietes repetidos es tal patrón, a fin de detectar el empleo de un dado trucado. Dembski ha generalizado este método para demostrar como la presencia de cualquier patrón condicionalmente independiente, tanto si es temporalmente previo a la observación del suceso como si no, puede ayudar (en conjunción con un suceso de probabilidad pequeña) a justificar el rechazo de la hipótesis aleatoria[71].

Los investigadores del origen de la vida han empleado tácitamente –y a veces de manera explícita- este modo de razonamiento estadístico para justificar la eliminación de

---

[70] I. Hacking, *The Logic of Statistical Inference* (Cambridge: Cambridge University Press, 1965), 74-75.
[71] Dembski, Design Inference, 47-55.

situaciones que dependen fuertemente del azar. Por ejemplo, Christian de Duve ha explicitado esta lógica para explicar por qué el azar falla como explicación del origen de la vida:

> "un suceso simple, raro y altamente improbable es concebible que suceda. Muchos sucesos altamente improbables – como sacar el número premiado de la lotería o la distribución de buenas cartas en una mano de "bridge" suceden todo el tiempo. Pero una sucesión de eventos improbables - sacar el mismo número de la lotería dos veces o la misma mano de "bridge" dos veces en una mano—no suceden de manera natural"[72].

De Duve y otros investigadores del origen de la vida han reconocido hace tiempo que la célula representa no solo un sistema altamente improbable sino también un sistema funcionalmente específico. Por esta razón, a mediados de los años 60, la mayoría de los investigadores habían eliminado el azar como explicación plausible del origen de la información específica necesaria para construir una célula[73]. En cambio muchos han buscado otros tipos de explicación naturalista.

C. Selección natural prebiótica: una contradicción en los términos.

---

[72] C. de Duve, "The Beginnings of Life on Earth," *American Scientist* 83 (1995): 437.
[73] Quastler, *Emergence,* 7.

Lógicamente, muchas de las primeras teorías de la evolución química no descansaban exclusivamente en el azar como mecanismo causal. Por ejemplo, la teoría original de la abiogénesis evolutiva de Oparin, publicada por vez primera en los años 20 y 30, invocaba la selección natural prebiótica como complemento de las interacciones del azar. La teoría de Oparin preveía una serie de reacciones químicas que él creía que podían lograr que una célula compleja se construyera a sí misma, gradualmente y de modo naturalista, a base de precursores químicos simples.

En la primera fase de la evolución química, Oparin propuso que los gases simples como el amonio (NH_3), el metano (CH_4), el vapor de agua (H_2O), el dióxido de carbono (CO_2) y el hidrógeno (H_2) habrían existido en contacto con los océanos primitivos y con compuestos metálicos surgidos del núcleo terrestre[74]. Con ayuda de la radiación ultravioleta del sol, las reacciones subsiguientes habrían producido compuestos hidrocarbonatos ricos en energía. Sucesivamente, ellos se habrían combinado y recombinado con varios compuestos para dar lugar a aminoácidos, azúcares y otros "bloques de construcción" de moléculas complejas, como son las proteínas necesarias para las células vivientes. Estos componentes se habrían ordenado finalmente a sí mismos por azar para dar sistemas metabólicos primitivos dentro de recintos cerrados similares a las células que Oparin denominó coacervados. Oparin propuso una especie de competición darwiniana por la supervivencia entre estos coacervados. Aquellos que, por azar, desarrollaran moléculas y procesos

---

[74] Oparin, *Origin of Life,* 64-103; Meyer, *Of Clues,* 174-79, 194-98, 211-12.

metabólicos crecientemente complejos habrían sobrevivido para crecer más compleja y eficientemente. Aquellos que no lo hicieran se habrían disuelto[75]. Así, Oparin invocó la supervivencia diferencial o selección natural como el mecanismo por el que se preservan sucesos crecientemente complejos, ayudando presuntamente así a vencer los problemas que suscitaban las hipótesis puramente aleatorias.

Los desarrollos de la biología molecular durante los años 50 arrojaron dudas sobre la perspectiva prevista por Oparin. Originalmente, Oparin invocaba a la selección natural para explicar como las células refinaban el metabolismo primitivo una vez que habían surgido. Su escenario descansaba de modo contundente en el azar para explicar la formación inicial de los constituyentes biomacromoleculares de los que dependería incluso el metabolismo celular primitivo. El descubrimiento durante los años 50 de la complejidad extrema de tales moléculas socavó lo plausible de esta pretensión. Por esta y otras razones, Oparin publicó una versión revisada de su teoría en 1968, que concebía para la selección natural un papel anterior en el proceso de abiogénesis. Su nueva teoría afirmaba que la selección natural actuaba sobre polímeros aleatorios a medida que estos se formaban y cambiaban dentro de las coacervados protocelulares[76]. A medida que se acumulaban moléculas más complejas y eficientes, habrían sobrevivido y se habrían reproducido de modo más prolífico.

---

[75] Oparin, *Origin of Life,* 107-8, 133-35, 148-59, 195-96.
[76] Oparin, *Genesis,* 146-47.

Incluso así, el concepto opariniano de la selección natural *prebiótica* actuando sobre biomacromoléculas inicialmente inespecíficas siguió siendo problemático. En primer lugar, parecía presuponer un mecanismo preexistente de autorreplicación. Sin embargo, la autorreplicación en todas las células existentes depende de proteínas y ácidos nucleicos funcionales y, por tanto, (en alto grado) de secuencia específica. No obstante, el origen de la especificidad de estas moléculas es precisamente lo que Oparin necesitaba explicar. Como afirmó Christian de Duve, las teorías de la selección natural prebiótica "necesitan una información que implica presuponer lo que primeramente debiera ser explicado"[77]. Oparin intentó obviar el problema afirmando que los primeros polímeros no necesitaban ser altamente específicos en su secuencia. Pero esta afirmación suscitó dudas acerca de si un mecanismo preciso de autorreplicación (y en consecuencia la selección natural) pudiera funcionar en absoluto. La perspectiva tardía de Oparin no consideraba un fenómeno denominado error o catástrofe, en el que pequeños errores, o desviaciones de las secuencias funcionalmente necesarias, son rápidamente amplificados en replicaciones sucesivas[78].

Así, la necesidad de explicar el origen de la información específica originó para Oparin un dilema intratable. Por un lado, si invocaba la selección natural al final de su modelo, necesitaría basarse en el puro azar para producir las

---

[77] C. de Duve, *Blueprint for a Cell: The Nature and Origin of Life* (Burlington, N.C.: Neil Patterson, 1991), 187.
[78] G. Joyce and 1. Orgel, "Prospects for Understanding the Origin of the RNA World," in *RNA World,* ed. R. F. Gesteland and J. J. Atkins (Cold Spring Harbor, N.Y.: Cold Spring Harbor Laboratory Press, 1993), 1-25, esp. 8-13.

biomoléculas altamente complejas y específicas necesarias para la autorreplicación. Por otro lado, si Oparin invocaba la selección natural al principio del proceso de evolución química, antes de que la especificidad funcional de las biomacromoléculas aparecieran, no podría explicar como podría funcionar la selección natural prebiótica (dada la existencia del fenómeno error-catástrofe). La selección natural presupone un sistema autorreplicativo pero la autorreplicación necesita proteínas y ácidos nucleicos (o moléculas de complejidad parecida) en funcionamiento, las mismas entidades que Oparin necesitaba explicar. Por eso, Dobzhansky insistió en que "la selección natural prebiológica es una contradicción en los términos"[79].

Aunque algunos rechazaron la hipótesis de la selección natural preobiótica como autojustificativa, otros la desecharon por indistinguible respecto de la implausible hipótesis basada en el azar[80]. La obra del matemático John von Neumann apoyaba esta opinión. Durante los años 60, von Neumann demostró que todo sistema capaz de autorreplicarse requeriría subsistemas que fueran funcionalmente equivalentes a los sistemas de almacenamiento, reinformación, replicación y procesado de las células existentes[81]. Sus cálculos establecieron un

---

[79] T. Dobzhansky, "Discussion of G. Schramm's Paper," in *The Origins of prebiological Systems and of Their Molecular Matrices,* ed. S. W. Fox (New York: Academic Press, 1965),310; H. H. Pattee, "The Problem of Biological Hierarchy," in *Toward a Theoretical Biology,* ed. C. H. Waddington, vol. 3 (Edinburgh: Edinburgh University Press, 1970), 123.
[80] P. T. Mora, "The Folly of Probability," in Fox, *Origins,* 311-12; 1. V. Bertalanffy, *Robots, Men and Minds* (New York: George Braziller, 1967), 82.
[81] J. Von Neumann, *Theory of Self-reproducing Automata,* completed and edited by A. Berks (Urbana: University of Illinois Press,

umbral mínimo muy alto para la función biológica, del mismo modo que haría más tarde el trabajo experimental[82]. Estos requerimientos de complejidad mínima plantean una dificultad fundamental para la selección natural. La selección natural selecciona ventajas funcionales. Por tanto, no puede jugar ningún papel hasta que las variaciones aleatorias produzcan algún ordenamiento biológicamente ventajoso de importancia. Sin embargo, los cálculos de von Neumann y otros similares de Wigner, Landsberg y Morowitz demostraron que con toda probabilidad las fluctuaciones aleatorias de moléculas no producirían la complejidad mínima necesaria para un sistema de replicación primitivo[83]. Como hemos señalado anteriormente, la improbabilidad de desarrollar un sistema de replicación funcionalmente integrado excede enormemente la de desarrollar los componentes proteicos o de ADN de estos sistemas. Dada la gigantesca improbabilidad y el elevado umbral funcional que implica, muchos investigadores de origen de la vida han acabado considerando la selección natural prebiótica inadecuada y esencialmente indistinguible de las invocaciones al azar.

Sin embargo, durante los años 80, Richard Dawkins y Bernd-Olaf Kuppers intentaron resucitar la selección

---

1966).

[82] Pennisi, "Seeking"; Mushegian and Koonin, "Minimal Gene Set"; Bult et al., "Complete Genome Sequence."

[83] E. Wigner, "The Probability of the Existence of a Self-reproducing Unit," in *The Logic of Personal Knowledge,* ed. E. Shils (London: Kegan and Paul, 1961),231-35; P. T. Landsberg, "Does Quantum Mechanics Exclude Life?" *Nature* 203 (1964): 928-30; H. J. Morowitz, "The Minimum Size of the Cell," in *Principles of Biomolecular Organization,* ed. M. O'Connor and G. E. W. Wolstenholme (London: J. A. Churchill, 1966),446-59; Morowitz, *Energy Flow, 10-11.*

natural prebiótica como explicación del origen de la información biológica[84]. Ambos aceptan la inutilidad de las simples apelaciones al azar e invocan lo que Kuppers denomina "principio darwiniano de optimización". Los dos utilizan ordenadores para demostrar la eficacia de la selección natural prebiótica. Los dos seleccionan una determinada secuencia para representar el polímero funcional deseado. Después de crear un montón de secuencias aleatorias y generar variaciones entre ellas al azar, sus ordenadores seleccionan aquellas secuencias que con mayor coincidencia respecto de la secuencia elegida. Luego el ordenador amplifica la producción de secuencias semejantes, elimina las demás (para seleccionar la reproducción diferencial) y repite el proceso. Como dice Kuppers, "toda secuencia mutante que se aproxima un poco más a la secuencia significativa o de referencia... tendrá permiso para reproducirse más rápidamente"[85]. En este caso, después de tan solo treinta y cinco generaciones, su ordenador tuvo éxito en deletrear la secuencia de referencia: "NATURAL SELECTION".

Pese a los superficiales e impresionantes resultados, tales "simulaciones" ocultan un fallo obvio: las moléculas in situ no tienen "en mente" una secuencia de referencia. Tampoco conferirán ventaja selectiva alguna a una célula, para reproducirse diferencialmente, hasta que se combinen en un ordenamiento funcionalmente ventajoso. Por tanto, nada en la naturaleza se corresponde con el papel que el ordenador desempeña al seleccionar secuencias funcionalmente no ventajosas que concuerdan "un poco

---

[84] Dawkins, *Blind Watchmaker,* 47-49; Kuppers, "On the Prior Probability."
[85] Kuppers, "On the Prior Probability," 366.

mejor" que otras con la secuencia de referencia. La secuencia NORMAL ELECTION puede concordar más con NATURAL SELECTION que con MISTRESS DEFECTION pero ninguna de las dos tiene ventaja sobre la otra para intentar comunicar nada de NATURAL SELECTION. Si este es el objetivo, ambas son igualmente incapaces. Lo que es más importante, un polipéptido completamente no funcional no conferiría ventaja selectiva a una hipotética protocélula, incluso si su secuencia coincidiera con una proteína de referencia inexistente "un poco más" que otro péptido no funcional.

Los resultados de sus simulaciones, publicados por Kuppers y Dawkins, muestran las primeras generaciones de variaciones de frases inundadas de un galimatías no funcional[86]. En la simulación de Dawkins no aparece una sola palabra inglesa funcional hasta después de la décima iteración (a diferencia del ejemplo anterior, más generoso, que comienza con auténticas aunque incorrectas palabras). No obstante, distinguir por su función entre secuencias que no tienen función es totalmente irreal. Tales distinciones solo pueden hacerse si se permite considerar la proximidad a una posible función futura, pero esto requiere de una previsión que la selección natural no tiene. Un ordenador programado por un ser humano puede realizar esa función. Pretender que las moléculas pueden hacer lo mismo personifica, de manera ilícita, a la naturaleza. Por tanto, si estas simulaciones por ordenador demuestran algo, prueban sutilmente la necesidad de agentes inteligentes que elijan alguna opción y excluyan a otras, es decir: que creen información.

---

[86] Dawkins, *Blind Watchmaker,* 47-49; P. Nelson, "Anatomy of a Still-Born Analogy," *Origins and Design* 17 (3) (1996): 12.

D. Los escenarios auto-organizativos.

Debido a las dificultades de las teorías basadas en el azar, incluidas también aquellas que se basan en la selección natural prebiótica, la mayoría de los teóricos del origen de la vida después de mediados de los 60 intentaron abordar el problema del origen de la información biológica de una manera totalmente diferente. Los investigadores comenzaron a buscar leyes de autoorganización y propiedades de atracción química que pudieran explicar el origen de la información especificada en el ADN y las proteínas. Más que el azar, tales teorías invocaban necesidad. Si ni el azar ni la selección natural prebiótica actuante sobre el azar explica el origen de la información biológica específica, entonces aquellos comprometidos con el descubrimiento de una explicación naturalista del origen de la vida deben basarse necesariamente en la necesidad física o química. Dado un número limitado de categorías explicativas, lo inadecuado del azar (con o sin selección natural prebiótica) ha dejado solo una opción en la mente de muchos investigadores. Christian de Duve articula la siguiente lógica:

> "una cadena de sucesos improbables –extraer dos veces el mismo número de la lotería o la misma mano de "bridge" dos veces sucesivas- no ocurren de manera natural. Todo lo cual me lleva a concluir que la vida es una manifestación obligatoria de importancia, destinada a suceder cuando las condiciones son las apropiadas"[87].

---

[87] de Duve, "Beginnings of Life, " 437.

Cuando los biólogos del origen de la vida comenzaron a considerar la perspectiva autoorganizativa que describe de Duve, varios investigadores propusieron que fuerzas deterministas ("necesidad" estereoquímica) hicieron el origen de la vida no solo probable sino inevitable. Algunos sugirieron que los reactivos químicos simples poseían "propiedades autoorganizativas" capaces de ordenar las partes constitutivas de las proteínas, del ADN, y el ARN en el orden específico que tienen[88]. Por ejemplo, Steinman y Cole sugirieron que ciertas afinidades de enlace diferencial o fuerzas de atracción química entre determinados aminoácidos pudieran explicar el origen de la especificidad de secuencia de las proteínas[89]. Del mismo modo que las fuerzas electrostáticas unen los iones sodio (Na^+) y cloruro (Cl^-) en los patrones altamente ordenados del cristal de sal $(NaCl)$, así también aminoácidos con ciertas afinidades especiales por otros aminoácidos podrían ordenarse a si mismos para formar proteínas. En 1969, Kenyon y Steinman desarrollaron la idea en un libro titulado *Predestinación Bioquímica*. Ellos aducían que la vida puede haber estado "bioquímicamente predestinada" debido a las propiedades de atracción existentes entre sus elementos químicos constitutivos, especialmente entre aminoácidos y proteínas[90].

---

[88] Morowitz, Energy Flaw, 5-12.

[89] G. Steinman and M. N. Cole, "Synthesis of Biologically Pertinent Peptides Under Possible Primordial Conditions," *Proceedings of the National Academy of Sciences, USA* 58 (1967): 735-41; G. Steinman, "Sequence Generation in Prebiological peptide Synthesis," *Archives af Biochemistry and Biophysics* 121 (1967): 533-39; R. A. Kok, J. A. Taylor, and W. L. Bradley, "A Statistical Examination of Self-Ordering of Amino Acids in Proteins," *Origins of Life and Evolution of the Biosphere* 18 (1988): 135-42.

[90] Kenyon and Steinman, *Biachemical Predestinatian.* 199-211,

En 1977, Prigogine y Nicolis propusieron otra teoría de la autoorganización basada en la caracterización termodinámica de los organismos vivos. En *la autoorganización en los sistemas no equilibrados*, Prigogine y Nicolis clasificaron los organismos vivos como abiertos, es decir, sistemas no equilibrados capaces de "disipar" grandes cantidades de energía y materia en el medio ambiente[91]. Observaron que los sistemas abiertos muy alejados del equilibrio muestran a menudo tendencias autoorganizativas. Por ejemplo, la energía gravitacional produce vórtices altamente ordenados al desaguar la cañería; la energía térmica que fluye a través de una barra caliente generará corrientes de convección diferenciadas o "actividad de onda espiral". Prigogine y Nicolis adujeron que las estructuras organizadas observadas en los sistemas vivos pudieran haberse "auto-originado" de una manera similar con la ayuda de una fuente de energía. En esencia, admitían la improbabilidad de elementos de construcción sencillos ordenándose a si mismos en estructuras altamente ordenadas bajo condiciones normales de equilibrio. Pero sugerían que, en condiciones de desequilibrio, los bloques bioquímicos de construcción pudieran ordenarse a si mismos dentro de patrones altamente ordenados.

Más recientemente, Kauffman y de Duve han propuesto teorías autoorganizativas con algo menos de especificidad, por lo menos en relación con el problema del origen de la información genética específica[92]. Kauffman invoca las

---

263-66.
[91] I. Prigogine and G. Nicolis, *Self-Organizatian in NanEquilibrium Systems* (New York: John Wiley, 1977), 339-53, 429-47.
[92] Kauffman, *Origins of Order*, 285-341; de Duve, "Beginnings of Life"; C. de Duve, *Vital Dust: Life as a Cosmic Imperative* (New

denominadas propiedades autocatalíticas para generar el metabolismo directamente a partir de moléculas sencillas. Él concibe que tal autocatálisis ocurrió una vez se habían formado configuraciones de moléculas muy especiales dentro de una rica "minestrone química". De Duve concibe también primero la emergencia de un protometabolismo y luego la información genética como subproducto ("byproduct", N. del T.) de la simple actividad metabólica.

E. Orden contra información.

Para muchos científicos del origen de la vida actuales, los modelos autoorganizativos parecen representar ahora el enfoque más prometedor para explicar el origen de la información biológica específica. Sin embargo, los críticos han planteado la cuestión tanto de la plausabilidad como de la relevancia de los modelos autoorganizativos. Irónicamente, un distinguido y precoz abogado de la autoorganización, Dean Kenyon, ha repudiado de manera explícita tales teorías tanto por ser incompatibles con los hallazgos experimentales como teóricamente inconsistentes[93].

En primer lugar, los estudios empíricos han demostrado que algunas afinidades diferenciales existen entre varios

---

York: Basic Books, 1995).

[93] C. Thaxton, W. Bradley, and R. Olsen, *The Mystery af Life's Origin: Reassessing Current Theories* (Dallas: Lewis and Stanley, 1992), v-viii; D. Kenyon and G. Mills, "The RNA World: A Critique," *Origins and Design* 17, no. 1 (1996): 9-16; D. Kenyon and P. W. Davis, *Of Pandas and People: The Central Question af Biological Origins* (Dallas: Haughton, 1993); S. C. Meyer, "A Scopes Trial for the '90's," *Wall Street Journal,* 6 Dec. 1993; Kok et al., "Statistical Examination."

aminoácidos (es decir, ciertos aminoácidos tienen mayor facilidad para formar enlaces con unos aminoácidos que con otros)[94]. Sin embargo, tales diferencias no correlacionan con secuencias reales en las grandes clases de proteínas conocidas[95]. En pocas palabras, las diferencias en cuanto a afinidad química no explican la multiplicidad de secuencias de aminoácidos existentes en proteínas que se dan en la naturaleza o el ordenamiento secuencial de aminoácidos en una proteína particular.

En el caso del ADN, esta cuestión puede observarse de manera más drástica. La figura 2 muestra que la estructura del ADN depende de varios enlaces químicos. Por ejemplo, hay enlaces entre el azúcar y las moléculas de fosfato que forman los dos esqueletos contorsionados de la molécula de ADN. Hay enlaces que fijan las bases (los nucleótidos) al esqueleto de azúcar-fosfato a cada lado de la molécula. Hay también enlaces de hidrógeno horizontales a lo largo de la molécula entre las bases de nucleótidos, originando así las denominadas bases complementarias. Los enlaces de hidrógeno individualmente débiles, que en su conjunto mantienen juntas las dos copias complementarias de ADN, hacen posible la replicación de las instrucciones genéticas. Sin embargo, es importante notar que no hay enlaces químicos entre las bases a lo largo del eje longitudinal en el centro de la hélice. Sin embargo, es precisamente a lo largo de este eje de la molécula de ADN donde se almacena la información genética.

---

[94] Steinman and Cole, "Synthesis"; Steinman, "Sequence Generation."

[95] Kok et al., "Statistical Examination"; B.J. Strait and G. T. Dewey, "The Shannon Information Entropy of Biologically Pertinent Peptides," *Biaphysical Journal* 71: 148-155.

Además, del mismo modo que letras magnéticas pueden ordenarse y reordenarse de cualquier manera sobre la superficie de un metal para formar varias secuencias, así también cada una de las cuatro bases –A, T, G y C- se unen a cualquier posición del esqueleto de ADN con igual facilidad, haciendo todas las secuencias igualmente probables (o improbables). En realidad, no hay afinidades diferenciales significativas entre ninguna de las cuatro bases para unirse a las posiciones del esqueleto de azúcar-fosfato. El mismo tipo de enlace N-glicosídico sucede entre base y esqueleto independientemente de la base de que se trate. Las cuatro bases son admitidas; ninguna es favorecida químicamente. Como ha notado Kuppers, "las propiedades de los ácidos nucleicos indican que todos los patrones nucleotídicos combinatoriamente posibles del ADN son, desde un punto de vista químico, equivalentes"[96]. Así, las afinidades de enlace "autoorganizativas" no pueden explicar los ordenamientos secuencialmente específicos de las bases de nucleótidos del ADN porque (1) no hay enlaces entre las bases a lo largo del eje molecular que contiene la información y (2) no hay afinidades diferenciales entre el esqueleto y las bases específicas que pudieran explicar las variaciones de secuencia. Debido a que esto mismo es válido para las moléculas de ARN, los investigadores que especulan que la vida comenzó en un mundo de ARN no han podido resolver el problema de la especificidad de la secuencia – es decir, el problema de explicar como la información de las moléculas funcionales de ARN pudo surgir por vez primera.

---

[96] Kuppers, "On the Prior Probability," 64.

Para los que quieren explicar el origen de la vida como resultado de propiedades de autoorganización intrínsecas de los materiales que constituyen los sistemas vivientes, estos hechos bastante elementales de la biología molecular tienen implicaciones decisivas. El lugar más obvio para buscar propiedades de autoorganización para explicar el origen de la información genética son las partes constituyentes de las moléculas que llevan la información. Pero la bioquímica y la biología molecular dejan claro que las fuerzas de atracción entre los componentes de ADN, ARN y proteínas no explican la especificidad de secuencia de estas grandes moléculas transportadoras de información.

Las propiedades de los monómeros que constituyen los ácidos nucleicos y las proteínas sencillamente no dan lugar de manera inevitable a un gen en concreto y mucho menos la vida tal y como la conocemos. (Sabemos esto además de por las razones ya explicadas por las muchas variantes de polipéptidos y secuencias de genes que existen en la naturaleza y por los que han sido sintetizados en el laboratorio). Sin embargo si los escenarios para el origen de la información biológica tuvieran algún significado teórico, deberían de afirmar justo lo contrario. Y esta afirmación se hace a menudo aunque de manera no muy específica. Como ha dicho de Duve "los procesos que generaron la vida" fueron "altamente deterministas", haciendo "inevitable" la vida tal y como la conocemos dadas "las condiciones que existieron en la tierra prebiótica"[97]. Sin embargo, imagínense las condiciones prebióticas más favorables. Imagínese un charco con las cuatro bases del ADN y todos los azúcares y fosfatos

---

[97] de Duve, "Beginnings of Life, " 437.

necesarios; ¿surgiría cualquier secuencia genética de manera inevitable? Dados los monómeros necesarios, ¿surgiría inevitablemente cualquier proteína o gen funcional, no digamos ya un código genético específico, sistema de replicación o circuito de transducción de señales? Claramente no.

En la jerga de la investigación del origen de la vida, los monómeros son "bloques de construcción", y los bloques de construcción pueden ordenarse y reordenarse de innumerables maneras. Las propiedades de los bloques de piedra no determinan su propio ordenamiento en la construcción de edificios. De manera similar, las propiedades de los bloques de construcción biológicos no determinan los ordenamientos de los polímeros funcionales. En cambio, las propiedades químicas de los monómeros permiten un enorme conjunto de configuraciones posibles de los cuales una abrumadora mayoría no tienen función biológica ninguna. Dadas las propiedades de sus "bloques de construcción", los genes o las proteínas funcionales no son más inevitables de lo que lo fue, por ejemplo, el palacio de Versalles dadas las propiedades de los bloques de piedra que se usaron en su construcción. En un sentido antropomórfico, ni los ladrillos o las piedras, ni las letras de un texto escrito, ni las bases nucleotídicas "se cuidan" de como se les ordena. En cada caso, las propiedades de los constituyentes permanecen en su mayoría indiferentes a las muchas configuraciones o secuencias específicas que pueden adoptar y tampoco hacen "inevitable" ninguna estructura específica, como afirman los partidarios de la autoorganización.

De manera significativa, la teoría de la información deja claro que hay una buena razón para esto. Si las afinidades químicas entre los componentes del ADN determinan el ordenamiento de las bases, esas afinidades disminuirían drásticamente la capacidad del ADN de llevar información. Recuérdese que la clásica teoría de la información hace equivaler la reducción de incertidumbre con la transmisión de información, tanto si es específica como si es inespecífica. Por tanto la transmisión de información requiere contingencia físico-química. Como ha dicho Robert Stalnaker "el contenido [de información] requiere contingencia"[98]. Por lo tanto, si las fuerzas de la necesidad química determinan completamente el ordenamiento de los constituyentes de un sistema, ese ordenamiento no mostrará complejidad ni transmitirá información.

Considérese por ejemplo lo que sucedería si las bases nucleotídicas individuales (A, C, G y T) de la molécula de ADN *realmente* interaccionaran por necesidad *química* (a lo largo del eje portador de información del ADN). Supóngase que cada vez que la adenina (A) se diera en una secuencia genética en prolongación, atrajera a la citosina (C) hacia ella[99]. Supóngase que cada vez que la guanina (G) apareciera, le siguiera la timina (T). Si este fuera el caso, el eje longitudinal del ADN estaría salpicado de secuencias repetitivas en las que A sigue a C y T sigue a G. Antes que una molécula genética capaz de novedad

---

[98] R. Stalnaker, *Inquiry* (Cambridge: MIT Press, 1984), 85.

[99] De hecho, esto sucede cuando la adenina y la timina interaccionan químicamente dentro del apareamiento de bases *a través* del eje informativo de la molécula de ADN. Sin embargo, *a lo largo* del eje informativo, no hay enlaces químico o de afinidades diferenciales de enlace que determinen la secuencia.

virtualmente ilimitada y caracterizada por secuencias impredecibles y aperiódicas, el ADN contendría secuencias inundadas de repeticiones y redundancias – algo muy similar a los átomos de un cristal. En un cristal, las fuerzas de la atracción química mutua determinan en verdad, en un grado muy considerable, el ordenamiento secuencial de sus partes constitutivas. De aquí que las secuencias del cristal sean altamente ordenadas y repetitivas pero no complejas e informativas. Sin embargo, en el ADN, donde cualquier nucleótido puede seguir a otro, es posible una enorme ristra de nuevas secuencias, que corresponden a una multiplicidad de posibles funciones de secuencia de aminoácidos y proteínas.

Las fuerzas de la necesidad química producen redundancia (lo que significa, aproximadamente, repeticiones generadas por reglas o leyes) u orden monótono pero necesita reducir la capacidad de transmitir información y expresar novedad. Así, el químico Michael Polanyi observa:

> Supóngase que la estructura real de la molécula de ADN fuera debida al hecho de que la unión de sus bases fuera mucho más fuerte de lo que serían las uniones para cualquier otra distribución de bases, entonces tal molécula de ADN no tendría contenido de información. Su carácter similar a un código desaparecería por una redundancia abrumadora... Cualquiera que pueda ser el origen de la configuración de ADN, puede funcionar como un código solo si su orden no se debe a fuerzas de energía potencial. *Debe ser* tan físicamente indeterminado como lo es

la secuencia de palabras impresa en una página [cursiva del autor][100].

En otras palabras, si los químicos hubieran descubierto que las afinidades de enlace entre los nucleótidos del ADN producían secuencias de nucleótidos, se habrían dado cuenta de que estaban equivocados respecto a las propiedades del ADN para transmitir información. O dicho desde una perspectiva cuantitativa, en el mismo grado en que las fuerzas de atracción entre componentes de una secuencia determinan el ordenamiento de la secuencia, la capacidad de transportar información del sistema se vería disminuida o borrada por la redundancia[101]. Como ha explicado Dretske:

"cuando p(si) [la probabilidad de una condición o de un estado de hechos] se acerca a 1, la cantidad de información asociada con la ocurrencia de si tiende a 0. En el caso límite de que la probabilidad de una condición o estado de los hechos sea la unidad [p(si)−1], la ocurrencia de si ni tiene información asociada ni la genera. Esto es

---

[100] M. Polanyi, "Life's Irreducible Structure," *Science* 160 (1968): 1308-12, esp. 1309.

[101] Como se señaló en la parte I, sección D, la capacidad de cualquier símbolo para transmitir información en una secuencia tiene relación inversa con la probabilidad de su ocurrencia. La capacidad informativa de la totalidad de una secuencia es inversamente proporcional al producto de las probabilidades individuales de cada miembro de la secuencia. Ya que las afinidades químicas entre los componentes ("símbolos") incrementan la probabilidad de ocurrencia de un componente una vez dado otro, tales afinidades disminuyen la capacidad de transmitir información de un sistema en proporción a la fuerza y frecuencia relativa de tales afinidades dentro del sistema.

tan solo otra manera de decir que no se genera ninguna información mediante la ocurrencia de sucesos para los cuales no hay alternativas posibles"[102].

Las afinidades de enlace, en tanto existen, inhiben la maximización de la información porque determinan que resultados específicos seguirán a condiciones específicas con una alta probabilidad[103]. Sin embargo, la capacidad de transportar información resulta maximizada cuando se obtiene justo la situación opuesta, a saber, cuando las condiciones antecedentes permiten muchos resultados improbables.

Lógicamente, como se ha señalado en la parte I, sección D, las secuencias de bases del ADN hacen más que poseer una capacidad de transportar información (o información sintáctica), tal y como mide la teoría clásica de la información de Shannon. Estas secuencias almacenan información funcionalmente específica, es decir, son tanto específicas como complejas. Sin embargo, una secuencia no puede claramente ser tanto específica como compleja si por lo menos no es compleja. Por tanto, las fuerzas de autoorganización de la necesidad química, que generan un orden redundante y descartan la complejidad, también descartan la generación de complejidad específica (o información específica). Las afinidades químicas no generan secuencias complejas. Así, no pueden ser invocadas para explicar el origen de la información tanto si es específica como de otro tipo.

---

[102] Dretske, *Knowledge and the Flow*, 12.
[103] Yockey, "Self-Organization," 18.

Los modelos autoorganizativos, tanto los que invocan las propiedades internas de atracción química como una fuerza o fuente de energía de organización externa, se caracterizan por una tendencia a confundir las distinciones cualitativas entre "orden" y "complejidad". Esta tendencia pone en cuestión la relevancia de estos modelos del origen de la vida. Como ha aducido Yockey, la acumulación del orden químico o estructural no explica el origen de la complejidad biológica o de la información genética. Admite que la energía que fluye a través de un sistema puede producir patrones altamente ordenados. Los fuertes vientos originan tornados en espiral y los "ojos" de los huracanes; los baños termales de Prigogine provocan interesantes corrientes de convección y los elementos químicos se fusionan para formar cristales. Los teóricos de la autoorganización explican bien lo que no necesita ser explicado. Lo que en biología necesita explicación no es el origen del orden (definido como simetría o repetición) sino la información específica, las secuencias altamente complejas, aperiódicas y específicas que hacen posible la función biológica. Como advierte Yockey:

> "los intentos de relacionar la idea de orden... con la organización o especificidad biológicas deben ser considerados como un juego de palabras que no soportaría un cuidadoso examen. Las macromoléculas informativas pueden codificar mensajes genéticos y por tanto pueden llevar información porque la secuencia de bases o residuos se ve nada o muy poco afectada por factores fisicoquímicos

[autoorganizativos]"[104].

A la vista de estas dificultades, algunos teóricos de la autoorganización han afirmado que debe aguardarse al descubrimiento de nuevas leyes naturales para explicar el origen de la información biológica. Como ha dicho Manfred Eigen, "nuestra tarea es encontrar un algoritmo, una ley natural, que conduzca al origen de la información"[105]. Esta sugerencia confunde de dos maneras. En primer lugar, las leyes naturales generalmente no causan o producen fenómenos sino que los describen. Por ejemplo, la ley de la gravitación de Newton describía, pero no causaba o explicaba, la atracción entre los cuerpos celestes. En segundo lugar, las leyes describen necesariamente relaciones altamente deterministas o predecibles entre condiciones antecedentes y sucesos consecuentes. Las leyes describen patrones altamente repetitivos en los cuales la probabilidad de cada suceso consecutivo (dado el suceso previo) tiende a la unidad. Sin embargo, las secuencias de información son complejas, no repetitivas; la información se acumula a medida que las *improbabilidades* se multiplican. Así, decir que las leyes científicas pueden producir información es esencialmente una contradicción en los términos. En cambio las leyes científicas describen (casi por definición) fenómenos altamente predicativos y regulares; es decir, orden redundante, no complejidad (tanto si es específica como de otro tipo).

---

[104] H. P. Yockey, "A Calculation of the Probability of Spontaneous Biogenesis by Information Theory," *Journal of Theoretical Biology 67* (1977): 377-98, esp. 380.
[105] M. Eigen, *Steps Toward Life* (Oxford: Oxford University Press, 1992), 12.

Aunque los patrones descritos por las leyes naturales muestran un alto grado de regularidad, y así carecen de la complejidad que caracteriza los sistemas ricos en información, puede aducirse que algún día podríamos descubrir una configuración muy particular de condiciones iniciales que generara altos estados de información de manera rutinaria. Así, mientras que no podemos esperar encontrar una ley que describa una relación rica en información entre variables antecedentes y consecuentes, podríamos encontrar una ley que describiera cómo un conjunto muy particular de condiciones iniciales genera un estado de alta información. Sin embargo, incluso esta afirmación tan hipotética parece en si misma dar por sentada la cuestión del origen último de la información, ya que "un conjunto muy particular de condiciones iniciales" suena precisamente a un estado –altamente complejo y específico- rico en información. En cualquier caso, todo lo que conocemos experimentalmente sugiere que la cantidad de información específica presente en un conjunto de condiciones antecedentes necesariamente equivale o excede a la de un sistema producido a partir de esas condiciones.

F. Otras perspectivas y el desplazamiento del problema de la información.

Además de las categorías generales de explicación ya examinadas, los investigadores del origen de la vida han propuesto muchos más escenarios específicos, cada uno enfatizando bien las variaciones aleatorias (el azar), las leyes autoorganizativas (necesidad) o ambas. Algunos de estos escenarios aparentan abordar el problema de la información; otros intentan puentearlo del todo. Sin embargo, en un examen detallado incluso los escenarios que aparentan aliviar el problema del origen de la especificidad biológica únicamente trasladan el problema de lugar. Los algoritmos matemáticos pueden "resolver" el problema de la información, pero solo si los programadores proporcionan secuencias blanco informativas y seleccionan los criterios. Los experimentos de simulación pueden producir precursores y secuencias biológicamente relevantes, pero solo si los experimentadores manipulan las condiciones iniciales o seleccionan y conducen los resultados; es decir, solo si añaden información ellos mismos. Las teorías del origen de la vida pueden saltarse ("leapfrog", N. del T.) el problema de una vez, pero solo presuponiendo la presencia de información bajo alguna otra forma preexistente.

Todo tipo de modelos teóricos del origen de la vida ha sido presa de esta dificultad. Por ejemplo, en 1964, Henry Qastler, un pionero temprano de la aplicación de la teoría de la información a la biología molecular, propuso un modelo de ADN precursor para el origen de la vida. Concebía la emergencia inicial de un sistema de polinucleótidos inespecíficos capaz de una primitiva autorreplicación por medio del mecanismo de las bases complementarias. Según la explicación de Quastler, los polímeros habrían carecido inicialmente de especificidad (que él hacía equivaler a información)[106]. Solo más tarde, cuando su sistema de polinucleótidos había llegado a asociarse con un conjunto plenamente funcional de proteínas y ribosomas, habrían tomado algún significado funcional dentro del polímero las secuencias nucleotídicas específicas. A él le gustaba aquel proceso de selección aleatoria de la combinación de una cerradura, en la que

---

[106] Quastler, *Emergence,* ix.

dicha combinación solo adquiría significado funcional más tarde, una vez que ciertos cerrojos hubieran sido retirados para permitir que la combinación abriera la cerradura. Tanto en el caso biológico como en el mecánico, el contexto circundante conferiría especificidad funcional a una secuencia inicial inespecífica. Así, Quastler denominó "casualidad accidental recordada" al origen de la información contenida en los polinucleótidos.

Aunque la manera en que Quastler concebía el origen de la información biológica específica permitía realmente "que una cadena de nucleótidos se convirtiera en un sistema funcional de genes sin sufrir necesariamente ningún cambio de estructura", incurre en una dificultad primordial. No explica el origen de la complejidad y de la especificidad de un sistema de moléculas cuya asociación con la secuencia inicial confería a ésta un significado funcional. En el ejemplo de la combinación y la cerradura de Quastler, agentes conscientes eligen las condiciones de los cerrojos que hacen la combinación inicial funcionalmente significativa. Sin embargo, Quastler descartó expresamente el diseño consciente como posibilidad de explicación del origen de la vida[107]. En cambio, parecía sugerir que el origen del contexto biológico -es decir, el conjunto completo de proteínas específicas funcionales (y el sistema de traducción) necesario para crear una "asociación simbiótica" entre polinucleótidos y proteínas- surgiría por azar. Incluso ofreció algunos cálculos groseros para demostrar que el origen de tal contexto multimolecular, aunque improbable, hubiera sido lo bastante probable como para esperar que ocurriera por azar en la sopa prebiótica. Los cálculos de

---

[107] Ibid., 1,47.

Quastler parecen ahora extremadamente poco plausibles a la luz de la discusión sobre la complejidad mínima en la parte II, sección B[108]. De manera más significativa, Quastler "resolvió" el problema del origen de la especificidad compleja en los ácidos nucleicos solo transfiriendo el problema a un sistema igualmente complejo y específico de proteínas y ribosoma. En tanto que, como se admite, *cualquier* secuencia de polinucleótidos hubiera bastado inicialmente, el material subsiguiente de proteínas y ribosomas que constituye el sistema de traducción habría poseído una especificidad extrema *en relación a la secuencia polinucleotídica inicial* y en relación con cualquier requisito protocelular funcional. Así, los intentos de Quastler para puentear el problema de la especificidad de secuencia tan solo lo trasladan a algún otro sitio.

Los modelos autoorganizativos han encontrado dificultades similares. Por ejemplo, el químico J. C. Walton ha aducido (haciéndose eco de anteriores artículos de Mora) que los patrones de autoorganización que se producían en corrientes de convección como las de Prigogine no exceden la organización o información estructural representada por el aparato experimental utilizado para crear corrientes[109]. De manera similar, Maynard-Smith, Dyson y Shappiro han demostrado que el denominado modelo hipercircular de Eigen para generar información biológica demuestra en realidad cómo la información tiende a degradarse con el tiempo[110]. Los

---

[108] Yockey, *Information Theory*, 247.

[109] J. C. Walton, "Organization and the Origin of Life," *Origins* 4 (1977): 16-35.

[110] J. M. Smith, "Hypercycles and the Origin of Life," *Nature* 280 (1979): 445-46; F. Dyson, *Origins of Life* (Cambridge: Cambridge

hipercírculos de Eigen presuponen un gran aporte inicial de información bajo la forma de una larga molécula de ARN y unas cuarenta proteínas específicas y por tanto no pretende explicar el origen último de la información biológica. Además, debido a que los hipercírculos carecen de los mecanismos de corrección de errores de la autorreplicación, el mecanismo propuesto sucumbe a varios "errores y catástrofes" que en última instancia disminuyen, no aumentan, a lo largo del tiempo el contenido en información (específica) del sistema.

La teoría autoorganizativa de Stuart Kauffman también transfiere sutilmente el problema del origen de la información. En *los orígenes del orden*, Kauffman intenta saltarse el problema de la especificidad de secuencia proponiendo un medio por el cual un sistema metabólico autorreproducible pudiera emerger directamente en una sopa prebiótica o "minestrone química", a partir de un conjunto de péptidos catalíticos "de baja especificidad" y moléculas de ARN. Kauffman concibe, como dice Iris Frey, "un conjunto de polímeros catalíticos en los cuales ni una sola molécula se reproduce a sí misma, pero el sistema en su conjunto sí"[111]. Kauffman aduce que una vez que un conjunto suficientemente diverso de moléculas catalíticas se ha reunido (un conjunto en el cual los diferentes péptidos realizan suficientes funciones catalíticas diferentes) el conjunto de moléculas individuales experimentaría espontáneamente una especie de fase de transición que resultaría en un sistema metabólico autorreproducible. Así, Kauffman aduce que el

---

University Press, 1985),9-11, 35-39, 65-66, 78; Shapiro, *Origins,* *161.*
[111] Iris Fry, *The Emergence of Life on Earth* (New Brunswick, N.J.: Rutgers University Press, 2000), 158.

metabolismo puede surgir directamente sin información genética codificada en el ADN[112].

Sin embargo, la perspectiva de Kauffman no resuelve ni puentea el problema del origen de la información biológica. En cambio, o presupone la existencia de especificidad de secuencia inexplicable o transfiere tal necesidad de especificidad lejos de su vista. Kauffman afirma que un conjunto de péptidos catalíticos de baja especificidad y relativamente cortos y de moléculas de ARN bastaría para establecer conjuntamente un sistema metabólico. Él defiende la plausibilidad metabólica de este escenario sobre la base de que algunas proteínas pueden realizar funciones enzimáticas con baja especificidad y complejidad. Cita en apoyo de su afirmación proteasas como la tripsina que corta el enlace peptídico por un único sitio aminoacídico y las proteínas de la cascada de coagulación que "rompen esencialmente polipéptidos blanco sencillos"[113].

Sin embargo, el argumento de Kauffman presenta dos problemas. En primer lugar, no se sigue, ni tampoco es bioquímicamente el caso, que solo porque algunas enzimas pudieran funcionar con baja especificidad, que todos los péptidos catalíticos (o enzimas) necesarios para establecer un ciclo metabólico auto-reproductor puedan funcionar con niveles similarmente bajos de especificidad y complejidad. En cambio, la bioquímica moderna demuestra que por lo menos alguna, o probablemente muchas, de las moléculas en un sistema cerrado interdependiente del tipo que concibe Kauffman,

---

[112] Kauffman, *Origins of Order*, 285-341.
[113] Ibid., 299.

requerirían alta complejidad y proteínas específicas. La catálisis enzimática (que su modelo seguramente necesitaría) requiere invariablemente moléculas suficientemente largas (por lo menos de 50 unidades) para formar estructuras terciarias (tanto en los polinucleótidos como en los polipéptidos). Además, estos polímeros largos necesitan invariablemente geometrías tridimensionales específicas (que derivan a su vez de ordenamientos de monómeros específicos de secuencia) para catalizar las reacciones necesarias ¿Cómo adquieren estas moléculas su especificidad de secuencia? Kauffman no aborda esta cuestión porque su explicación sugiere de manera incorrecta que no necesita hacerlo.

En segundo lugar, resulta que incluso las moléculas supuestamente de baja especificidad que Kauffman cita para ilustrar la plausibilidad de su modelo, no manifiestan por sí mismas una baja especificidad y complejidad. En cambio, Kauffmann ha confundido la especificidad y complejidad de partes de los polipéptidos sobre los que las proteasas actúan con la especificidad y complejidad de las proteínas (proteasas) que realizan la función enzimática. Aunque la tripsina, por ejemplo, actúa sobre enlaces peptídicos (rompiéndolos) situados en dianas relativamente sencillas (el carboxilo terminal de dos aminoácidos diferentes, la arginina y la lisina), la tripsina por sí misma es una molécula altamente compleja y específica en su secuencia. Ciertamente, la tripsina es una proteína no repetitiva de más de 200 residuos que posee, como condición para su función, una significativa especificidad de secuencia[114]. Además, tiene que mostrar una especificidad tridimensional significativa para

---

[114] Véase Protein Databank at http://www.rcsb.org/pdb.

reconocer los aminoácidos específicos arginina y lisina – lugares por los cuales rompe los enlaces peptídicos. Al equivocarse en esta discusión sobre la especificidad, Kauffman oculta a la vista la considerable especificidad y complejidad requeridas incluso por las proteasas que cita para justificar su afirmación de que péptidos catalíticos de baja especificidad bastarían para establecer un ciclo metabólico. Así, la concepción de Kauffman propiamente comprendida (es decir, sin confundirse acerca del relevante papel de la especificidad) muestra que para que este modelo tenga una plausabilidad específica debe *presuponer* la existencia de muchos polipéptidos y polinucleótidos de alta especificidad y complejidad. ¿De donde procede la información de estas moléculas? Nuevamente, Kauffman no lo dice.

Además, Kauffman debe reconocer (como parece que hace en algunos pasajes)[115], que para que suceda la autocatálisis (para la cual no existe aún evidencia experimental), las moléculas de la "minestrone química" deben de mantenerse en una relación espacio-temporal específica unas con otras. Dicho con otras palabras, para que suceda la autocatálisis directa de complejidad metabólica integrada, un sistema de moléculas peptídicas catalíticas debe alcanzar primero una configuración molecular muy específica o bien un estado de baja entropía configuracional[116]. Sin embargo, este requisito es isomorfo respecto del requisito de que el sistema debe comenzar con una complejidad altamente específica. Así, para explicar el origen de la complejidad biológica específica en el nivel de los sistemas, Kauffman debe presuponer la existencia

---

[115] Kauffman, *Origins of Order*, 298.
[116] Thaxton, et al., *Mystery of Life's Origin*, 127-43.

de moléculas altamente complejas y específicas (es decir, ricas en información) y también de ordenamientos altamente específicos de esas moléculas en el nivel molecular. Por tanto, su trabajo –si es que tiene alguna relevancia para el comportamiento real de las moléculas- presupone o transfiere, más que explica, el origen último de la complejidad o información específica.

Otros han afirmado que el modelo basado en un mundo de ARN proporciona un enfoque prometedor al problema del origen de la vida y con él, presumiblemente, al problema del origen de la primera información genética. El mundo de ARN fue propuesto como explicación del origen de la interdependencia entre ácidos nucleicos y proteínas dentro del sistema celular de procesamiento de la información. En las células existentes, construir proteínas requiere información genética procedente del ADN, pero la información del ADN no puede ser procesada sin muchas proteínas específicas y complejos proteicos. Esto plantea un problema del tipo "qué fue antes ¿el huevo o la gallina?". El descubrimiento de que el ARN (un ácido nucleico) posee algunas limitadas propiedades catalíticas parecidas a las de las proteínas, sugirió un modo de resolver este problema. Los defensores de "primero el ARN" propusieron un estado inicial en el cual el ARN realizaba tanto las funciones enzimáticas de las proteínas modernas y la función de almacenaje de información del moderno ADN, haciendo supuestamente innecesaria la interdependencia del ADN y las proteínas en los primeros sistemas vivientes.

Sin embargo, han surgido muchas dificultades fundamentales en el modelo del mundo de ARN. En primer lugar, sintetizar (y/o mantener) numerosos bloques de construcción de las moléculas de ARN en condiciones realistas se ha demostrado difícil o imposible[117]. Además, las condiciones químicas requeridas para la síntesis de azúcares de ribosa son decididamente incompatibles con las condiciones requeridas para la síntesis de bases nucleotídicas[118]. Sin embargo, ambos son componentes necesarios del ARN. En segundo lugar, los ARN que suceden en la naturaleza poseen muy pocas de las propiedades enzimáticas específicas de las proteínas, necesarias para las células existentes. En tercer lugar, los defensores del mundo de ARN no ofrecen una explicación plausible acerca de cómo los replicadores primitivos de ARN pudieran haber evolucionado en células modernas que, para procesar la información genética y para regular el metabolismo, se basan casi exclusivamente en las proteínas[119]. En cuarto lugar, los intentos de resaltar las limitadas propiedades catalíticas de las moléculas de ARN mediante los denominados experimentos de ingeniería de ribozimas, han requerido inevitablemente una extensa manipulación del investigador, simulando así, si es que simulan algo, la necesidad de un diseño inteligente, y no la eficacia de un proceso químico evolutivo sin dirección[120].

---

[117] R. Shapiro, "Prebiotic Cytosine Synthesis: A Critical Analysis and Implications for the Origin of Life," *Proceedings of the National Academy of Sciences, USA* 96 (1999): 4396-4401; M. M. Waldrop, "Did Life Really Start Out in an RNA World?" *Science* 246 (1989): 1248-49.

[118] R. Shapiro, "Prebiotic Ribose Synthesis: A Critical Analysis," *Origins of Life and Evolution of the Biosphere* 18 (1988): 71-85; Kenyon and Mills, "RNA World."

[119] G. F. Joyce, "RNA Evolution and the Origins of Life," *Nature* 338 (1989): 217-24.

[120] A. J. Hager, J. D. Polland Jr., and J. W. Szostak, "Ribozymes: Aiming at RNA Replication and Protein Synthesis," *Chemistry and Biology 3* (1996): 717-25.

Pero lo más importante para nuestras consideraciones actuales es que la hipótesis del mundo de ARN presupone, pero no explica, el origen de la especificidad o de la información de secuencia en las originarias moléculas funcionales de ARN. Ciertamente, el modelo del mundo de ARN fue propuesto como explicación del problema de la interdependencia funcional, no del problema de la información. Incluso así, algunos defensores del mundo de ARN parecen considerar cuentear el problema de la especificidad de secuencia. Imaginan oligómeros de ARN surgiendo por azar sobre la tierra prebiótica y adquiriendo más tarde la capacidad de polimerizar copias de si mismos; es decir, de autorreplicar. En este modelo, la capacidad de autorreplicar favorecería la supervivencia de aquellas moléculas de ARN que pudieran hacerlo así y con ello a las secuencias específicas que las primeras moléculas autorreplicantes pudieran tener. Por lo tanto, las secuencias que surgieron originariamente por azar adquirirían por consiguiente la significación funcional de una "casualidad accidental recordada".

Sin embargo, al igual que en el primer modelo de Quastler, esa sugerencia tan solo esconde a la vista el problema de la especificidad. En primer lugar, para que las hebras de ARN realicen funciones enzimáticas (incluida la autorreplicación mediada enzimáticamente), deben tener, al igual que las proteínas, ordenamientos muy específicos de sus bloques constituyentes (nucleótidos, en el caso del ARN). Además, las hebras deben ser suficientemente largas para doblarse en complejas formas tridimensionales (para formar la denominada estructura terciaria). Y sin embargo, explicar como los bloques de construcción del ARN han podido ordenarse así mismos en secuencias específicas funcionales ha demostrado no ser más fácil que explicar cómo las partes constituyentes del ADN han podido hacer eso mismo, especialmente, dada la elevada posibilidad de reacciones cruzadas destructivas entre moléculas deseadas y no deseadas en cualquier sopa prebiótica realista. Como ha señalado de Duve en una crítica a la hipótesis del mundo de ARN, "unir los componentes del modo adecuado suscita nuevos problemas de tal magnitud que nadie ha intentando aún realizarlo en un contexto prebiótico"[121].

En segundo lugar, para que un catalizador de hebra sencilla de ARN autorreplique (la única función que podría seleccionarse en un ambiente prebiótico), debe encontrar en las proximidades otra molécula catalítica de ARN que funcione como molde, ya que un ARN de cadena sencilla no puede funcionar a la vez como enzima y como molde. Así, incluso si una secuencia no específica de ARN pudiera adquirir más tarde significado funcional por azar, solo podría realizar su función si otra molécula de ARN –es decir, una con secuencia altamente específica con relación al original- surgiera en la mayor proximidad de dicha molécula. Por tanto, el intento de puentear la necesidad de una secuencia específica mediante un ARN catalítico original solo cambia el problema de sitio, a saber, a una segunda secuencia de ARN necesariamente de elevada complejidad. Dicho de otro modo, además de la especificidad requerida para conferir a la primera molécula de ARN la capacidad autorreplicativa, tendría que surgir una segunda molécula de ARN con secuencia extremadamente específica y con la misma secuencia esencialmente que el original. Sin embargo, los teóricos del mundo de ARN no explican el origen del requisito de

---

[121] de Duve, *Vital Dust*, 23.

especificidad en la molécula original o en la gemela. Joyce y Orgel han calculado que para tener una probabilidad razonable de encontrar dos moléculas de ARN idénticas de una longitud suficiente como para realizar funciones enzimáticas, sería necesaria una biblioteca de ARN de unas 10^{54} moléculas de ARN[122]. La masa de tal biblioteca excede enormemente la masa de la tierra y sugiere la extrema imposibilidad del origen aleatorio de un sistema de replicación primitivo. Sin embargo, no puede invocarse la selección natural para explicar el origen de tales replicadores primitivos, ya que la selección natural solo funciona una vez que la autorreplicación ha aparecido. Además, las bases del ARN, como las bases del ADN, no manifiestan afinidades de enlace autoorganizativas que pudieran explicar su especificidad de secuencia. En pocas palabras, emergen los mismos problemas teóricos y probatorios cuando se presupone que la información genética surgió primero en la molécula de ARN o en la de ADN. El intento de saltarse el problema de la secuencia comenzando por los replicadores de ARN solo traslada el problema a las secuencias específicas que harían posible tal replicación.

III.
A. El retorno de la hipótesis del diseño.

Si los intentos de resolver el problema de la información solo lo cambian de sitio, y si ni el azar, ni la necesidad físico-química, ni la combinación de los dos explica el origen último de la información biológica específica, ¿qué lo explica? ¿Sabemos de alguna entidad que tenga los poderes causales para crear grandes cantidades de

---

[122] Joyce and Orgel, "Prospects for Understanding," 1-25, esp. 11.

---

información específica? En efecto. Como ha reconocido Henry Quastler, la "creación de nueva información está habitualmente asociada a la actividad consciente"[123].

La experiencia afirma que la complejidad específica o información (definida de aquí en adelante como complejidad *especificada*) surge de manera rutinaria de la actividad de agentes inteligentes. Un usuario de ordenadores que rastrea la información en su pantalla hasta su fuente, se introduce en la mente del ingeniero de software o programador. De manera similar, la información en un libro o en la columna de un periódico deriva en última instancia de un escritor – de una causa mental antes que estrictamente material.

Además, nuestro conocimiento acerca del flujo de información, basado en la experiencia, confirma que los sistemas con grandes cantidades de complejidad especificada o información (especialmente los códigos y el lenguaje) invariablemente se originan a partir de una fuerza inteligente –es decir, de la mente de un agente personal[124]. Además, esta generalización se mantiene no

---

[123] Quastler, *Emergence*, 16.

[124] Una posible excepción a esta generalización pudiera darse en la evolución biológica. Si el mecanismo darwiniano de la selección natural que actúa sobre las variaciones al azar puede explicar la emergencia de toda vida compleja, entonces existe un mecanismo que puede producir grandes cantidades de información –suponiendo, lógicamente, una gran cantidad de información biológica *preexistente* en un sistema vivo autorreplicante. Así, incluso si se supone que el mecanismo de selección/variación puede producir toda la información requerida por la macroevolución de la vida compleja a partir de la vida más simple, aquel mecanismo no bastará para explicar el origen de la información necesaria para producir vida a partir de agentes vivos abióticos. Como hemos visto, invocar a la selección natural *prebiótica* tan solo da por sentado el origen de la información específica. Por

solo para la información semánticamente especificada presente en los lenguajes naturales, sino también para otras formas de información o complejidad especificada tanto la presente en los códigos de máquina, como en las máquinas o en las obras de arte.

Al igual que letras en la sección de un texto con significado, las partes de un motor funcional representan una configuración altamente improbable aunque funcionalmente especificada. De igual manera, las formas altamente improbables de las rocas del Monte Rushmore se conforman a un patrón independientemente dado: los rostros de los presidentes de América conocidos por los

---

tanto, según la experiencia, podemos aseverar la generalización siguiente: "para todos los sistemas no biológicos, las grandes cantidades de complejidad o información específicas se originan tan solo a partir de una acción mental, una actividad consciente o de diseño inteligente (véase la nota 118 anterior)". En términos estrictos, la *experiencia* puede incluso afirmar una generalización de menor alcance (como que "grandes cantidades de especificidad son originadas invariablemente a partir de una fuente inteligente"), ya que la afirmación de que la selección natural, actuante sobre mutaciones aleatorias puede producir grandes cantidades de información genética de novo, depende de argumentos teóricos discutibles y de la extrapolación de observaciones de cambios microevolutivos a pequeña escala que no manifiestan grandes ganancias de información biológica. Más adelante en este volumen (en "La explosión cámbrica: el "Big Bang" de la biología"), Meyer, Ross, Nelson y Chien aducen que ni el mecanismo neo-darwiniano ni ningún otro mecanismo naturalista explica adecuadamente el origen de la información requerida para construir las nuevas proteínas y diseños corporales que aparecen en la explosión cámbrica. En todo caso, la generalización empírica más exitosa (enunciada al principio de esta nota) es suficiente para apoyar el argumento que se presenta aquí, ya que este ensayo solo busca establecer que el diseño inteligente es la mejor explicación del origen de la información específica necesaria para el origen de la vida *primigenia*.

libros y las pinturas. Así, ambos sistemas tienen una gran cantidad de complejidad especificada o información así definida. No es una coincidencia que se originaran por un diseño inteligente y no por azar y/o necesidad físico química.

Esta generalización –la de que la inteligencia es la única causa de información o complejidad especificada (por lo menos, a partir de una fuente no biológica)- ha obtenido apoyo de la investigación sobre el origen de la vida. Durante los últimos cuarenta años, todo modelo naturalista propuesto ha fracasado a la hora de explicar el origen de la información genética específica requerida para construir una célula viviente[125]. Así, mente o inteligencia, o lo que los filósofos llaman "agente causal", es ahora la única causa conocida capaz de generar grandes cantidades de información a partir de un estado abiótico[126]. Como

---

[125] K. Dose, "The Origin of Life: More Questions Than Answers," *Interdisciplinary Science Reviews* 13 (1988): 348-56; Yockey, *Information Theory,* 259-93; Thaxton et al., *Mystery,* 42-172; Thaxton and Bradley, "Information and the Origin," 193-97; Shapiro, *Origins.*

[126] Está claro que la expresión "grandes cantidades de información específica" da por sentado nuevamente otra cuestión cuantitativa, a saber, "¿cuanta complejidad o información específica tendría que tener una célula mínimamente compleja para que ello implicara diseño?". Recuérdese que Dembski calculó un valor umbral de probabilidad universal de $1/10^{150}$ que corresponde a los recursos de probabilidad y de especificidad del universo conocido. Recuérdese igualmente que la probabilidad guarda relación inversa con la información mediante una función logarítmica. Por tanto, el reducido valor umbral de probabilidad universal de $1/10^{150}$ se traduce aproximadamente en 500 bits de información. Por lo tanto, el azar solamente no constituye explicación suficiente para el origen de novo de cualquier secuencia o sistema específicos que contenga más de 500 bits de información (específica). Además, dado que los sistemas caracterizados por la

resultado, la presencia de secuencia específicas ricas en información incluso en los más simples sistemas vivientes implicaría en apariencia diseño inteligente[127].

Recientemente, un modelo teórico formal de deducción del diseño ha sido desarrollado para apoyar esta conclusión. En *La inferencia de diseño*, el matemático y probabilista teórico William Dembski señala que los agentes racionales a menudo infieren o detectan la actividad a priori de otras mentes por el tipo de efectos que dejan tras ellos. Por ejemplo, los arqueólogos suponen que agentes racionales produjeron las inscripciones en la piedra de Rosetta; los investigadores del fraude de seguros detectan ciertos "patrones de estafa" que sugieren la manipulación intencional de las circunstancias antes que los desastres "naturales"; los criptógrafos distinguen entre signos aleatorios y aquellos que llevan codificados los mensajes. El trabajo de Dembski muestra que reconocer la actividad de agentes inteligentes constituye un modo común, totalmente racional, de inferencia[128].

---

complejidad (o falta de orden redundante) desafían ser explicados mediante leyes autoorganizativas y dado que las invocaciones a la selección natural prebiótica presuponen pero no explican el origen de la información específica necesaria para un sistema autorreplicativo medianamente complejo, el diseño inteligente es la mejor explicación del origen de los más de 500 bits de información específica requerida para producir el primer sistema vivo mínimamente complejo. Así, suponiendo un punto de partida no biológico (véase la nota 116 anterior), la aparición de novo de 500 bits o más de información específica indican diseño de manera fiable.

[127] Nuevamente, esta afirmación se impone por lo menos en casos en los que las condiciones o las entidades causales que compiten no son biológicas – o donde el mecanismo de la selección natural puede ser con seguridad eliminado por ser un medio inadecuado de producir la información específica requerida.

[128] Dembski, *Design Inference, 1-35.*

Y lo que es más importante, Dembski identifica dos criterios que de manera típica permiten a los observadores humanos reconocer actividad inteligente y distinguir los efectos de tal actividad respecto de los efectos de causas estrictamente materiales. Señala que invariablemente atribuimos a causas inteligentes –al diseño-, y no al azar o a leyes físico-químicas, sistemas, secuencias o sucesos que tienen las propiedades conjuntas de "alta complejidad" (o baja probabilidad) y "especificidad" (véase parte I, sección E)[129]. Por el contrario, señala que atribuimos al azar de manera típica aquellos sucesos de probabilidad intermedia o baja que no se ajustan a patrones discernibles. Atribuimos a la necesidad sucesos altamente probables que de modo repetido suceden de manera regular de acuerdo con algo similar a una ley.

Estos patrones de inferencia reflejan nuestro conocimiento de la manera en que el mundo funciona. Por ejemplo, dado que la experiencia enseña que los sucesos o sistemas complejos y específicos surgen invariablemente de causas inteligentes, podemos inferir diseño inteligente de sucesos que muestran conjuntamente las propiedades de complejidad y especificidad. El trabajo de Dembski sugiere un proceso de evaluación comparativa para decidir entre causas naturales e inteligentes basado en las características de probabilidad o "firmas" que dejan tras ellas[130]. Este proceso de evaluación constituye, en efecto, un método científico para detectar la actividad de la inteligencia en el eco de sus efectos.

---

[129] Ibid., 1-35, 136-223.
[130] Ibid., 36-66.

Un ejemplo sencillo ilustra el método y el criterio de Dembski para la detección del diseño. Cuando los visitantes entran por primera vez desde el mar en el puerto de Victoria en Canadá, se percatan de una colina repleta de flores rojas y amarillas. A medida que se acercan, reflexivamente y de manera correcta, infieren diseño ¿porqué? Los observadores reconocen rápidamente un complejo o patrón específico, un ordenamiento de flores que deletrea "bienvenido a Victoria". Infieren la actividad pretérita de una causa inteligente –en este caso, el cuidadoso plan de los jardineros. Si las flores hubieran sido sembradas de cualquier modo de manera que se resistieran al reconocimiento de cualquier patrón, los observadores hubieran atribuido el ordenamiento al azar de manera justificada –por ejemplo, a las ráfagas de viento esparciendo la semilla. Si los colores estuvieran separados por la elevación, el patrón podría explicarse por alguna necesidad natural, como la necesidad de algún medio ambiente o suelo particular para ciertos tipos de plantas. Pero dado que el ordenamiento muestra tanto complejidad (el ordenamiento específico es altamente improbable dado el espacio de ordenamientos posibles) como especificidad (el patrón de las flores se ajusta a los requisitos independientes de la gramática y del vocabulario ingleses), los observadores infieren naturalmente diseño. Como resultado, estos dos criterios son equivalentes (o isomórficos, véase parte I, sección E) a la noción de información tal y como se usa en la biología molecular. Así, la teoría de Dembski, cuando se aplica a la biología molecular, implica que el diseño inteligente jugó un papel en el origen de la información biológica (específica).

El cálculo lógico que subyace a esta inferencia sigue un método válido y bien establecido que se usa en todas las ciencias forenses e históricas. En las ciencias de la historia, el conocimiento de las inferencias actuales, potencias causales de varias entidades y procesos permite a los científicos hacer inferencias acerca de las causas posibles en el pasado. Cuando un estudio minucioso de varias causas posibles produce solo una sola causa adecuada para un efecto dado, los científicos forenses o históricos pueden hacer inferencias definitivas acerca del pasado[131].

La superficie de Marte, por ejemplo, muestra erosiones – zanjas y canales- que recuerdan a los producidos en la Tierra con el movimiento del agua. Aunque en el momento presente Marte no tiene en su superficie agua líquida, algunos científicos infieren que Marte tuvo en el pasado una cantidad significativa de agua en su superficie. ¿Por qué? Los geólogos y los planetólogos no han observado otra causa distinta del movimiento del agua, que pueda producir el tipo de erosión que hoy observamos en Marte. Como por nuestra experiencia solo el agua produce zanjas y canales, la presencia de esas características en Marte permite a los planetólogos inferir la acción en el pasado del agua sobre la superficie del planeta rojo.

O bien considérese otro ejemplo. Hace varios años, uno de los patólogos forenses de la primera Comisión Warren que investigó el asesinato del presidente Kennedy hizo declaraciones sobre los rumores insistentes acerca de un segundo tirador desde la parte frontal de la comitiva. El orificio de la bala en la parte trasera del cráneo del

---

[131] Ibid.; E. Sober, *Reconstructing the Past* (Cambridge, Mass.: MIT Press, 1988), 4-5; M. Scriven, "Causes, Connections, and Conditions in History," in *Philosophical Analysis and History,* ed. W. Dray (New York: Harper and Row, 1966), 238-64, esp. 249-50.

presidente Kennedy evidenciaba aparentemente un patrón en bisel distintivo que indicaba claramente que había penetrado en el cráneo desde atrás. El patólogo denominó "diagnóstico distintivo" al patrón en bisel porque el patrón indicaba una sola dirección posible de entrada. Ya que era necesaria una entrada desde atrás para provocar el patrón en bisel en la parte trasera del cráneo del presidente, el patrón permitió a los patólogos forenses diagnosticar la trayectoria de la bala[132].

Lógicamente, puede inferirse una causa a partir de su efecto (o un antecedente a partir de un consecuente) cuando se sabe que la causa (o antecedente) es necesaria para producir el efecto en cuestión. Si es verdad que "por el humo se sabe dónde está el fuego", entonces la presencia del humo ondeando sobre una colina permite inferir un fuego más allá de nuestra vista. Las inferencias basadas en el conocimiento de condiciones o causas empíricamente necesarias ("diagnosis distintiva") son comunes en las ciencias históricas o forenses y a menudo llevan a la detección de inteligencia y de otras causas y sucesos naturales. Ya que los dedos del criminal X son la única causa conocida de las huellas dactilares delictivas X, las huellas X sobre el arma del crimen le incriminan con un alto grado de probabilidad. De manera similar, ya que el diseño inteligente es la única causa conocida de grandes cantidades de información o complejidad especificada, la presencia de tal información implica un origen inteligente. Efectivamente, ya que la experiencia afirma que la mente o el diseño inteligente son condición necesaria (y causa necesaria) de la información, puede detectarse (o conocerse retrospectivamente) la acción pasada de una

---

[132] *McNeil-Lehrer News Hour,* Transcript 19 (May 1992).

inteligencia a partir de un efecto rico en información –
incluso si la causa misma no puede ser directamente
observada[133]. Así, el patrón de flores que escriben
"bienvenido a Victoria" permite al visitante inferir la
actividad de agentes inteligentes incluso si no ven las
flores plantadas y ordenadas. De manera similar, el
ordenamiento específico y complejo de las secuencia
nucleotídicas –la información- del ADN implica la acción
pasada de una inteligencia, incluso si tal actividad mental
no puede ser directamente observada.

Los científicos de muchos campos reconocen la conexión
entre inteligencia e información y hacen las inferencias
oportunas. Los arqueólogos suponen que un escriba
produjo las inscripciones en la piedra de Rosetta; los
antropólogos evolucionistas determinan la inteligencia de
los primeros homínidos a partir de las lascas que son
demasiado improbables y específicas en cuanto a la forma
(y función) para haber sido producidas por causas
naturales; la búsqueda de inteligencia artificial
extraterrestre de la NASA (SETI) presupone que cualquier
información incluida en las señales electromagnéticas
proveniente del espacio exterior indicaría una fuente
inteligente[134]. Sin embargo, de momento, los radio-

---

[133] Meyer, *Of Clues*, 77-140.
[134] La detección del diseño se realiza rutinariamente de manera menos
exótica (y más exitosa) tanto en la ciencia como en la industria. La
detección de fraudes, las ciencias forenses y la criptografía dependen
todas de la aplicación de los criterios teóricos probabilísticos y de
información del diseño inteligente. Dembski, *Design Inference*, 1-35.
Muchos admiten que podemos inferir con justificación la acción de
una inteligencia humana operativa en el pasado (dentro del ámbito de
la historia humana) a partir de un artefacto o un suceso rico en
información, pero solamente porque ya sabemos que existe la mente
humana. Pero aducen que inferir la acción de un agente diseñador que

astrónomos no han encontrado ninguna información en las señales. Pero más cerca de casa, los biólogos moleculares han identificado las secuencias ricas en información y los sistemas de las células que sugieren, por la misma lógica, una causa inteligente para esos efectos.

B. ¿Argumento nacido de la ignorancia o inferencia como mejor explicación?

Algunos podrían objetar que cualquier argumento sobre el diseño constituye un argumento desde la ignorancia. Los objetores acusan a los defensores del diseño de utilizar nuestra ignorancia presente acerca de cualquier causa de información, natural y suficiente, como base única para inferir una causa inteligente de la información presente en

---

antecede a los humanos no puede justificarse, incluso cuando observamos un efecto rico en información, dado que no sabemos si un agente o agentes inteligentes existieron con anterioridad a los humanos. Sin embargo, nótese que los científicos del SETI tampoco saben si existe o no una inteligencia extraterrestre. No obstante suponen que la presencia de una gran cantidad de información específica (como por ejemplo la secuencia con los 100 primeros números primos) establecería definitivamente su existencia. Efectivamente, SETI busca precisamente establecer la existencia de otras inteligencias en un dominio desconocido. De manera similar, los antropólogos han revisado a menudo sus estimas del comienzo de la historia humana o de la civilización porque han descubierto artefactos ricos en información procedentes de épocas que anteceden a sus estimas previas. La mayoría de las inferencias de diseño establecen la existencia o la actividad de un agente mental operativo en un tiempo o lugar en el que la presencia de tal agente era previamente desconocido. Por tanto, para inferir la actividad de una inteligencia diseñadora en un tiempo anterior al advenimiento de los humanos en la Tierra no tiene un estatus epistemológico cualitativamente distinto de otras inferencias de diseño que los críticos ya aceptan como legítimas. T. R. McDonough, The Search for Extraterrestrial Inteligence: Listening for Life in the Cosmos (New York: Wiley, 1987).

la célula. Dado que aún no sabemos cómo pudo surgir la información biológica, invocamos la noción misteriosa de diseño inteligente. Según este punto de vista, el diseño inteligente funciona no como explicación sino como un sustituto de la ignorancia.

Aunque la inferencia de diseño a partir de la presencia de información en el ADN no significa tener una prueba de certeza deductiva del diseño inteligente (en la ciencia, los argumentos de base empírica raramente lo hacen), no constituye un argumento falaz surgido de la ignorancia. Los argumentos nacidos de la ignorancia se dan cuando la evidencia en contra de la proposición X es presentada como la única (y concluyente) razón para aceptar una proposición Y alternativa.

La inferencia de diseño, como ha sido bosquejada anteriormente (véase parte III, sección A), no incurre en esta falacia. Es cierto que en la sección previa de este ensayo (véase parte II, secciones A-F) adujeron que en el momento presente todos los tipos de causas y mecanismos naturales no pueden explicar el origen de la información biológica a partir de un estado prebiótico. Y claramente, esta ausencia de conocimiento acerca de cualquier causa natural proporciona de hecho parte de la razón para inferir diseño a partir de la información de la célula. (Aunque se podría argumentar de manera igualmente sencilla que incluso esta "ausencia de conocimiento" constituye en realidad un conocimiento de la ausencia). En todo caso, nuestra "ignorancia" acerca de cualquier causa natural suficiente es solo parte de la base para inferir diseño. También *sabemos* que los agentes inteligentes pueden y de hecho producen sistemas ricos en información: tenemos un conocimiento positivo basado en la experiencia de una causa alternativa que es suficiente, a saber, la inteligencia.

Por esta razón, la inferencia de diseño que se defiende aquí no constituye un argumento de ignorancia sino una inferencia para la mejor explicación[135]. Las inferencias para la mejor explicación no afirman la adecuación de una explicación causal solo sobre la base de la inadecuación de otra explicación causal. En su lugar, comparan el poder explicativo de muchas hipótesis en liza para determinar qué hipótesis proporcionaría, de ser verdad, la mejor explicación para cierto conjunto de información relevante. Trabajos recientes sobre el método de "inferencia para la mejor explicación" sugieren que el determinar que explicación, entre un conjunto de explicaciones que compiten, es la mejor depende del conocimiento del poder causal de las entidades explicativas competitivas[136].

Por ejemplo, tanto un terremoto como una bomba podrían explicar la destrucción de un edificio pero solo la bomba podría explicar la presencia de carbonilla y metralla en el lugar de los escombros. Los terremotos no producen metralla ni carbonizan, al menos no por sí solos. Así, la

---

[135] P. Lipton, *Inference to the Best Explanation* (New York: Routledge, 1991), 32-88.

[136] Ibid.; S. C. Meyer, "The Scientific Status of Intelligent Design: The Methodological Equivalence of Naturalistic and Non-Naturalistic Origins Theories," in *Science and Evidence for Design in the Universe, The Proceedings of the Wethersfield Institute,* vol. 9 (San Francisco: Ignatius Press, 2000), 151-212; Meyer, "The Demarcation of Science and Religion," in *The History of Science and Religion in the Western Tradition: An Encyclopedia,* ed. G. B. Ferngren (New York: Garland, 2000), 17-23; E. Sober, *The Philosophy of Biology* (San Francisco: Westview Press, 1993); Meyer, *Of Clues, 77-140.*

bomba explica mejor el patrón de destrucción del edificio. Las entidades, condiciones o procesos que tienen la capacidad (o poder causal) para producir la evidencia en cuestión constituyen mejor explicación de esta evidencia que aquellos que no la tienen.

De aquí se sigue que el proceso de determinación de la mejor explicación a menudo implica generar una lista de posibles hipótesis, en la que se compara su poder causal conocido (o teóricamente plausible) con respecto a los datos relevantes; luego, progresivamente, eliminar las explicaciones potenciales pero inadecuadas y, finalmente, en el mejor de los casos, elegir la explicación causal adecuada que queda.

Este ensayo ha seguido precisamente este método para hacer del argumento del diseño inteligente la mejor explicación del origen de la información biológica. Ha evaluado y comparado la eficiencia causal de cuatro grandes categorías de explicación –el azar, la necesidad, la combinación de ambas y el diseño inteligente- con respecto a su capacidad para producir grandes cantidades de información o complejidad especificada. Como hemos visto, ningún escenario basado en el azar o en la necesidad (ni los que combinan ambos) puede explicar el origen de la información biológica específica en un contexto prebiótico. Este resultado concuerda con nuestra experiencia humana uniforme. Los procesos naturales no producen estructuras ricas en información a partir puramente de precursores físicos o químicos. Tampoco la materia, tanto si actúa al azar como bajo la fuerza de la necesidad físico-química, se ordena a si misma en secuencias complejas ricas en información.

Sin embargo, no es correcto decir que no sabemos cómo surge la información. Sabemos por experiencia que los agentes conscientes inteligentes pueden crear secuencias y sistemas informativos. Citando de nuevo a Quastler, la "creación de nueva información está asociada habitualmente con la actividad consciente"[137]. Además, la experiencia enseña que cuando grandes cantidades de información o complejidad especificada están presentes en un artefacto o entidad cuya historia es conocida, invariablemente la inteligencia creativa –el diseño inteligente- jugó un papel causal en el origen de esa entidad. Así, cuando encontramos tal información en las biomacromoléculas necesarias para la vida, podemos inferir –basándonos en nuestro conocimiento de las relaciones de causa y efecto establecidas- que una causa inteligente operó en el pasado para producir la información o complejidad especificada necesaria para el origen de la vida.

Tal y como se ha formulado, esta inferencia de diseño emplea el mismo método de argumentación y razonamiento que los científicos de la historia utilizan generalmente.

Ciertamente, en el *Origen de las especies*, Darwin mismo desarrolla su argumento a favor de un ancestro común universal como inferencia para la mejor explicación. Como explicó en una carta a Asa Gray:

> Compruebo esta hipótesis [de ascendencia común] comparando con tantas proposiciones generales y muy bien establecidas como puedo

---

[137] Quastler, *Emergence*, 16.

encontrar –en distribuciones geográficas, historia geológica, afinidades, etc, etc. Y me parece que, *suponiendo* que tal hipótesis fuera a *explicar* tales proposiciones generales, deberíamos, de acuerdo con la manera común de proceder de todas las ciencias, admitirla hasta que otra hipótesis *mejor* sea encontrada [énfasis añadido][138].

Además, tal y como se ha explicado, el argumento de diseño de la información del ADN se adecua a los cánones uniformes de método empleados en las ciencias de la historia. El principio de uniformidad establece que "el presente es la clave del pasado". En particular, el principio especifica que nuestro conocimiento de las relaciones actuales de causa y efecto debe gobernar nuestras valoraciones de la plausibilidad de las inferencias que hacemos acerca del pasado causal remoto. Sin embargo, es precisamente ese conocimiento de las relaciones de causa y efecto el que informa la inferencia del diseño inteligente. Ya que nosotros sabemos que los agentes inteligentes producen grandes cantidades de información, y ya que todos los procesos naturales conocidos no lo hacen (o no pueden), podemos inferir diseño como la mejor explicación del origen de la información en la célula. Recientes avances en las ciencias de la información (como las de Dembski en *La inferencia de diseño*) ayudan a definir y formalizar el conocimiento de tales relaciones de causa y efecto, permitiéndonos hacer inferencias acerca de las historias causales de varios artefactos, entidades o

---

[138] Francis Darwin, ed., *Life and Letters of Charles Darwin,* 2 vols. (London: D. Appleton, 1896), 1:437.

sucesos, basados en la complejidad y en su información teórica característica que muestran[139].

En cualquier caso, la inferencia de diseño depende del presente *conocimiento* de los poderes causales demostrados de entidades naturales y acción inteligente, respectivamente. Ya no constituye más argumento de ignorancia que cualquier otra inferencia bien fundada de la geología, la arqueología o la paleontología –en las que el presente conocimiento de las relaciones de causa y efecto guía las inferencias que hacen los científicos acerca del pasado causal.

Los objetores pueden todavía negar a legitimidad de la inferencia de diseño inteligente (incluso como mejor explicación) porque somos ignorantes acerca de lo que futuras investigaciones pueden descubrir acerca de los poderes causales de otros procesos y entidades materialistas. Algunos calificarían de inválida o acientífica la inferencia de diseño aquí presentada porque depende de una generalización negativa – es decir, "las causas puramente físicas o químicas no generan grandes cantidades de información específica"- que futuros descubrimientos pueden falsear más tarde. Según ellos nosotros "nunca decimos nunca".

Sin embargo, la ciencia dice a menudo "nunca", incluso si no puede decirlo con seguridad. Las generalizaciones negativas o proscriptivas juegan a menudo un importante papel en la ciencia. Como han señalado muchos científicos y filósofos de la ciencia, las leyes científicas nos dicen a menudo no solo lo que sucede sino también lo que no

---

[139] Dembski, *Design Inference,* 36-37, esp. 37.

sucede[140]. Las leyes de la conservación de la termodinámica, por ejemplo, proscriben ciertos resultados. La primera ley nos dice que la energía nunca se crea ni se destruye. La segunda ley nos dice que la entropía de un sistema cerrado nunca disminuirá con el tiempo. Los que dicen que estas "leyes proscriptivas" no constituyen conocimiento, porque se basan en la experiencia pasada y no en la futura, no irán muy lejos si intentan usar su escepticismo para justificar financiación para investigar, por ejemplo, máquinas de móvil perpetuo.

Además, sin generalizaciones proscriptivas, sin el conocimiento acerca de qué posibles causas pueden o no entrar en escena, los científicos de la historia no podrían hacer determinaciones acerca del pasado. Reconstruir el pasado requiere hacer inferencias abductivas desde los efectos presentes hasta sucesos causales pasados[141]. Para hacer tales inferencias se requiere una eliminación progresiva de hipótesis causales competidoras. Decidir que causas deben ser eliminadas de la consideración requiere saber qué efectos puede tener una causa dada y cuales no puede. Si los científicos de la história nunca pudieran decir que entidades particulares carecen de poderes causales particulares, nunca podrían eliminarlos de toda consideración, ni siquiera provisionalmente. Así, nunca podrían inferir que una causa específica ha actuado en el pasado. Sin embargo, los científicos de la historia y los forenses hacen esas inferencias todo el tiempo.

---

[140] Oparin, *Origin of Life,* 28; M. Rothman, *The Science Gap* (Buffalo, N.Y.: Prometheus, 1992), 65-92; K. Popper, *Conjectures and Refutations: The Growth of Scientific Knowledge* (London: Routledge and Kegan Paul, 1962), 35-37.
[141] Meyer, *Of Clues,* 77-140; Sober, *Reconstructing the Past,* 4-5; de Duve, "Beginnings of Life," 249-50.

Además, los ejemplos de inferencias de diseño de Dembski –procedentes de campos tales como la arqueología, la criptografía, la detección de fraudes y la investigación criminal forense- demuestran que a menudo inferimos la actividad de una causa inteligente en el pasado y evidentemente lo hacemos sin preocuparnos de incurrir en argumentos falaces de ignorancia. Y lo hacemos por una buena razón. Una enorme cantidad de experiencia humana demuestra que los agentes inteligentes tienen poderes causales únicos que la materia no tiene (especialmente la materia que no está viva). Cuando observamos características o efectos que sabemos por experiencia que solo producen agentes, inferimos correctamente la actividad a priori de la inteligencia.

Para determinar la mejor explicación, los científicos no necesitan decir "nunca" con absoluta certeza. Necesitan decir solamente que una causa propuesta es mejor, dado lo que sabemos en el presente acerca de los poderes causales demostrados de entidades o agentes en liza. Que la causa C puede producir el efecto E le hace una mejor explicación de E que una cierta causa D que nunca ha producido E (especialmente si D parece teóricamente incapaz de hacerlo), incluso si D pudiera más tarde demostrar el poder causal de lo que ignoramos en el momento presente[142].

Así, la objeción de que la inferencia de diseño constituye un argumento nacido de la ignorancia se reduce en esencia a replantear el problema de la inducción. Sin embargo podría hacerse la misma objeción contra cualquier ley o explicación científica o contra cualquier inferencia

---

[142] R. Harre and E. H. Madden, *Causal Powers* (London: Basil Blackwell, 1975).

histórica que tenga en cuenta el presente conocimiento, no en el futuro, de las leyes naturales y los poderes causales. Como han señalado Barrow y Tipler, criticar los argumentos de diseño, como hizo Hume, simplemente porque asumen la uniformidad y el carácter normativo de las leyes naturales realiza un profundo corte en "la base racional de cualquier forma de investigación científica"[143]. Nuestro conocimiento acerca de lo que puede y de lo que no puede producir grandes cantidades de información específica puede tener que ser revisado más adelante, pero lo mismo sucede con las leyes de la termodinámica. Las inferencias de diseño pueden demostrarse más adelante incorrectas, como sucede con otras inferencias que implican varias causas naturales. Tal posibilidad no detiene a los científicos a la hora de hacer generalizaciones acerca de poderes causales de varias entidades o de utilizar esas generalizaciones para identificar causas probables o muy plausibles en casos concretos.

Las inferencias basadas en la experiencia presente y pasada constituye conocimiento (aunque provisional), pero no ignorancia. Aquellos que objetan contra tales inferencias objetan contra la ciencia, tanto como objetan contra una hipótesis de diseño particular de base científica.

C. Pero, ¿es ciencia?

Es evidente que muchos simplemente se niegan a considerar la hipótesis de diseño alegando que no alcanza la categoría de "científica". Tales críticos afirman un principio fuera de toda evidencia conocido como

---

[143] J. Barrow and F. Tipler, *The Anthropic Cosmological Principle* (Oxford: Oxford University Press, 1986), 69.

naturalismo metodológico[144]. El naturalismo metodológico afirma que, por definición, para que una hipótesis, teoría, o explicación sea considerada "científica", tiene que invocar solo entidades naturalistas o materialistas. De acuerdo con tal definición, los críticos dicen que el diseño inteligente no es válido. Sin embargo, incluso si se da por buena esta definición, no se sigue que ciertas hipótesis no científicas (según las define el naturalismo metodológico) o metafísicas no puedan constituir una mejor explicación, más adecuada causalmente. Este ensayo argumenta que, cualquiera que sea su clasificación, la hipótesis de diseño constituye una explicación mejor que sus rivales materialistas o naturalistas para el origen de la información biológica específica. Seguramente, la mera clasificación de un argumento como metafísico no lo refuta.

En cualquier caso, el naturalismo metodológico carece ahora de justificación como definición normativa de la ciencia. En primer lugar, los intentos de justificar el naturalismo metodológico mediante la referencia a un criterio de demarcación metafísicamente neutro (es decir, que no se pone en cuestión) han fracasado[145]. En segundo lugar, afirmar el naturalismo metodológico como principio normativo de toda la ciencia tiene un efecto negativo en la práctica de ciertas disciplinas científicas, especialmente en

---

[144] M. Ruse, *"McLean v. Arkansas:* Witness Testimony Sheet," en *But Is It Science?* ed. M. Ruse (Amherst, N.Y.: Prometheus Books, 1988), 103; Meyer, "Scientific Status"; Meyer, "Demarcation."

[145] Meyer, "Scientific Status"; Meyer, "Demarcation"; L. Laudan, "The Demise of the Demarcation Problem," in Ruse, *But Is It Science?* 337-50; L. Laudan, "Science at the Bar-Causes for Concern," en Ruse, *But Is It Science?* 351-55; A. Plantinga, "Methodological Naturalism?" *Origins and Design* 18, no. 1 (1986): 18-26; A. Plantinga, "Methodological Naturalism?" *Origins and Design* 18, no. 2 (1986): 22-34.

las ciencias históricas. Por ejemplo, en la investigación del origen de la vida, el naturalismo metodológico restringe artificialmente la investigación e impide a los científicos buscar hipótesis que pudieran proporcionar la mejor explicación, más adecuada causalmente. Para ser un buscador de la verdad, la cuestión que el investigador del origen de la vida debe plantearse no es "¿qué modelo materialista es el más adecuado?" sino más bien "¿qué provocó de verdad la aparición de la vida en la Tierra?" Claramente, una posible respuesta a esta última cuestión sea esta: "la vida fue diseñada por un agente inteligente que existió antes del advenimiento de los humanos". Sin embargo, si se acepta el naturalismo metodológico como normativo, los científicos nunca podrán considerar la hipótesis del diseño como una verdad posible. Semejante lógica excluyente disminuye la significación de cualquier afirmación de superioridad teórica a favor de cualquier hipótesis restante y suscita la posibilidad de que la mejor explicación "científica" (tal y como la define el naturalismo metodológico) puede de hecho no ser la mejor.

Como reconocen actualmente muchos historiadores y filósofos de la ciencia, la evaluación de la teoría científica es una empresa inherentemente comparativa. Las teorías que ganan aceptación en competiciones artificialmente restringidas pueden afirmar no ser ni "la verdad más probable" ni "la más adecuada empíricamente". Como mucho, tales teorías pueden ser consideradas como "la verdad más probable o adecuada entre el conjunto de opciones artificialmente limitado". La apertura a la hipótesis del diseño parecería necesaria, por tanto, para cualquier biología histórica plenamente racional – es decir, para una que busque la verdad, "a tumba abierta"[146]. Una biología histórica comprometida a seguir la evidencia dondequiera que esta lleve, no excluirá hipótesis a priori por razones metafísicas. Por el contrario, empleará solo criterios metafísicamente neutros –como el poder explicativo o la adecuación causal- para evaluar hipótesis competitivas. Sin embargo, este enfoque más abierto (y aparentemente más racional) a la evaluación de la teoría científica sugeriría ahora la teoría del diseño inteligente como la mejor explicación o más adecuada causalmente para el origen de la información necesaria para construir el primer organismo vivo.

---

[146] Bridgman, *Reflections of a Physicist,* 2d ed. (New York: Philosophical Library, 1955), 535.

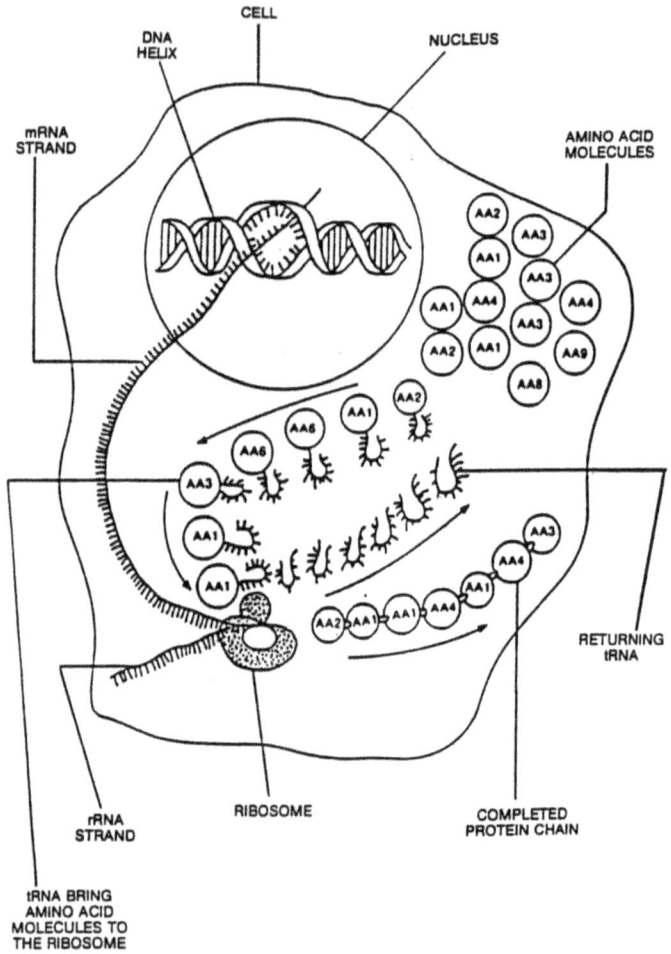

Figura 1. La intrincada maquinaria de la síntesis proteica. Los mensajes genéticos codificados en la molécula de ADN son copiados y luego transportados por el ARN mensajero hasta el complejo ribosómico. Allí es "leído" el mensaje genético y traducido con la ayuda de otras biomoléculas grandes (ARN transferente y enzimas específicas) para producir una cadena aminoacídica en elongación. Cortesía de I. L. Cohen, de New York Research Publications.

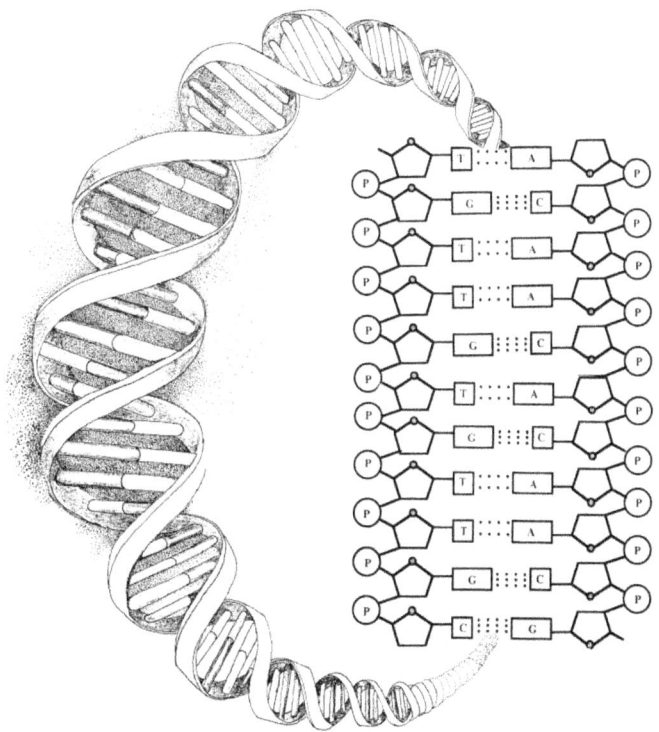

Figura 2. Relaciones de enlace entre los constituyentes químicos de la molécula de ADN. Los azúcares (simbolizados por pentágonos) y fosfatos (simbolizados por "Ps" dentro de un círculo) están químicamente ligados. Las bases nucleotídicas (A, T, G y C) están ligadas al esqueleto de azúcar-fosfato. Las bases nucleotídicas mantienen enlaces de hidrógeno (representadas por líneas de puntos dobles o triples) a lo largo de la doble hélice. No existe enlace químico entre las bases nucleotídicas a lo largo del eje de la hélice que contiene la información. Cortesía de Fred Heeren, Day Star Publications.

Capitulo 9

El origen de la información biológica y las categorías taxonómicas superiores.

Introducción

En un reciente volumen de las *Vienna Series of Theoretical Biology* (2003), Gerd B. Muller y Stuart Newman sostienen que lo que ellos llaman "la originación de las formas organísmicas" sigue siendo un problema no resuelto. Al hacer esta afirmación, Muller y Newman (2003:3-10) distinguen dos cuestiones diferentes, a saber, (1) las causas de la generación de la forma en el organismo individual durante el desarrollo embriológico y (2) las causas responsables de la producción de nuevas formas organísmicas, al principio de la historia de la vida[147]. Para distinguir el último caso (filogenia) del anterior (ontogenia), Muller y Newman usan el término "originación" para designar el proceso causal mediante el cual las formas biológicas aparecieron por primera vez durante la evolución de la vida[148]. Los autores insisten en

---

[147] La palabra "organísmica" equivale a "propia de un organismo" y podría sustituirse en español por el adjetivo "orgánico". La hemos incluido en el texto pese a no existir en español porque el término orgánico se suele usar en química como adjetivo de compuestos derivados del carbono, distorsionando aquí el significado específico que se refiere a los organismos vivos. (N. del T.)

[148] La palabra "originación" no existe tampoco en español y ha sido sustituida por "origen". Sin embargo es muy importante subrayar que,

que "los mecanismos moleculares que dan origen a la forma biológica en los embriones actualmente no deben ser confundidos" con las causas responsables del origen (u "originación") de las nuevas formas biológicas durante la historia de la vida (p. 3). Sostienen además que conocemos más acerca de las causas de la ontogénesis, debido a los avances en biología molecular, genética molecular y biología del desarrollo, que lo que conocemos acerca de las causas de la filogénesis —el origen primario de nuevas formas biológicas en el pasado.

Al hacer esta afirmación, Muller y Newman se esmeran en afirmar que la biología evolutiva ha logrado explicar cómo se diversifican las formas preexistentes por la doble influencia de la selección natural y la variación de las cualidades genéticas. Sofisticados modelos matemáticos de genética de poblaciones han demostrado ser adecuados para mapear[149] y entender la variabilidad cuantitativa y los cambios poblacionales en los organismos. Sin embargo, Muller y Newman insisten en que la genética de poblaciones, y por consiguiente la biología evolutiva, no ha identificado una explicación causal específica del origen de verdaderas novedades morfológicas durante la historia de la vida. El eje de su interés es lo que ellos consideran como insuficiencia de la variación en las cualidades genéticas, como fuente de nuevas formas y estructuras. Los autores señalan, siguiendo al propio Darwin, que la fuente de nuevas formas y estructuras debe

---

como el autor explica, "originación", siguiendo a Muller y Newman, se refiere al proceso causal por el cual aparecen las formas biológicas durante la evolución de la vida (N. del T.)

[149] La expresión "mapear" corresponde al verbo inglés "to map", es decir, "construir un mapa". En este caso se refiere a la elaboración del mapa físico de todos los loci de un genoma. (N. del T.)

preceder a la acción de la selección natural (2003:3) —que la selección debe actuar sobre lo que ya existe. Y sin embargo, en su opinión, el "genocentrismo" y el "incrementalismo" del mecanismo neodarwinista ha significado que una adecuada fuente de nuevas formas tenga todavía que ser identificada por los biólogos teoréticos. En lugar de ello, Muller y Newman comprenden la necesidad de identificar fuentes epigenéticas de innovación morfológica durante la evolución de la vida. Mientras tanto, no obstante, insisten en que el neodarwinismo carece de toda "teoría de lo generativo" (p. 7).

Sucede, que Muller y Newman no están solos en este juicio. En la última década, poco más o menos, un sinnúmero de ensayos y libros científicos han cuestionado la eficacia de la selección y las mutaciones como mecanismo para generar novedades biológicas, tal y como incluso un somero examen de la bibliografía lo demuestra. Thomson (1992:107) manifestó sus dudas acerca de que los cambios morfológicos a gran escala pudieran acumularse, en el nivel genético de las poblaciones, a través de leves cambios fenotípicos. Miklos (1993:29) sostuvo que el neodarwinismo fracasa en proporcionar un mecanismo que pueda producir innovaciones a gran escala en la forma y la complejidad. Gilbert et al. (1996) intentaron desarrollar una nueva teoría de los mecanismos evolutivos para suplementar el neodarwinismo clásico, el cual, sostenían, no podría explicar adecuadamente la macroevolución. Como expresaron, en un memorable resumen de la situación: "a partir de los 70s, numerosos biólogos comenzaron a cuestionar la capacidad (del neodarwinismo) para explicar la evolución. La genética podría ser adecuada para explicar la microevolución, pero los cambios microevolutivos en la frecuencia de los genes, no fueron considerados capaces de transformar un reptil en un mamífero o de convertir un pez en un anfibio. La microevolución tiene que ver con adaptaciones que atañen a la supervivencia de los más aptos, no a la aparición de los más aptos. Como Goodwin (1995) señala, 'el origen de las especies —el problema de Darwin— permanece sin resolver'" (p. 361). Aunque Gilbert et al. (1996) intentaron resolver el problema del origen de las formas proponiendo un papel más relevante para la genética del desarrollo, por otra parte, dentro de un marco de referencia neodarwinista, numerosos autores han seguido planteando últimamente objeciones acerca de la suficiencia de ese marco de referencia en sí mismo, o acerca del problema del origen de la forma en general[150]. (Webster & Goodwin 1996; Shubin & Marshal 2000; Erwin 2000; Conway Morris 2000; 2003b; Carroll 2000; Wagner 2001; Becker & Lonnig 2001; Stadler et al. 2001; Lonnig & Saedler 2002; Wagner & Staedler 2003; Valentine 2004: 189-194).

¿Qué hay detrás de este escepticismo? ¿Está justificado? ¿Es necesaria una teoría nueva y específica causal para explicar el origen de las formas biológicas?

Esta revisión abordará estas cuestiones. Lo hará analizando los problemas del origen de las formas

---

[150] Específicamente, Gilbert et al. (1996) argumentan que los cambios en los campos morfogenéticos podrían producir cambios a gran escala en los programas de desarrollo y, finalmente, en los diseños corporales de los organismos. Sin embargo, estos autores no ofrecen ninguna evidencia de que tales campos —si realmente existen— puedan ser alterados para producir variaciones ventajosas en el diseño corporal, aunque esto es una condición necesaria de cualquier teoría causal satisfactoria de macroevolución.

organísmicas (y la correspondiente emergencia de las categorías taxonómicas superiores) desde un punto de vista teorético preciso. Específicamente, tratará el problema del origen de los grupos taxonómicos superiores como una manifestación de un problema más profundo, a saber, el problema del origen de la información (ya sea genética o epigenética) que, como se demostrará, es necesaria para generar novedades morfológicas.

Para realizar este análisis, y hacerlo relevante y abordable a sistemáticos y paleontólogos, este artículo examinará un ejemplo paradigmático del origen de las formas biológicas y la información durante la historia de la vida: la explosión del cámbrico.

Durante el cámbrico, muchas formas animales y diseños estructurales nuevos (representando nuevos phyla, subphyla y clases) aparecieron en un breve período de tiempo geológico. El siguiente análisis de la explosión del cámbrico, basado en la información, respaldará las recientes afirmaciones de autores tales como Muller y Newman respecto de que el mecanismo de la selección y las mutaciones genéticas no constituyen una adecuada explicación causal del origen de la forma biológica en los grupos taxonómicos superiores. Sugerirá también la necesidad de explorar otros posibles factores causales en el origen de la forma y la información durante la evolución de la vida y examinará algunas otras posibilidades que se han propuesto.

La explosión del cámbrico

La "explosión del cámbrico" hace referencia a la aparición geológicamente súbita, de numerosos diseños corporales nuevos, hace alrededor de 530 millones de años[151]. En aquél momento, por lo menos 19 y tal vez hasta 35 phyla de los 40 totales (Meyer et al. 2003), aparecieron por primera vez sobre la tierra, dentro de una estrecha ventana de cinco a diez millones de años de tiempo geológico. (Bowring et al. 1993, 1998a: 1, 1998b:40; Kerr 1993; Monastersky 1993; Aris-Brosou & Yang 2003). Muchos nuevos subphyla, entre 32 y 48, de 56 totales, aparecieron también en este momento, con representantes de estas nuevas categorías taxonómicas que manifiestan innovaciones morfológicas significativas. La explosión del cámbrico marcó así un episodio de morfogénesis de la mayor importancia, en el cual numerosas formas organísmicas nuevas y distintas aparecieron en un período de tiempo geológicamente breve.

Decir que la fauna del período cámbrico apareció de una manera geológicamente súbita, implica también la ausencia de formas intermedias de transición claras, que conecten los animales del cámbrico con las formas precámbricas más simples. Y, ciertamente, en casi todos los casos, los animales del cámbrico no tienen antecedentes morfológicos claros en las faunas vendiana o precámbrica más tempranas (Miklos 1993, Edwin et al. 1997: 132, Steiner & Reiter 2001, Conway Morris 2003b: 510, Valentine et al. 2003:519-520). Además, varios descubrimientos y análisis recientes indican que estas brechas morfológicas podrían no ser simplemente un artefacto producido por un muestreo incompleto del

---

[151] El autor emplea la expresión "body plans", que literalmente significa "planos de cuerpos" o, más exactamente "planos corporales". Dado que cualquier plano tiene dos dimensiones, hemos encontrado más ajustada a la intencionalidad del autor la expresión "diseño corporal" o "construcción corporal". (N. del T.)

registro fósil (Foote 1997, Foote et al. 1999, Benton & Ayala 2003, Meyer et al. 2003), sugiriendo que el registro fósil es por lo menos aproximadamente fiable (Conway Morris 2003b:505).

Como resultado, existe ahora un debate acerca de hasta qué punto este patrón de evidencia concuerda con una estricta visión monofilética de la evolución (Conway Morris 1998a, 2003a, 2003b:510; Willmer 1990, 2003). Además, aun entre aquellos autores que aceptan una visión monofilética de la historia de la vida, hay controversia respecto de si hay que privilegiar los datos fósiles o los moleculares en el análisis. Aquellos que piensan que los datos fósiles proporcionan un cuadro más fiable del origen de los Metazoos se inclinan a pensar que estos animales aparecieron relativamente rápido —que la explosión del cámbrico tuvo un "cortocircuito" (Conway Morris 2003b:505-506, Valentine & Jablonski 2003)[152]. Algunos autores, (Wray et al. 1996), aunque no todos (Ayala et al. 1998), piensan que las filogenias moleculares establecen tiempos fiables de divergencia a partir de los antecesores precámbricos y consideran que los animales del cámbrico evolucionaron durante un período de tiempo muy largo — es decir, que la explosión del cámbrico tuvo un

---

[152] Se denomina "cortocircuito" al fallo en un aparato o línea eléctrica por el cual la corriente eléctrica pasa directamente del conductor activo o fase al neutro o tierra, entre dos fases en el caso de sistemas polifásicos en corriente alterna o entre polos opuestos en el caso de corriente continua. En definitiva, el cortocircuito conduce la corriente por un camino más corto del recorrido que sería normal. Meyer hace un juego de palabras entre "shortfuse" (cortocircuito) y "longfuse" (largocircuito) para indicar las dos hipótesis de la explosión cámbrica: una de diversificación rápida de las formas de vida en un espacio de tiempo reducido y otra de diversificación lenta en el tiempo. (N. del T.)

"largocircuito". Esta revisión no abordará estas cuestiones desde el punto de vista del patrón histórico. En lugar de eso, analizará si el proceso neodarwinista de mutaciones y selección, u otros procesos de cambio evolutivo, pueden generar la forma y la información necesarias para producir los animales que aparecen en el cámbrico. Este análisis, en su mayor parte, no dependerá, por lo tanto, de las presuposiciones ya sea de un corto o largo circuito para la explosión del cámbrico, o sobre una visión mono o polifilética de la historia temprana de la vida[153].

Definición de la forma biológica y de la información

La forma, como la vida en sí, es fácil de reconocer pero a menudo difícil de definir con precisión. Y sin embargo, una razonable definición funcional de la forma, será suficiente para nuestro actual propósito. La forma puede ser definida como las relaciones topológicas tetra-dimensionales entre las partes anatómicas[154]. Esto significa

---

[153] Si se toma el registro fósil literalmente y se asume que la explosión del cámbrico tuvo lugar dentro de una estrecha ventana de 5-10 millones de años, se hace más crítico explicar el origen de la información necesaria para producir, por ejemplo, nuevas proteínas, en parte porque la frecuencia de mutaciones no habría sido suficiente elevada para generar la cantidad de cambios en el genoma necesarios para formar las nuevas proteínas de los animales más complejos del cámbrico (Ohno 1996:8475-8478). Este trabajo demostrará que, aun si se conceden varios cientos de millones de años para el origen de los metazoos, persisten significativas dificultades probabilísticas y de otro tipo en la explicación neodarwinista del origen de la forma y de la información.

---

[154] El espacio tetradimensional corresponde a las tres dimensiones espaciales y una cuarta que es el tiempo. (N. del T.)

que se puede entender la forma como una disposición unificada de las partes corporales o de los componentes materiales en una configuración o modelo preciso (topología) —que existe en las tres dimensiones del espacio y que aparece con el tiempo durante la ontogenia.

En tanto que cualquier forma biológica constituye algo semejante a una disposición precisa de las partes corporales constitutivas, la forma puede concebirse como algo originado a partir de restricciones que limitan las posibles disposiciones de la materia. Específicamente, la forma organísmica aparece (tanto en la filogenia como en la ontogenia) a medida que las posibles disposiciones de las partes materiales son constreñidas para establecer una disposición particular o específica, con una topografía tridimensional identificable —que reconoceríamos como una determinada proteína, un tipo de célula, un órgano, un diseño corporal o un organismo. Una "forma" determinada, por lo tanto, representa una disposición altamente específica y restringida de componentes materiales (entre un conjunto mucho mayor de disposiciones posibles).

El entender la forma de esta manera sugiere una conexión con el concepto de información, en su sentido teorético más general. Cuando Shannon (1948) desarrolló por primera vez una teoría matemática de la información, equiparó la cantidad de información transmitida con la cantidad de incertidumbre reducida o eliminada en una serie de símbolos o caracteres. La información, en la teoría de Shannon, se comunica, por lo tanto, cuando algunas opciones son excluidas y otras realizadas. Cuanto mayor el número de opciones excluidas, tanto mayor la cantidad de información transmitida. Además de eso, restringir una serie de posibles disposiciones materiales por el proceso o el modo que sea, implica excluir algunas opciones y realizar otras. Por lo tanto, restringir una serie de posibles estados materiales es generar información en el sentido de Shannon. De lo cual resulta que las restricciones que producen la forma biológica también comunicaron información. O, a la inversa, se podría decir que la producción de la forma biológica requiere, por definición, generar de información.

En la teoría de la información clásica de Shannon, la cantidad de información en un sistema está también relacionada inversamente, con la probabilidad de la disposición de los componentes en un sistema o de los caracteres a lo largo de un canal de comunicación (Shannon 1948). Cuanto más improbable (o compleja) la disposición, tanto más información de Shannon, o capacidad de transportar información posee una secuencia o un sistema de caracteres.

Desde los 60s, los biólogos matemáticos han tomado conciencia de que la teoría de Shannon podía ser aplicada al análisis de ADN y de las proteínas, para medir la capacidad de transportar información de estas macromoléculas. Desde que el ADN contiene las instrucciones de montaje para construir las proteínas, el sistema de procesamiento de la información en la célula representa una forma de canal de comunicación (Yockey 1992:110). Además, el ADN transporta información a través de una secuencia de bases nucleotídicas específicamente dispuestas. Desde que cada una de las cuatro bases tiene aproximadamente la misma probabilidad de aparecer, en cada lado, a lo largo del eje de la molécula del ADN, los biólogos pueden calcular la probabilidad, y de esta manera la capacidad de transportar información, de cualquier secuencia determinada de **n** bases de longitud.

La facilidad con que la teoría de la información se aplica a la biología molecular ha creado confusión acerca del tipo de información que el ADN y las proteínas poseen. Las secuencias de las bases nucleotídicas en el ADN, o de los aminoácidos en las proteínas, son altamente improbables y por consiguiente tienen una gran capacidad de transportar información. Pero, al igual que las frases con sentido, o las líneas de un código en un ordenador, los genes y las proteínas están también *especificadas* con respecto a la función. Así como el sentido de una frase depende de la disposición específica de las letras en dicha frase, también la función de una secuencia de genes depende de la disposición específica de las bases de los nucleótidos en los genes. Por ello, los biólogos moleculares, empezando por Crick, equipararon la *información* no sólo con la complejidad, sino también con la "especificidad", dónde la "especificidad" o lo "especificado", quiere decir "necesario para la función" (Crick 1958:144, 153; Sarkar, 1996:191)[155].

Biólogos moleculares tales como Monod y Crick, entendieron la información biológica —la información almacenada en el ADN y las proteínas— como algo más que mera complejidad (o improbabilidad). Su idea de la información asociaba tanto la contingencia y la complejidad combinatoria, con las secuencias del ADN

---

[155] Como expresa Crick, "la información significa aquí la determinación *precisa* de la secuencia, ya sea de las bases en el ácido nucleico o de los aminoácidos en la proteína" (Crick 1958:144, 153).

(que permite calcular la capacidad del ADN para transportar información), pero también afirmaba que las secuencias de los nucleótidos y de los aminoácidos en las macromoléculas funcionales, poseían un alto grado de especificidad, relacionada con el mantenimiento de la función celular.

La facilidad con que la teoría de la información se aplica a la biología molecular, ha creado también confusión acerca de la localización de la información en los organismos. Quizá, debido a que la capacidad de transportar información del gen pudo ser tan fácilmente medida, ha sido natural considerar al ADN, al ARN y a las proteínas como los únicos depositarios de la información biológica. Los neodarwinistas, en particular, han presupuesto que el origen de la forma biológica podía explicarse mediante el solo recurso de procesos de variación genética y mutación (Levinton 1988:485). Y sin embargo, si se entiende a la forma organísmica como la resultante de restricciones en las posibles disposiciones de la materia, en muchos niveles de la jerarquía biológica —desde los genes y las proteínas hasta los tipos de células y tejidos, y también órganos y planes estructurales— entonces, los organismos biológicos exhiben claramente muchos niveles de estructuras ricas en información.

De este modo podemos plantear un interrogante, no sólo acerca del origen de la información genética, sino también acerca del origen de la información necesaria para generar formas y estructuras, a niveles más altos que aquél que está presente en las proteínas individuales. Debemos también preguntarnos acerca del origen de la "complejidad especificada", como contrapuesta a la sola complejidad, que caracteriza a los nuevos genes, proteínas, tipos celulares y diseños corporales que aparecieron en la explosión del cámbrico. Dembski (2002) ha usado el término "información compleja especificada" (ICE) como sinónimo de "complejidad especificada" a modo de ayuda para distinguir la información biológica funcional, de la simple información de Shannon —esto es, la complejidad especificada, de la mera complejidad. En esta reseña se usará también este término.

La explosión de información del cámbrico

La explosión del cámbrico representa un extraordinario salto en la complejidad especificada o "información compleja especificada" (ICE) del mundo biológico. Durante más de tres mil millones de años, el reino de lo biológico incluyó poco más que bacterias y algas (Brocks et al. 1999). Luego hace unos 570-565 millones de años (mda), aparecieron en los estratos fósiles los primeros organismos multicelulares complejos, que incluyeron esponjas, cnidarios, y la peculiar biota de Ediacara (Grotzinger et al. 1995). Cuarenta millones de años más tarde tuvo lugar la explosión del cámbrico (Bowring et al. 1993). La emergencia de la biota de Ediacara (570 mda), y luego a una escala mucho más grande, la explosión del cámbrico (530 mda), representaron un pronunciado incremento en el gradiente de complejidad biológica.

Una manera de evaluar la cantidad de ICE que apareció con los animales del cámbrico, consiste en contar el número de nuevos tipos celulares que surgieron con ellos (Valentine 1995:91-93). Los estudios de animales modernos sugieren que las esponjas que aparecieron en el Precámbrico tardío, por ejemplo, habrían requerido cinco tipos celulares, mientras que las formas animales más complejas que aparecieron en el cámbrico (artrópodos, por ejemplo) habrían requerido cincuenta, o más, tipos celulares. Animales más complejos funcionalmente requieren más tipos celulares para realizar sus multiformes funciones. Los nuevos tipos celulares necesitan numerosas proteínas nuevas y especializadas. Las nuevas proteínas, a su vez, requieren nueva información genética. De esta manera, un incremento en el número de tipos celulares, implica (como mínimo) un considerable incremento en la cantidad de información genética especificada. Recientemente, los biólogos moleculares han calculado que un organismo unicelular mínimamente complejo requeriría entre 318 y 562 kilobases apareadas de ADN, a fin de producir las proteínas necesarias para mantener la vida (Koonin 2000). Organismos unicelulares más complejos podrían requerir más de un millón de pares de bases. Sin embargo, para fabricar las proteínas necesarias para sustentar un artrópodo complejo como un trilobite, se requerirían órdenes de magnitud superiores e instrucciones codificadas.

El tamaño del genoma de un artrópodo moderno, la mosca de la fruta *Drosophila melanogaster*, tiene aproximadamente 180 millones de pares de bases (Gerhart & Kirschner 1997:121, Adams et al. 2000). Las transiciones desde un organismo unicelular, hasta colonias de células y animales complejos representan significativos (y, en principio, mensurables) incrementos en la ICE.

Construir un nuevo animal a partir de un organismo unicelular requiere una enorme cantidad de nueva información genética. Requiere también un medio para disponer los productos de los genes —las proteínas— en niveles más altos de organización. Se requieren nuevas proteínas para mantener nuevos tipos celulares. Pero las nuevas proteínas deben ser organizadas en nuevos sistemas dentro de la célula; los nuevos tipos celulares deben ser organizados en nuevos tejidos, órganos y partes corporales. Éstas, a su vez, deben ser organizadas para formar los diseños corporales. Los nuevos animales encarnan, por lo tanto, sistemas jerárquicamente organizados de partes de nivel inferior dentro de un todo funcional. Tal organización jerárquica representa en sí mismo un tipo de información, ya que los diseños corporales incluyen una disposición de las partes de nivel inferior tanto altamente improbable como también funcionalmente especificada.

La complejidad especificada de los nuevos diseños corporales necesita una explicación, en cualquier versión de la explosión del cámbrico.

¿Puede el neodarwinismo explicar el incremento discontinuo de la ICE que aparece en la explosión cámbrica —ya sea en forma de nueva información genética o en forma de sistemas de partes jerárquicamente organizadas? Examinaremos ahora las dos partes de esta cuestión.

Nuevos Genes y Proteínas

Muchos científicos y matemáticos han cuestionado la capacidad de las mutaciones y de la selección para generar información, en forma de nuevos genes y proteínas. Tal escepticismo se deriva a menudo de las consideraciones sobre la extrema improbabilidad (y especificidad) de los genes y proteínas funcionales.

Un gen típico contiene más de mil bases precisamente
ordenadas. Para cualquier ordenamiento específico de
longitud n de cuatro nucleótidos, hay un número
correspondiente de 4^n ordenamientos posibles. Por cada
proteína, hay 20^n ordenamientos posibles de aminoácidos
formadores de proteínas. Un gen de 999 bases de longitud
representa una de 4^{999} secuencias posibles de aminoácidos;
una proteína de 333 aminoácidos, una de 20^{333}
posibilidades.

Desde los años 60s, algunos biólogos han pensado que las
proteínas funcionales son raras en medio de la serie de
posibles secuencias de aminoácidos. Algunos han usado
una analogía con el lenguaje humano para ilustrar por qué
sería este el caso. Denton (1986, 309-311), por ejemplo, ha
demostrado que las palabras y frases con sentido son
extremadamente raras entre la serie de posibles
combinaciones de letras, especialmente cuando la longitud
de la secuencia aumenta. (La relación entre palabras con
sentido de 12 letras y secuencias de 12 letras es de $1/10^{14}$,
mientras que la relación entre frases de 100 letras y las
posibles hileras de 100 letras, es de $1/10^{100}$). Además,
Denton muestra que la mayoría de las frases significativas
están *sumamente aisladas* unas de otras en el espacio de
las combinaciones posibles, de manera que una sustitución
al azar de las letras, después de unos pocos cambios,
deteriorará inevitablemente el sentido. Aparte de unas
pocas frases estrechamente agrupadas, posibles de lograr
mediante sustitución al azar, la abrumadora mayoría de las
frases significativas yacen, probabilísticamente hablando,
más allá del alcance de la búsqueda aleatoria.

Denton (1986:301-324) y otros, han sostenido que
restricciones semejantes se aplican a los genes y las

proteínas. Estos autores han cuestionado que una búsqueda no dirigida, a través de mutaciones y de la selección, hubiera tenido una probabilidad razonable de localizar nuevos islotes de función —que representaran genes o proteínas fundamentalmente nuevos— dentro del tiempo disponible (Eden 1967, Schützenberger 1967, Lovtrup 1979). Algunos han sostenido que las alteraciones en el ordenamiento darían probablemente por resultado una pérdida de la función proteica, antes de que una función esencialmente nueva pudiera aparecer (Eden 1967, Denton 1986). No obstante, ni el grado en el que los genes y las proteínas son sensibles a una pérdida funcional como resultado de un cambio en la secuencia, ni el grado en el cual las proteínas están aisladas dentro de un espacio en la secuencia son completamente conocidos.

Recientemente, algunos experimentos en biología molecular, han arrojado luz sobre estas cuestiones. Varias técnicas mutagénicas han demostrado que las proteínas (y por lo tanto los genes que las producen) son, en verdad, sumamente específicos en relación a la función biológica (Bowie & Sauer 1989, Reidhaar-Olson & Sauer 1990, Taylor et al. 2001). La investigación en mutagénesis analiza la sensibilidad de las proteínas (y, por implicación, del ADN) a las pérdidas funcionales que resultan de alteraciones en el ordenamiento. Estudios realizados sobre las proteínas han demostrado hace mucho tiempo, que los aminoácidos en muchas posiciones activas, no pueden variar sin que se produzcan pérdidas en la función (Perutz & Lehmann 1968). Estudios más recientes (usando a menudo experimentos de mutagénesis) han demostrado que los requerimientos funcionales establecen restricciones significativas en el ordenamiento incluso de los sitios de posición no activos. (Bowie & Sauer 1989, Reihaar-Olson

& Sauer 1990, Chothia et al. 1998, Axe 2000, Taylor et al. 2001). Axe, en particular, ha demostrado que las sustituciones múltiples, al contrario de las singulares, resultan inevitablemente en la pérdida de la función proteica, aun cuando estos cambios tengan lugar en sitios que permiten variaciones cuando son alterados aisladamente. Acumulativamente, estas restricciones implican que las proteínas son altamente sensibles a las pérdidas funcionales como resultado de alteraciones en el ordenamiento y que las proteínas representan disposiciones sumamente aisladas e improbables de aminoácidos —disposiciones que son mucho más improbables, de hecho, de lo que probablemente surgirían sólo por azar (Reidhaar-Olson & Sauer 1990; Behe 1992; Kauffman 1995:44; Dembski 1998:175-223, Axe 2000, 2004). (Ver abajo la discusión sobre la teoría neutral de la evolución para una precisa evaluación cuantitativa).

Como era de esperar, los neodarwinistas no consideran una búsqueda completamente aleatoria a través de la serie de posibles secuencias de nucleótidos —el así llamado "espacio de secuencia". En su lugar, imaginan a la selección natural actuando para preservar variaciones favorables en las secuencias genéticas y sus correspondientes productos proteicos. Dawkins (1996), por ejemplo, asemeja un organismo a una cumbre de alta montaña. Este autor compara la formación de un nuevo organismo por azar, con la ascensión de un abrupto precipicio por el lado frontal, y reconoce que este abordaje del "Monte Improbable", no tendrá éxito. No obstante, sugiere que hay una ladera gradual en la parte de atrás de la montaña, que puede ser escalada en pequeños pasos adicionales. En su analogía, la escalada por detrás del "Monte Improbable", corresponde al proceso de la selección natural actuando sobre cambios al azar en el texto genético. Lo que el azar solo no puede lograr, ciegamente y en un único salto, la selección (actuando sobre las mutaciones) puede hacerlo, a través del efecto acumulativo de numerosos pasos leves y sucesivos.

Sin embargo, la extrema especificidad y complejidad de las proteínas presenta una dificultad, no sólo para el origen aleatorio de la información biológica especificada (esto es, para las mutaciones al azar actuando solas), sino también para la selección y las mutaciones actuando concertadamente. En efecto, los experimentos en mutagénesis arrojan dudas sobre cada uno de los dos escenarios mediante los cuales los neodarwinistas conciben la aparición de nueva información, surgida a partir del mecanismo de mutación/selección (para una revisión, ver Lonnig 2001). Para los neodarwinistas, los nuevos genes funcionales aparecen ya sea a partir de los segmentos no codificantes en el genoma, o bien a partir de genes preexistentes. Ambos escenarios son problemáticos.

En el primer escenario, los neodarwinistas conciben la nueva información apareciendo en aquellos segmentos del texto genético que pueden presuntamente variar libremente sin consecuencias para el organismo. De acuerdo a este escenario, los segmentos no codificantes del genoma, o segmentos duplicados de las regiones codificantes, pueden experimentar un período prolongado de "evolución neutral" (Kimura 1983) durante el cual, las alteraciones en las secuencias de los nucleótidos no tienen efectos discernibles sobre la función del organismo. Con el tiempo, sin embargo, aparecerá una nueva secuencia de genes que pueda codificar una nueva proteína. En este punto, la selección natural puede favorecer el nuevo gen y su producto proteico funcional, asegurando así la preservación y herencia de ambos.

Este escenario tiene la ventaja de permitir que el genoma varíe a través de muchas generaciones, mientras las mutaciones "buscan" el espacio de posibles secuencias de bases. El escenario tiene, sin embargo, un problema principal: el tamaño de los espacios combinatorios (esto es, el número de las posibles secuencias de aminoácidos) y la extrema rareza y aislamiento de las secuencias funcionales, dentro de ese espacio de posibilidades. Ya que la selección natural no puede hacer nada para ayudar a que se *generen* nuevas secuencias funcionales, sino que sólo puede preservar tales secuencias una vez que ellas han aparecido, el solo azar —variación aleatoria— debe hacer el trabajo de generar la información —esto es, de encontrar las secuencias extraordinariamente raras y funcionales dentro de la serie de posibilidades combinatorias. Aun así, la probabilidad de ordenar aleatoriamente (o de "encontrar", en el sentido dicho anteriormente) una secuencia funcional, es extremadamente pequeña.

Los experimentos mutagénicos por inserción de casetes, llevados a cabo a principios de los años 90, sugieren que la probabilidad de conseguir (al azar) el correcto ordenamiento de una proteína corta, de 100 aminoácidos de longitud, es de aproximadamente 1 en 10^{65} (Reidhaar-Olson & Sauer 1990, Behe 1992:65-69). Este resultado concuerda estrechamente con los cálculos previos que Yockey (1978) había llevado a cabo, basados en las secuencias de variabilidad conocidas del citocromo C en diferentes especies, y en otras consideraciones teóricas. La investigación más reciente en mutagénesis ha proporcionado respaldo adicional, para la conclusión de que las proteínas funcionales son extremadamente raras entre todas las secuencias posibles de aminoácidos (Axe, 2000, 2004). Axe (2004) ha realizado experimentos de mutagénesis dirigida, en el dominio de un plegamiento proteico de 150 unidades, dentro de la enzima β-lactamasa. Su método experimental perfecciona anteriores técnicas de mutagénesis y corrige varias fuentes de posibles errores intrínsecos en ellos. En base a estos experimentos, Axe ha calculado la relación de (a) proteínas de tamaño regular (150 residuos) que llevan a cabo una función específica a través de cualquier estructura de plegamiento, con (b) la serie entera de posibles secuencias de aminoácidos de ese tamaño. De acuerdo con sus experimentos, Axe ha calculado que la relación es de 1 en 10^{77}. Así, la probabilidad de encontrar una proteína funcional entre todas las posibles secuencias de aminoácidos correspondientes a una proteína de 150 residuos es, igualmente, de 1 en 10^{77}.

Otras consideraciones implican improbabilidades adicionales. En primer lugar, los nuevos animales del cámbrico requerirían proteínas de mucho más de 100 unidades para llevar a cabo muchas funciones especializadas. Ohno (1996) ha observado que los animales del cámbrico habrían requerido proteínas complejas tales como la lisil-oxidasa para soportar sus robustas estructuras corporales. Las moléculas de lisil-oxidasa en los organismos vivos contienen más de 400 aminoácidos. Estas moléculas son, a la vez, altamente complejas (no repetitivas) y funcionalmente especificadas.

Una extrapolación razonable a partir de experimentos en mutagénesis hechos en moléculas de proteínas más cortas, sugiere que la probabilidad de producir proteínas secuenciadas funcionalmente de esta longitud, al azar, es tan pequeña, como para hacer absurdas las apelaciones a la casualidad, aun concediendo la duración de todo el universo. (Ver Dembski 1998:175-223, para un cálculo riguroso de este "Límite Universal de Probabilidad"; ver también Axe 2004). En segundo lugar, además, los datos fósiles (Bowring et al. 1993, 1998a:1, 1998b:40; Kerr 1993; Monatersky 1993), y aun los análisis moleculares que respaldan una divergencia profunda (Wray et al. 1996), sugieren que la duración de la explosión del cámbrico (entre 5-10 $x10^6$ y, a lo sumo, 7 x 10^7 años) es mucho más pequeña que la de todo el universo (1,3-2 x 10^{10} años). En tercer lugar, las frecuencias de mutación del ADN son demasiado bajas como para generar los nuevos genes y proteínas necesarias para formar los animales del cámbrico, teniendo en cuenta la duración más probable de la explosión, determinada por los estudios fósiles (Conway Morris 1998b). Como observa Ohno (1996:8475), aun una frecuencia de mutación de 10^{-9} por par de bases por año, da por resultado sólo un 1% de cambio en la secuencia de un determinado segmento del ADN, en 10 millones de años. Por eso, Ohno sostiene que la divergencia mutacional de genes preexistentes no puede explicar el origen de las formas del cámbrico en ese tiempo[156].

---

[156] Para resolver este problema, el mismo Ohno propone la existencia de una hipotética forma ancestral, que poseía virtualmente toda la información necesaria para producir los nuevos diseños corporales de los animales del cámbrico. Él afirma que este ancestro y su "genoma pananimal" podrían haber aparecido varios cientos de millones de años antes de la explosión del cámbrico. En su opinión, cada uno de los distintos animales del cámbrico habría tenido genomas virtualmente idénticos, si bien con una considerable capacidad latente y no expresada, en el caso de cada forma individual (Ohno 1996:8475-

El mecanismo de la selección/mutación enfrenta otro obstáculo probabilístico. Los animales que aparecen en el cámbrico exhiben estructuras que habrían requerido muchos nuevos *tipos* de células, cada una de las cuales habría necesitado numerosas proteínas nuevas para llevar a cabo sus funciones especializadas. Además, los nuevos tipos celulares requieren *sistemas* de proteínas que deben, como condición de su funcionamiento, actuar en estrecha coordinación unos con otros. Esta unidad de selección en tales sistemas, alcanza a la totalidad del sistema. La selección natural selecciona a partir de una ventaja funcional. Pero los nuevos tipos celulares requieren sistemas enteros de proteínas para realizar sus funciones precisas. En tales casos, la selección natural no puede contribuir al proceso de generación de la información hasta *después* que la información necesaria para formar el requerido sistema ya ha aparecido. Por lo tanto, las variaciones al azar deben, una vez más, hacer el trabajo de generación de la información —y ahora no simplemente para una proteína, sino para muchas proteínas apareciendo casi al mismo tiempo. Por eso, las probabilidades de que esto ocurra solamente por azar son, desde luego, mucho más pequeñas que las probabilidades del origen al azar de un único gen o de una proteína —tan pequeña, de hecho, como para hacer problemático el origen aleatorio de la información genética necesaria para formar un nuevo tipo celular (una condición necesaria pero no suficiente para construir una nueva estructura corporal), aun teniendo en

---

8478). Aun cuando esta propuesta podría ayudar a explicar el origen de las formas animales del cámbrico por referencia a una información genética preexistente, no resuelve sino que simplemente desplaza el problema del origen de la información genética necesaria para producir estas nuevas formas.

cuenta los cálculos más optimistas sobre la duración de la explosión del cámbrico.

Dawkins (1986:139) ha observado que las teorías científicas pueden contar sólo con cierta cantidad de "suerte", antes de que dejen de ser creíbles. La teoría neutral de la evolución, la cual, por su propia lógica, impide que la selección natural juegue un papel en la generación de la información genética hasta después del hecho, depende por completo de demasiada suerte. La sensibilidad de las proteínas a la pérdida de función, la necesidad de proteínas de gran tamaño para formar los nuevos tipos celulares y animales, la necesidad de *sistemas* totalmente nuevos de proteínas necesarios para mantener los nuevos tipos celulares, la probable brevedad de la explosión del cámbrico en relación a las frecuencias de las mutaciones —todo sugiere la inmensa improbabilidad (e inverosimilitud) de cualquier escenario que se base sobre puras variaciones aleatorias, sin ayuda de la selección natural, para el origen de la información genética del cámbrico.

Sin embargo, la teoría neutral requiere que los nuevos genes y proteínas se originen —esencialmente— sólo por mutaciones aleatorias. Las ventajas adaptativas se acumulan *después* de la generación de nuevos genes y proteínas funcionales. Por ello, la selección natural no puede actuar hasta que las nuevas moléculas portadoras de información hayan aparecido independientemente. De esta manera, los partidarios de la teoría neutral imaginan la necesidad de escalar el abrupto lado frontal del "precipicio" al estilo de Dawkins, para el cual no existe una ladera gradual en la parte de atrás de la montaña —una situación que, de acuerdo a la propia lógica de Dawkins, es probabilísticamente insostenible.

En el segundo escenario, los neodarwinistas imaginan que los nuevos genes y proteínas aparecerían por numerosas mutaciones sucesivas en el texto genético previo que codifica para las proteínas. Para adaptar la metáfora de Dawkins, este escenario concibe el descenso gradual de un pico y luego el ascenso a otro. Sin embargo, los experimentos en mutagénesis sugieren nuevamente una dificultad. Estudios recientes demuestran que, aun al explorar una región de espacio de secuencia, poblada por proteínas de un único plegamiento y función, la mayoría de los cambios de posición múltiple llevan rápidamente a la pérdida de la función (Axe, 2000). Sin embargo, para transformar una proteína en otra, con una estructura y función completamente nuevas, son necesarios cambios específicos en muchos sitios. Ciertamente, el número de cambios necesarios para producir una nueva proteína, excede con mucho el número de cambios que producirán típicamente pérdidas funcionales. Teniendo en cuenta esto, la probabilidad de evitar una pérdida funcional total durante una búsqueda aleatoria de los cambios necesarios para producir una nueva función, es extremadamente pequeña —y la probabilidad disminuye exponencialmente con cada cambio adicional necesario (Axe, 2000). Por ello, los resultados de Axe implican que, con toda probabilidad, la búsqueda al azar de nuevas proteínas (a lo largo del espacio de secuencia), ocasionará una pérdida de función, mucho antes de que cualquier nueva proteína funcional aparezca.

Blanco et al. han llegado a una conclusión semejante. Utilizando mutagénesis dirigida, han determinado que los aminoácidos, tanto en el núcleo hidrófobo como en la superficie de la proteína, juegan papeles esenciales en la determinación de la estructura proteica. Muestreando secuencias intermedias entre dos secuencias que aparecen naturalmente y que adoptan plegamientos diferentes, encontraron que las secuencias intermedias "carecen de una estructura tridimensional bien definida". Por ello, estos autores concluyen que es improbable que un nuevo pliegue proteico se genere a través de una serie de secuencias de plegamientos intermedios (Blanco et al. 1999:741).

Por eso, aunque este segundo escenario darwinista tiene la ventaja de comenzar con genes y proteínas funcionales, tiene también una desventaja letal: cualquier proceso de mutación al azar o de reordenamiento en el genoma, generaría con toda probabilidad secuencias intermedias no funcionales, antes de que aparecieran genes o proteínas funcionales esencialmente nuevos. Evidentemente, secuencias intermedias no funcionales no confieren ventajas de supervivencia en sus organismos huéspedes. La selección natural favorece *solamente* ventajas funcionales. No puede seleccionar a favor de secuencias de nucleótidos o cadenas polipeptídicas que todavía no realizan funciones biológicas, y menos aún de secuencias que borran o destruyen funciones preexistentes.

Los genes y las proteínas en evolución fluctuarán a través de series de secuencias intermedias no funcionales, no favorecidas ni preservadas por la selección natural, sino, con toda probabilidad, eliminadas (Blanco et al. 1999, Axe 2000). Cuando esto suceda, la evolución dirigida por la selección se terminará. En este momento, la evolución neutral del genoma (al margen ya de la presión selectiva) puede sobrevenir, pero, como hemos visto, un tal proceso debe vencer obstáculos probabilísticos inmensos, aun concediendo todo el tiempo cósmico para su realización.

Por eso, ya se considere que el proceso evolutivo comienza con una región no codificante del genoma o con un gen funcional preexistente, la especificidad funcional y complejidad de las proteínas, imponen muy estrictas limitaciones sobre la eficacia de las mutaciones y la selección. En el primer caso, la función debe aparecer primero, antes de que la selección natural pueda actuar para favorecer una nueva variación. En el segundo caso, la función debe ser mantenida continuamente a fin de prevenir consecuencias deletéreas (o letales) para el organismo y permitir una evolución ulterior. Sin embargo, la complejidad y la especificidad funcional de las proteínas implican que ambas de estas dos condiciones serán extremadamente difíciles de satisfacer. Por lo tanto, el mecanismo neodarwinista parece ser inadecuado para generar la nueva información presente en los nuevos genes y proteínas que aparecen con los animales del cámbrico.

Nuevos diseños corporales

Los problemas del mecanismo neodarwinista pasan por un nivel aún más profundo. A fin de explicar el origen de los animales del cámbrico, se debe explicar el origen no sólo de las nuevas proteínas y tipos celulares, sino también el de los nuevos diseños corporales.

Durante las últimas décadas, la biología del desarrollo ha incrementado dramáticamente nuestro conocimiento acerca de cómo se construyen las estructuras corporales durante la ontogenia. Durante el proceso, ha descubierto una profunda dificultad para el neodarwinismo.

Un cambio morfológico significativo en los organismos, exige tener en cuenta el momento en que este ocurre. Las mutaciones genéticas que se expresan tardíamente en el desarrollo de un organismo, no afectarán el diseño corporal. Las mutaciones que se expresan tempranamente en el desarrollo, sin embargo, podrían posiblemente producir un cambio morfológico significativo (Arthur 1997:21). Por eso, los acontecimientos tempranos que se expresan en el desarrollo de los organismos tienen la única oportunidad real de producir cambios macroevolutivos a gran escala (Thompson 1992). Como explican John y Miklos (1988:309), los cambios macroevolutivos requieren alteraciones en los estadios muy tempranos de la ontogénesis.

Sin embargo, estudios recientes en biología del desarrollo demuestran claramente que las mutaciones expresadas tempranamente en el desarrollo tienen efectos típicamente perjudiciales (Arthur 1997:21). Por ejemplo, cuando las moléculas que actúan tempranamente en el plan corporal, o morfógenos, como por ejemplo *Bicoid* (que ayuda a establecer el eje antero-posterior cabeza-cola en la *Drosophila*) son perturbadas, el desarrollo se interrumpe (Nusslein-Volhard & Wieschaus 1980, Lawrence & Struhl 1996, Muller & Newman 2003)[157]. Los embriones

---

[157] Algunos investigadores han sugerido que las mutaciones en los genes reguladores *Hox* podrían proporcionar la materia prima para la morfogénesis de los diseños corporales. Sin embargo, hay dos problemas en esta proposición. Primero, la expresión de los genes *Hox* comienza sólo después de que la base de los diseños corporales ha quedado establecida al comienzo de la embriogénesis (Davidson 2001:66). Segundo, los genes *Hox* están altamente conservados en muchos phyla diferentes y por consiguiente no pueden explicar las diferencias morfológicas que existen entre dichos phyla (Valentine 2004:88).

resultantes mueren. Hay, por otra parte, una buena razón para esto. Si un ingeniero modifica la longitud de la varilla del pistón en un motor de combustión interna sin modificar en la debida forma el cigüeñal, el motor no arrancará. De manera semejante, los procesos del desarrollo se encuentran estrechamente integrados espacial y temporalmente, de modo que los cambios en el desarrollo temprano requerirán un conjunto de cambios coordinados en procesos separados pero funcionalmente interrelacionados. Por esta razón, las mutaciones serán probablemente mucho más letales si alteran una estructura funcional profundamente integrada, tal como la columna vertebral, que si afectan características más aisladas, tales como los dedos (Kauffman 1995:200).

Este problema ha llevado a lo que Mc Donald (1983) llama "una gran paradoja Darwinista" (p. 93). McDonald advierte que los genes que se observan que varían dentro de una población natural, no conducen a cambios adaptativos de importancia, mientras que los genes que podrían causar cambios de importancia —el objeto real de la evolución— aparentemente no varían. En otras palabras, las mutaciones de la clase que la macroevolución no necesita (a saber, mutaciones genéticas viables en el ADN, que se expresan tardíamente en el desarrollo), sí ocurren, pero aquellas que necesita (a saber, mutaciones beneficiosas para el diseño corporal, que se expresan tempranamente en el desarrollo) aparentemente no ocurren[158]. Según Darwin (1859:108) la selección natural

---

[158] Se ha observado notables diferencias en el desarrollo de organismos semejantes. Especies congenéricas de erizos de mar, por ejemplo, (del género *Heliocidaris*) exhiben sorprendentes diferencias en sus procesos de desarrollo (Raff 1999:110-121). Por ello, se podría argumentar que tales diferencias demuestran que programas tempranos

no puede actuar hasta que las mutaciones favorables aparecen en una población. Sin embargo, no hay evidencia desde el punto de vista de la genética del desarrollo, de que esta clase de variaciones requeridas por el neodarwinismo —a saber, mutaciones beneficiosas para el diseño corporal— ocurran alguna vez.

La biología del desarrollo ha suscitado otro formidable problema para el mecanismo de la mutación/selección. Desde hace mucho tiempo, la evidencia embriológica ha demostrado que el ADN no determina en su totalidad la forma morfológica (Goodwin 1985, Nijhout 1990, Saap 1987, Muller & Newman 2003), lo que sugiere que las mutaciones en el ADN solamente, no pueden explicar los cambios morfológicos necesarios para construir un nuevo diseño corporal.

El ADN ayuda a dirigir la síntesis proteica[159]. También ayuda a regular el momento y la expresión de la síntesis de

---

de desarrollo pueden mutar de hecho para producir nuevas formas. No obstante, existen dos problemas con esta afirmación. En primer lugar no hay evidencia directa de que las diferencias existentes en el desarrollo de los erizos de mar aparecieran por mutaciones. En segundo lugar las diferencias observadas en los programas de desarrollo de las diferentes especies de erizos de mar no dan por resultado nuevos diseños corporales. A pesar de las diferencias en los patrones de desarrollo los resultados finales son los mismos. Por ello, aun si se puede suponer que las mutaciones producen las diferencias en el desarrollo, se debe reconocer que tales cambios no dieron por resultado nuevas formas.

[159] Naturalmente, muchos procesos post-traduccionales de modificación juegan también un papel en la producción de una proteína funcional. Tales procesos hacen imposible predecir la

varias proteínas dentro de las células. Sin embargo, el ADN solo no determina de qué manera las proteínas individuales se ensamblan entre ellas para formar sistemas más grandes de proteínas; todavía menos determina por sí mismo cómo los tipos celulares, los tipos de tejidos y los órganos se ensamblan entre ellos para formar diseños corporales (Harold 1995:2774, Moss 2004). En su lugar, otros factores —tales como la estructura tridimensional y la organización de la membrana celular y del citoesqueleto y la arquitectura espacial del huevo fertilizado — juegan papeles importantes para determinar la formación del diseño corporal durante la embriogénesis.

Por ejemplo, la estructura y la localización del citoesqueleto influencian la formación del patrón de los embriones. Conjuntos de microtúbulos ayudan a distribuir las proteínas esenciales utilizadas durante el desarrollo, hacia sus exactas localizaciones en la célula. Por cierto, los propios microtúbulos están hechos de muchas subunidades proteicas. No obstante, al igual que los ladrillos que pueden ser usados para armar muchas estructuras diferentes, las subunidades de tubulina en los microtúbulos de la célula son idénticas unas con otras. Por ello, ni las unidades de tubulina ni los genes que las producen, explican las diferentes formas del conjunto de microtúbulos que diferencian a las distintas clases de embriones y vías de desarrollo. En su lugar, la misma estructura del conjunto de microtúbulos está determinada por la ubicación y disposición de sus subunidades, no por las propiedades de las subunidades en sí mismas. Por esta razón, no es posible predecir la estructura del citoesqueleto

---

secuencia final de una proteína sólo a partir de sus correspondientes secuencias genéticas (Sarkar 1996:119-202).

de la célula a partir de las características de las proteínas constitutivas que forman dicha estructura (Harold 2001:125).

Dos analogías pueden ayudar a esclarecer más esta cuestión. En una construcción, los constructores harán uso de muchos materiales: tablas, alambres, clavos, muros, cañerías y ventanas. Sin embargo, los materiales de construcción no determinan el plano de la casa o la disposición de las casas en un vecindario. De manera semejante, los circuitos electrónicos están constituidos por muchos componentes, como resistencias, condensadores y transistores. Pero tales componentes de nivel inferior no determinan su peculiar disposición en un circuito integrado. La característica de lo biológico depende también de la disposición jerárquica de sus partes. Los genes y las proteínas están hechos de unidades de construcción sencillos —nucleótidos y aminoácidos— dispuestos de maneras específicas. Los tipos celulares están hechos, entre otras cosas, de sistemas de proteínas especializadas. Los órganos están compuestos por disposiciones especializadas de tipos celulares y tejidos. Y los planes corporales comprenden disposiciones específicas de órganos especializados. Está claro, sin embargo, que las propiedades de las proteínas individuales (o, ciertamente, las partes inferiores de la jerarquía en general) no determinan completamente la organización de las estructuras de nivel superior ni los patrones de organización (Harold 2001:125). De lo que se sigue que la información genética que codifica para las proteínas, no determina tampoco estas estructuras de mayor nivel.

Estas consideraciones plantean otro desafío para la suficiencia del mecanismo neodarwinista. El neodarwinismo trata de explicar el origen de la nueva información, forma, y estructura como el resultado de la selección actuando sobre variaciones que aparecen al azar, en un nivel muy bajo de la jerarquía biológica, a saber, en el interior del código genético. Sin embargo, las innovaciones morfológicas superiores dependen de una especificidad de la disposición a un nivel mucho más alto en la jerarquía de organización, un nivel que el ADN por sí solo no determina. Además, si el ADN no es completamente responsable de la morfogénesis del diseño corporal, entonces las secuencias del ADN pueden mutar indefinidamente, sin tener en cuenta los límites probabilísticos realistas, y aún así no producir un nuevo diseño corporal. Por ello, el mecanismo de la selección natural actuando sobre mutaciones al azar en el ADN no puede *en principio* generar nuevos diseños corporales, incluyendo aquellos que aparecieron primero en la explosión del cámbrico.

Se puede argumentar por cierto que aun cuando muchas proteínas individuales no determinan por sí mismas las estructuras celulares y/o los planes corporales, las proteínas que actúan concertadamente con otras proteínas o series de proteínas, podrían determinar tales formas de nivel superior. Se podría señalar, por ejemplo, que las subunidades de tubulina (citadas arriba) son ensambladas por otras proteínas auxiliares —productos genéticos— llamadas Proteínas Asociadas a Microtúbulos (MAPS). Esto pudiera sugerir que los genes y los productos genéticos son suficientes por sí mismos para determinar el desarrollo de la estructura tridimensional del citoesqueleto.

Sin embargo, las MAPS y ciertamente muchas proteínas indispensables, son sólo una parte de la historia. La localización de sitios "diana" específicos, en la cara interna de la membrana celular también ayuda a determinar la forma del citoesqueleto. De forma semejante, también lo hace la posición y la estructura del centrosoma, el cual agrupa los microtúbulos que forman el citoesqueleto. Aun cuando ambos —los sitios diana de la membrana y los centrosomas— están hechos de proteínas, la localización y la forma de estas estructuras no están completamente determinadas por las proteínas que las componen. Ciertamente, la estructura del centrosoma y los diseños de la membrana *como un todo* transmiten la información estructural tridimensional que ayuda a determinar la estructura del citoesqueleto y la localización de sus subunidades (McNiven & Porter 1992:313-329). Además, los centríolos que componen los centrosomas se replican independientemente de la replicación del ADN (Lange et al. 2000:235-249, Marshall & Rosenbaum 2000:187-205). El centríolo hijo recibe su forma de la estructura general del centríolo madre, no de los productos genéticos individuales que lo constituyen (Lange et al. 2000). En los (protozoos) ciliados, la microcirugía de la membrana puede producir cambios heredables en el diseño de la membrana, aun cuando el ADN de estos ciliados no haya sido alterado (Sonneborn 1970:1-13, Frankel 1980:607-623; Nanney 1983:163-170). Esto sugiere que los diseños de la membrana (al contrario de los constituyentes de la membrana) son grabados directamente en las células hijas. En ambos casos, la forma se transmite —desde estructuras tridimensionales progenitoras, a estructuras tridimensionales hijas— en forma directa y no está completamente contenida en las proteínas constitutivas o en la información genética (Moss 2004).

Así, en cada nueva generación, la forma y la estructura de la célula aparecen como resultado, *tanto* de los productos genéticos, *como* de la organización y las estructuras tridimensionales preexistentes.

Las estructuras celulares se construyen con proteínas, pero las proteínas encuentran su camino hacia sus localizaciones correctas, en parte debido a los diseños tridimensionales preexistentes y a la organización inherente a las estructuras celulares. La forma tridimensional preexistente en la generación anterior (ya sea inherente a la membrana celular, al centrosoma, al citoesqueleto u otras características del huevo fertilizado) contribuye a la producción de la forma en la próxima generación. Ni las proteínas estructurales solas, ni los genes que las codifican, son suficientes para determinar la forma y estructura tridimensional de las entidades que ellas integran. Los productos genéticos proveen las condiciones necesarias, pero no suficientes, para el desarrollo de la estructura tridimensional dentro de las células, órganos y diseños corporales (Harold 1995:2767). Pero si esto es así, entonces, la selección natural no puede producir las nuevas formas que aparecen en la historia de la vida actuando sólo sobre variaciones genéticas.

Modelos de autoorganización

Naturalmente, el neodarwinismo no es la única teoría evolucionista que intenta explicar el origen de nuevas formas biológicas. Kauffman (1995) pone en duda la eficacia del mecanismo de mutación/selección. No obstante, ha propuesto una teoría de la autoorganización para explicar la emergencia de nuevas formas biológicas y, presumiblemente, de la información necesaria para generarlas. Mientras que el neodarwinismo intenta explicar las formas nuevas como consecuencia de la selección actuando sobre mutaciones al azar, Kauffman sugiere que la selección actúa, no principalmente sobre variaciones fortuitas, sino sobre patrones emergentes de orden que se auto-organizan a través de leyes naturales.

Kauffman (1995:47:92) ilustra cómo esto podría funcionar mediante varios modelos de sistemas, en un entorno computarizado. En uno de ellos, concibe un sistema de botones conectados por cuerdas. Los botones representan nuevos genes o productos de genes; las cuerdas representan las fuerzas-como-leyes de interacción que se presentan entre los productos de los genes— esto es, proteínas. Kauffman sugiere que cuando la complejidad del sistema (representado por el número de botones y cuerdas) alcanza un umbral crítico, pueden aparecer en el sistema nuevos modos de organización sin costo alguno — esto es, natural y espontáneamente— a la manera de una transición de fase en química.

Otro modelo que Kauffman desarrolla, es un sistema de luces interconectadas. Cada luz puede brillar en una variedad de estados —encendido, apagado, titilante, etc. Desde que hay más de un posible estado para cada luz, y muchas luces, hay entonces un vasto número de estados posibles que el sistema puede adoptar. Además, en su sistema, las reglas determinan cómo los estados pasados influenciarán estados futuros. Kauffman asevera que, como resultado de estas reglas, el sistema, si está adecuadamente ajustado, producirá eventualmente un tipo de orden en el cual, unos pocos patrones básicos de actividad lumínica se repiten con una frecuencia más grande que si ocurrieran al azar. Ya que estos patrones reales de actividad lumínica representan una porción

pequeña del número total de estados posibles en los cuales
el sistema puede residir, Kauffman parece querer decir que
las leyes de autoorganización podrían, análogamente,
producir resultados biológicos altamente improbables —tal
vez aun secuencias (de bases o de aminoácidos), dentro de
un espacio mucho mayor de series de posibilidades.

¿Representan estas simulaciones de procesos de
autoorganización, modelos realistas sobre el origen de
nueva información genética? Es difícil pensar así.

Primero, en ambos ejemplos, Kauffman presupone, pero
no explica, la existencia de fuentes significativas de
información preexistentes. En su sistema de botones-y-
cuerdas, los botones representan proteínas, que son en sí
mismas paquetes de ICE, y el resultado de una
información genética preexistente. ¿De dónde proviene
esta información? Kauffman (1995) no lo dice, pero el
origen de tal información es una parte esencial de lo que
necesita ser explicado en la historia de la vida. De manera
semejante, en su sistema lumínico, el orden que
supuestamente aparece de modo espontáneo, se origina en
realidad sólo si el programador del sistema modélico lo
"ajusta" de manera tal, que sea capaz de impedir tanto (a)
generar un orden excesivamente rígido, o (b) producir caos
(pp. 86-88). Sin embargo, este indispensable ajuste implica
un programador inteligente que seleccione ciertos
parámetros y excluya otros —esto es, un aporte de
información.

En segundo lugar, los sistemas modélicos de Kauffman no
están restringidos por consideraciones funcionales y por
ello, no son análogos a los sistemas biológicos. Un sistema
de luces interconectadas, regido por reglas preprogramadas

podría bien resolverse en un pequeño número de patrones dentro de un espacio mucho mayor de posibilidades. Pero, debido a que estos patrones no tienen función, y no necesitan satisfacer ningún requisito funcional, no tienen ninguna especificidad análoga a aquellos presentes en los organismos reales. Más bien, el examen de los sistemas modélicos de Kauffman (1995) demuestra que ellos no producen secuencias o sistemas que se caractericen por tener una complejidad *especificada*, sino, en cambio, por grandes cantidades de orden simétrico o redundancia interna, entremezclados con aperiodicidad o mera complejidad (pp. 53, 89, 102). Obtener un sistema regido por leyes, que genere patrones repetitivos de destellos de luz, aun con una cierta cantidad de variación, es ciertamente interesante, pero biológicamente irrelevante. Por otra parte, un sistema de luces destellando el título de una obra de Broadway modelaría un proceso de autoorganización biológicamente significativo, al menos si tales secuencias funcionalmente especificadas, o con sentido, aparecieran sin agentes inteligentes que programaran previamente el sistema con cantidades equivalentes de ICE. Sea como fuere, los sistemas de Kauffman no producen complejidad *especificada*, y por consiguiente no ofrecen modelos promisorios para explicar los nuevos genes y proteínas que aparecieron en el cámbrico.

Aun así, Kauffman sugiere que estos modelos de autoorganización pueden dilucidar específicamente algunos aspectos de la explosión de cámbrico. Según Kauffman (1995:199-201), los nuevos animales del cámbrico emergieron como resultado de mutaciones de "salto largo"[160], que establecieron los nuevos diseños corporales de una manera discontinua más que gradual. También reconoce que las mutaciones que afectan a estadios tempranos del desarrollo son casi inevitablemente perjudiciales. Por ello concluye que los diseños corporales, una vez establecidos, no cambiarán, y que cualquier evolución subsiguiente debe ocurrir dentro de un diseño corporal establecido (Kauffman 1995:201). Y ciertamente, el registro fósil muestra un curioso (desde el punto de vista neodarwinista) patrón de aparición "de arriba-abajo", en el cual los grupos taxonómicos superiores (y los diseños corporales que los representan) aparecen primero, para ser seguidos sólo más tarde por la multiplicación de las categorías inferiores, que representan variaciones dentro de aquellos diseños corporales originarios (Erwin et al. 1987, Lewin 1988, Valentine & Jablonski 2003:518). Más aún, como Kauffman supone, los diseños corporales aparecen súbitamente y persisten sin cambios significativos en el curso del tiempo.

Pero aquí, un vez más, Kauffman da por sentada la cuestión más importante, a saber: ¿cual es la causa primera que produce los diseños corporales del cámbrico? Por supuesto, él invoca las "mutaciones de salto largo" para explicar esto, pero no identifica ningún proceso de autoorganización específico que pueda producir tales mutaciones. Por otra parte, admite un principio que socava la verosimilitud de su propia propuesta. Kauffman reconoce que las mutaciones que ocurren tempranamente en el desarrollo, son casi inevitablemente deletéreas. Sin embargo, los biólogos del desarrollo saben que estas son la

---

[160] Por mutaciones de salto largo, Meyer se refiere a mutaciones que introducen numerosos cambios en el organismo. (N. del T.)

única clase de mutaciones que tienen una probabilidad real de producir cambios evolutivos a gran escala —por ejemplo, los grandes saltos a los que Kauffman apela. Aunque Kauffman repudia la confianza neodarwinista en las mutaciones al azar, y en favor de un orden autoorganizativo, al final debe apelar a la clase de mutación más inverosímil para proporcionar una explicación autoorganizativa de los nuevos diseños corporales del cámbrico. Claramente, su modelo no es suficiente.

El equilibrio puntuado

Naturalmente, otras explicaciones han sido propuestas aún. Durante los 70s, los paleontólogos Eldredge y Gould (1972) propusieron una teoría de la evolución por equilibrio puntuado para explicar el patrón predominante de "aparición súbita" y "estasis" en el registro fósil. Aunque los propugnadores del equilibrio puntuado estaban tratando principalmente de describir el registro fósil con mayor precisión que lo que habían hecho los modelos neodarwinistas anteriores, sí propusieron también un mecanismo —conocido como selección de especies— por el cual se podrían haber producido los grandes saltos morfológicos evidentes en el registro fósil. Según los puntuacionistas, la selección natural funciona en mayor medida como un mecanismo para seleccionar las especies más aptas, en lugar de los individuos más aptos dentro de una especie. Por consiguiente, en este modelo, los cambios morfológicos deberían ocurrir a intervalos más grandes y discontinuos que los supuestos por la concepción tradicional neodarwinista.

A pesar de sus virtudes como modelo descriptivo de la historia de la vida, el equilibrio puntuado ha sido ampliamente criticado por su fracaso en proveer de un mecanismo suficiente para producir las nuevas formas características de los grupos taxonómicos superiores. Por una parte, los críticos han observado que el mecanismo propuesto del cambio evolutivo puntuado, simplemente carece de la materia prima sobre la cual trabajar. Como observan Valentine y Erwin (1987), el registro fósil no documenta un gran reservorio de especies anteriores al cámbrico. Sin embargo, el mecanismo propuesto de selección de especies requiere dicho reservorio de especies sobre el cual actuar. Por ello, concluyen que el mecanismo de selección de especies probablemente no resuelve el problema del origen de los grupos taxonómicos superiores (p. 96)[161]. Además, el equilibrio puntuado no ha abordado el problema, más específico y fundamental, del origen de la nueva información (ya sea genética o epigenética) necesaria para producir nuevas formas biológicas. Los propugnadores del equilibrio puntuado podrían suponer que las nuevas especies (sobre las cuales actúa la selección natural) surgen mediante los conocidos procesos microevolutivos de especiación (como el efecto fundador, la deriva genética o el efecto cuello de botella), que no

---

[161] Erwin (2004:21), aunque favorable hacia la posibilidad de la selección de especies, arguye que Gould proporciona escasa evidencia de su existencia. "La dificultad", escribe Erwin acerca de la selección de especies, "…es que debemos basarnos en los argumentos de Gould sobre la plausibilidad teórica y en una frecuencia relativa suficiente. Raramente se presenta una gran cantidad de datos para justificar y respaldar la conclusión de Gould". En efecto, el mismo Gould (2002) admite que la selección de especies sigue siendo, en gran medida, una construcción hipotética. "Admito sin reservas que casos bien documentados de selección de especies no abundan en la literatura" (p. 710).

dependen necesariamente de las mutaciones para producir cambios adaptativos. Pero, en ese caso, la teoría carece de una explicación acerca de cómo aparecen las categorías taxonómicas *superiores* específicamente. Por otra parte, si los puntuacionistas asumen que los procesos de mutación genética pueden producir variaciones y cambios morfológicos más fundamentales, entonces su modelo se ve expuesto a los mismos problemas que el neodarwinismo (ver arriba). Este dilema es evidente en Gould (2002:710) en cuanto que sus intentos por explicar la complejidad adaptativa, inevitablemente se sirven de los modelos neodarwinistas clásicos de explicación[162].

Estructuralismo

Otro intento para explicar el origen de la forma ha sido propuesto por los estructuralistas Gerry Webster y Brian Goodwin (1984, 1996). Estos biólogos, basándose en el

---

[162] "Yo no niego, ya sea la maravilla o la poderosa importancia de la complejidad adaptativa organizada. Reconozco que no conocemos ningún mecanismo para explicar el origen de tales rasgos organísmicos que no sea la convencional selección natural al nivel organísmico — porque el consumado embrollo y elaboración de un buen diseño bioquímico con seguridad excluye, ya sea una producción al azar o un origen incidental, como consecuencia colateral de procesos activos a otro nivel" (Gould 2002:710).
"Por ello, nosotros no recusamos la eficacia o la cardinal importancia de la selección organísmica. Como se ha discutido previamente, yo estoy completamente de acuerdo con Dawkins (1986) y otros, que no pueden invocar una fuerza de nivel superior, como la selección de especies, para explicar 'las cosas que los organismos hacen' — en particular la asombrosa panoplia de adaptaciones organísmicas que ha motivado siempre nuestro sentido de admiración del mundo natural, y que Darwin (1859) describió, en uno de sus más famosos renglones (3), como 'esa perfección de estructura y coadaptación que con toda justicia provoca nuestra admiración' " (Gould 2002:886).

trabajo previo de D'Arcy Thompson (1942), consideran la forma biológica como el resultado de restricciones estructurales impuestas en la materia por reglas o leyes morfogenéticas. Por razones semejantes a las anteriormente tratadas, los estructuralistas han insistido en que estas reglas generativas o morfogenéticas no son inherentes al nivel inferior de los materiales de construcción de los organismos, ya sean genes o proteínas. Webster y Goodwin (1984:510-511) visualizan además a estas reglas o leyes morfogenéticas operando ahistóricamente, de manera semejante a la forma en que operan las leyes gravitacionales o electromagnéticas. Por esta razón, los estructuralistas consideran la filogenia como de importancia secundaria en la comprensión del origen de las categorías taxonómicas superiores, aunque piensan que esas transformaciones en la forma pueden darse. Para los estructuralistas, las restricciones en la disposición de la materia no aparecen principalmente como resultado de contingencias históricas —tales como cambios en el medio ambiente o mutaciones genéticas— sino, en cambio, debido a la continua operación ahistórica de leyes fundamentales de la forma— leyes que organizan o informan a la materia.

Mientras que este enfoque evita muchas de las dificultades que aquejan actualmente al neodarwinismo (en particular aquellos asociados con su "genocentrismo"), los críticos del estructuralismo (tales como Maynard Smith 1986), han argumentado que la explicación estructuralista de la forma, carece de especificidad. Estos críticos observan que los estructuralistas no han sido capaces de decir exactamente dónde residen las leyes de la forma —si en el universo, en todo mundo posible, en los organismos como un todo, o sólo en alguna parte de los organismos. Además, según los estructuralistas, las leyes morfogenéticas son de carácter matemático. Sin embargo, los estructuralistas tienen todavía que especificar las formulas matemáticas que determinan las formas biológicas.

Otros autores (Yockey 1992; Polanyi 1967, 1968; Meyer 2003) han cuestionado que las leyes físicas pudieran en principio generar la clase de complejidad que caracteriza a los sistemas biológicos. Los estructuralistas imaginan la existencia de leyes biológicas que producen formas, poco más o menos igual que lo hacen las leyes físicas. Sin embargo, las formas que los físicos consideran como manifestaciones de leyes fundamentales, se caracterizan por grandes cantidades de orden simétrico y redundante, por patrones relativamente simples, tales como vórtices o campos gravitacionales o líneas de fuerzas magnéticas. Efectivamente, las leyes físicas se expresan típicamente como ecuaciones diferenciales (o algoritmos) que casi por definición describen fenómenos recurrentes —patrones de "orden" condensado, no de "complejidad" tal como la define la teoría de la información algorítmica (Yockey 1992:77-83). Por el contrario las formas biológicas manifiestan mayor complejidad y se derivan durante la ontogenia a partir de condiciones altamente complejas—es decir, secuencias no redundantes de bases nucleotídicas en el genoma y otras formas de información expresadas en la compleja e irregular topografía tridimensional del organismo o del huevo fecundado. Por ello, la clase de forma que las leyes físicas producen no es análoga a la forma biológica —por lo menos no cuando se la compara desde el punto de vista de la complejidad algorítmica. Además, las leyes físicas carecen del contenido de información necesario para especificar sistemas biológicos. Como Polanyi (1967, 1968) y Jockey

(1992:290) han demostrado, las leyes de la física y de la química permiten, pero no determinan, los característicos modos biológicos de organización. En otras palabras, los sistemas vivos son compatibles con las leyes fisicoquímicas, pero no deducibles de ellas (1992:290).

Naturalmente, los sistemas biológicos sí manifiestan algunos patrones, procesos y conductas recurrentes. El mismo tipo de organismo se desarrolla repetidas veces a partir de procesos ontogénicos similares en la mima especie. Procesos semejantes de división celular se repiten en muchos organismos. Por ello, ciertos procesos biológicos podrían describirse como gobernados por leyes. Aun así, la existencia de tales regularidades biológicas no resuelve el problema del origen de la forma y la información, ya que estos procesos recurrentes, descritos por dichas leyes biológicas (si es que existen tales leyes) sólo ocurren como resultado de reservorios preexistentes de información (genética y/o epigenética), y estas condiciones iniciales ricas en información imponen las restricciones que producen la conducta recurrente de los sistemas biológicos. (Por ejemplo, los procesos de división celular se repiten con gran frecuencia en los organismos, pero dependen de las moléculas de ADN y proteínas, ricas en información). En otras palabras, las características regularidades biológicas dependen de una información biológica preexistente. Por ello, el recurso a leyes biológicas de nivel más elevado presupone, pero no explica, el origen de la información necesaria para la morfogénesis.

De este modo, el estructuralismo enfrenta una dificultad en principio disyuntiva. Por una parte, las leyes físicas producen patrones redundantes muy simples que carecen de la complejidad característica de los sistemas biológicos. Por otra parte, las leyes biológicas características —si existen tales leyes— dependen de estructuras preexistentes ricas en información. En ambos casos, las leyes no son buenos candidatos para explicar el origen de la forma biológica o de la información necesaria para producirla.

El cladismo: ¿un artefacto de clasificación?

Algunos cladistas han propuesto otro enfoque del problema del origen de la forma, en concreto tal y como aparece en el cámbrico. Ellos sostienen que el problema del origen de los phyla es un artefacto del sistema de clasificación, y por lo tanto no requiere explicación. Budd y Jensen (2000), por ejemplo, argumentan que el problema de la explosión del cámbrico se resuelve solo, si se tiene presente la distinción cladista entre grupos "madre" y grupos "corona". Ya que los grupos "corona" aparecen cada vez que nuevos caracteres son añadidos a grupos madres ancestrales más simples durante el proceso evolutivo, los nuevos phyla aparecerán inevitablemente, una vez que un nuevo grupo madre ha aparecido ya. Es por ello que, para Budd y Jensen, lo que requiere explicación no son los grupos "corona" correspondientes a los nuevos phyla del cámbrico, sino los grupos "madre" más primitivos anteriores, que presumiblemente aparecieron en las profundidades del Proterozoico. Sin embargo, desde que estos grupos "madre" anteriores son, por definición menos derivados, explicarlos será considerablemente más fácil que explicar el origen de los animales del cámbrico, *de novo*. En cualquier caso, para Budd y Jensen, la explosión de nuevos phyla en el cámbrico no necesita explicación. Como dicen ellos, "dado que los puntos tempranos de ramificación de los clados mayores es un resultado inevitable de la diversificación de los clados, el supuesto fenómeno de los phyla que aparecen temprano y permanecen estáticos, no se ve que necesite una explicación particular". (Budd & Jensen 2000:253).

Aun cuando tal vez resulte superficialmente plausible, el intento de Budd y Jensen para aclarar la explosión del cámbrico, de por sentado cuestiones cruciales. Se puede conceder que, a medida que nuevos caracteres se añaden a las formas existentes aparecen posiblemente, morfologías novedosas y más grandes disparidades morfológicas. Pero ¿qué causa la aparición de nuevos caracteres? ¿Y cómo se origina la información necesaria para producir los nuevos caracteres? Budd y Jensen no lo especifican. Tampoco pueden decir qué grado probable de derivación tendrían las formas ancestrales, y qué procesos podrían haber sido suficientes para producirlas. En lugar de eso, simplemente presuponen la suficiencia de los conocidos mecanismos neodarwinistas (Budd & Jensen 2000:288). Sin embargo, como se expuso anteriormente, esta presuposición es ahora problemática. En cualquier caso, Budd y Jensen no explican qué causa el origen de la forma y la información biológica.

Convergencia y Evolución Teleológica

Más recientemente, Conway Morris (2000, 2003c) ha sugerido otra posible explicación, basada en la tendencia de la evolución a converger en las mismas formas estructurales durante la historia de la vida. Conway Morris cita numerosos ejemplos de organismos que poseen formas y estructuras muy similares, aun cuando dichas estructuras se construyan muchas veces a partir de diferentes sustratos materiales y aparezcan (en la ontogenia) debido a la expresión de genes muy diferentes. Dada la extrema improbabilidad de que las mismas estructuras aparezcan por mutaciones al azar y selección, en filogénesis diferentes, Conway Morris sostiene que la predominancia de las estructuras convergentes sugiere que la evolución puede estar en alguna forma "canalizada" hacia funciones semejantes y/o puntos finales estructurales. Tal comprensión "dirigida-hacia-un-fin" de la evolución, admite este autor, plantea la polémica perspectiva de un elemento teleológico o intencional en la historia de la vida. Por esta razón, sostiene que el fenómeno de la convergencia ha recibido menos atención de la que hubiera recibido de otra forma. No obstante, sostiene que así como los físicos han reabierto la cuestión del diseño en sus discusiones del fino-ajuste antrópico, la omnipresencia de estructuras convergentes en la historia de la vida, ha llevado a algunos biólogos (Denton 1998) a considerar la posibilidad de extender el pensamiento teleológico a la biología. Y, ciertamente, el mismo Conway Morris insinúa que el proceso evolutivo podría estar "apuntalado por un propósito".

Obviamente, Conway Morris considera esta posibilidad en relación con un aspecto muy específico del problema de la forma organísmica, a saber, el problema de explicar por qué las mismas formas aparecen varias veces en tantas líneas diferentes de descendencia. Pero esto plantea una cuestión.

¿Podría un enfoque parecido arrojar luz explicativa sobre la cuestión causal más general que ha sido abordada en esta reseña? ¿Podría la noción de un diseño intencional ayudar a proporcionar una explicación más adecuada sobre el origen de la forma organísmica en general? ¿Hay razones para considerar el diseño como una explicación del origen de la información biológica necesaria para producir las categorías taxonómicas superiores y su correspondiente novedad morfológica?

El resto de esta reseña sugerirá que existen tales razones. El hacerlo puede también ayudar a explicar por qué el problema de la teleología o el diseño ha resurgido en la discusión de los orígenes biológicos (Denton 1986, 1998; Thaxton et al. 1992; Kenyon & Mills 1996; Behe 1996, 2004; Dembski 1998, 2002, 2004; Conway Morris 2000, 2003a, 2003b; Lonnig 2001; Lonnig & Saedler 2002; Nelson & Wells 2003; Meyer 2003, 2004; Bradley 2004) y por qué algunos científicos y filósofos de la ciencia han considerado explicaciones teleológicas para el origen de la forma y la información a pesar de las fuertes prohibiciones metodológicas en contra del diseño como hipótesis científica (Gillespie 1979, Lenior 1982:4).

En primer término, la posibilidad del diseño como explicación, resulta lógicamente de una consideración de las deficiencias del neodarwinismo y otras teorías en boga como explicaciones de algunas de las más sorprendentes "apariencias de diseño" en los sistemas biológicos. Neodarwinistas tales como Ayala (1994:5), Dawkins (1986:1), Mayr (1982: XI-XII) y Lewontin (1978), han reconocido desde hace mucho tiempo que los organismos parecen haber sido diseñados. Lógicamente, los neodarwinistas aseveran que lo que Ayala (1994:5) denomina el "obvio diseño" de los seres vivos es sólo aparente, ya que el mecanismo de la selección/mutación puede explicar el origen de la forma compleja y la organización de los sistemas vivientes, sin recurrir a un agente diseñador. En efecto, los neodarwinistas afirman que la mutación y la selección —y quizá otros mecanismos igualmente no dirigidos— son completamente suficientes para explicar la apariencia de diseño en la biología. Los teóricos de la autoorganización y los puntuacionistas modifican esta afirmación, pero ratifican sus principios esenciales. Ellos sostienen que la selección natural actuando sobre un orden autoorganizado puede explicar la complejidad de los seres vivos —una vez más, sin recurrir al diseño. Los puntuacionistas imaginan igualmente a la selección natural actuando sobre nuevas especies aparecidas, sin que aparezca involucrado ningún verdadero diseño.

Y, claramente, el mecanismo neodarwinista sí que explica muchas apariencias de diseño, como sucede con las adaptaciones de los organismos a medios ambientes especializados, que atrajeron el interés de los biólogos del siglo XIX. Más específicamente, los procesos microevolutivos conocidos parecen ser completamente suficientes para explicar los cambios en el tamaño de los picos de los pinzones de las Galápagos que han ocurrido en respuesta a variaciones en la cantidad de lluvias anuales y las provisiones de alimentos disponibles (Weiner 1994, Grant 1999).

Pero, ¿explica el neodarwinismo u otro modelo completamente materialista, todas las apariencias de diseño en biología, incluyendo los diseños corporales y la información que caracteriza a los sistemas vivientes? Es discutible. Las formas biológicas— tales como la estructura del nautilo acorazado, la organización de un trilobite, la integración funcional de las partes de un ojo o las máquinas moleculares— atraen nuestra atención, en parte debido a que la complejidad organizada de tales sistemas parece recordarnos a nuestros propios diseños.

Sin embargo, esta revisión ha argumentado que el neodarwinismo no explica adecuadamente el origen de todas las apariencias de diseño, especialmente si uno considera los diseños corporales animales, y la información necesaria para construirlos, como ejemplos especialmente notables de la apariencia de diseño en los sistemas vivientes. Ciertamente, Dawkins (1995:11) y Gates (1996:228) han hecho notar que la información genética tiene una misteriosa semejanza con el "software" o código de las computadoras. Por esta razón, la presencia de ICE en los organismos vivos, y los incrementos discontinuos de ICE que tuvieron lugar durante eventos tales como la explosión del cámbrico, parecen por lo menos sugerir diseño.

¿Explican el neodarwinismo u otro modelo puramente materialista de morfogénesis, el origen de la ICE genética y las otras formas de ICE necesarias para producir formas organísmicas nuevas? Si no lo explican, como sostiene este trabajo, ¿podría la emergencia de genes nuevos, ricos en información, proteínas, tipos celulares y construcciones corporales, haber sido el resultado de un verdadero diseño, más que de un proceso sin propósito que tan sólo simula los poderes de una inteligencia diseñadora? La lógica del neodarwinismo, con su pretensión de haber explicado la apariencia del diseño, parecería por sí misma abrir la puerta a esta posibilidad. Ciertamente, la formulación histórica del Darwinismo en oposición dialéctica a la hipótesis del diseño (Gillespie 1979), unida con la incapacidad del neodarwinismo para explicar muchas prominentes apariencias de diseño, incluyendo la emergencia de la forma y la información, parecería lógicamente reabrir la posibilidad de un diseño real (al contrario que el aparente) en la historia de la vida.

Una segunda razón para considerar el diseño como explicación de estos fenómenos, resulta de la importancia del poder explicatorio en la evaluación de las teorías científicas y de una consideración del potencial poder explicatorio de la hipótesis del diseño. Estudios de metodología y filosofía de la ciencia han demostrado que muchas teorías científicas, particularmente en las ciencias históricas, se formulan y justifican como inferencias dirigidas hacia la mejor explicación (Lipton 1991:32-88, Brush 1989:1124-1129, Sober 2000:44). Los historiadores de la ciencia en particular, valoran o contrastan hipótesis rivales evaluando qué hipótesis, de ser cierta, proporcionaría la mejor explicación para una serie de datos relevantes (Meyer 1991, 2002; Cleland 2001:987-989, 2002:474-496)[163]. Aquellas con el mayor poder

---

[163] En las ciencias históricas, las teorías hacen afirmaciones típicamente acerca de lo que sucedió en el pasado o de lo que sucedió en el pasado para provocar que eventos particulares ocurrieran (Meyer 1991:57-72). Por esta razón, las teorías científicas históricas son raramente contrastadas al hacer predicciones sobre lo que ocurriría en condiciones controladas de laboratorio (Cleland 2001:987, 2002:474-496). En lugar de ello, tales teorías se contrastan usualmente comparando su poder explicatorio en contra de sus rivales, con respecto a hechos ya conocidos. Aun en el caso en que las teorías históricas realicen afirmaciones sobre causas pretéritas, usualmente lo hacen de acuerdo con el conocimiento preexistente de las relaciones de causa y efecto. No obstante, la predicción puede jugar un cierto papel al evaluar teorías científicas históricas, ya que tales teorías pueden tener implicaciones respecto de qué clase de evidencia es probable que emerja en el futuro. Por ejemplo, el neodarwinismo afirma que las nuevas secciones funcionales del genoma aparecen por un proceso de ensayo y error mutacional y subsiguiente selección. Por esta razón, históricamente muchos neodarwinistas supusieron o predijeron que las grandes regiones no codificantes del genoma —el así llamado "ADN basura"— carecía por completo de función (Orgel & Crick, 1980). En esta línea de pensamiento, las secciones no funcionales del genoma

explicatorio son típicamente juzgadas como las teorías mejores o más probablemente ciertas. Darwin (1896:437) utilizó este método de razonamiento para defender su teoría de la descendencia común universal. Por otra parte, estudios contemporáneos sobre el método de "inferencias para la mejor explicación" han demostrado que para determinar cuál es la mejor, entre una serie de posibles explicaciones rivales, es necesario juzgar sobre la adecuación causativa, o "poder causal" de las entidades explicativas rivales (Lipton 1991:32-88). En las ciencias históricas, los cánones metodológicos uniformistas y/o actualistas (Gould 1965, Simpson 1970, Ruten 1971, Hooykaas 1975), sugieren que los juicios acerca de la adecuación causativa, se derivan de nuestro conocimiento

---

representarían los experimentos fallidos de la naturaleza que permanecen en el genoma, como una suerte de artefacto de la actividad pretérita del proceso de mutación y selección. Los propugnadores de la hipótesis del diseño, por otra parte, habrían predicho que las regiones no codificantes del genoma podrían muy bien revelar funciones ocultas, no sólo porque no creen que la nueva información genética aparece como consecuencia de un proceso de ensayo y error mutacional y selección, sino también porque los sistemas diseñados son a menudo funcionalmente polivalentes. Así, a medida que nuevos estudios revelan más acerca de las funciones realizadas por las regiones no codificantes del genoma (Gibbs 2003), no se puede seguir diciendo que la hipótesis del diseño hace esta afirmación en forma de predicción específicamente orientada hacia el futuro. En su lugar, se podría decir que la hipótesis del diseño logra confirmación o respaldo por su capacidad de explicar la evidencia ahora conocida, si bien después del hecho. Por cierto, los neodarwinistas podrían también enmendar su predicción original usando varias hipótesis auxiliares para explicar de otro modo la presencia de las funciones recientemente descubiertas en las regiones no codificantes del ADN. En ambos casos, las consideraciones sobre el poder explicativo *ex post facto*, resurge como una cuestión central para evaluar y contrastar teorías históricas rivales.

actual sobre las relaciones de causa y efecto[164]. Para los científicos de la historia, la expresión "el presente es la llave del pasado" significa que el actual conocimiento basado en la experiencia de las relaciones de causa y efecto es el criterio por el que se conduce la típica evaluación acerca de la plausibilidad de las causas propuestas para los hechos pasados. Sin embargo, es precisamente por esta razón por la que los actuales propugnadores de la hipótesis del diseño quieren reconsiderar el diseño como explicación del origen de la forma y la información biológica. Esta reseña, y gran parte de la literatura examinada, sugiere que cuatro de los más prominentes modelos para explicar el origen de la forma biológica no logran proporcionar una adecuada explicación causal de los incrementos discontinuos de la ICE que se requieren para producir novedades morfológicas. Sin embargo, tenemos reiteradas experiencias de agentes racionales y conscientes —en particular, nosotros mismos— que generan o producen información compleja especificada, tanto en forma de líneas de códigos con una secuencia específica, como en forma de sistemas de partes jerárquicamente dispuestas.

En primer lugar, agentes humanos inteligentes —en virtud de su racionalidad y conciencia— han demostrado la capacidad de producir información en forma de una disposición lineal de caracteres con una secuencia específica. Ciertamente, la experiencia confirma que información de este tipo aparece de ordinario por la actividad de agentes inteligentes. El usuario de una

---

[164] En definitiva, que las pautas de comportamiento de la actualidad permiten hacer inferencias sobre el pasado o, en otras palabras, que las cosas "siempre han sido iguales". (N. del T.)

computadora que rastrea la información en la pantalla hasta su fuente de origen, invariablemente llega a una *mente*— la del programador o ingeniero en sistemas. La información en un libro o en una inscripción deriva finalmente de un escritor o un escriba— esto es, de causas mentales antes que estrictamente materiales. Nuestro conocimiento basado en la experiencia del flujo de la información confirma que los sistemas con grandes cantidades de complejidad especificada (especialmente códigos y lenguajes) invariablemente se originan de una fuente inteligente, de la mente de un agente inteligente. Como expresa Quastler (1964), "la creación de nueva información está habitualmente asociada con una actividad consciente" (p. 16). La experiencia enseña esta verdad obvia.

Además, la disposición jerárquica altamente específica de los cuerpos de los animales, sugiere también *diseño*, debido, una vez más, a nuestra experiencia en la clase de características y sistemas que los diseñadores pueden producir y de hecho producen. En cada nivel de la jerarquía biológica, los organismos requieren disposiciones altamente especificadas e improbables de los constituyentes de nivel inferior para mantener su forma y su función. Los genes requieren un ordenamiento específico de sus bases nucleotídicas; las proteínas requieren un ordenamiento específico de sus aminoácidos; nuevos tipos celulares requieren una disposición específica de sistemas de proteínas; las construcciones corporales requieren ordenamientos específicos de tipos celulares y de órganos. Los organismos constan no sólo de componentes ricos en información (tales como proteínas y genes), sino que también incluyen una disposición rica en información de los componentes y de los sistemas que los constituyen. Sabemos, sin embargo, por nuestra experiencia actual de las relaciones de causa y efecto, que los ingenieros en diseño —que poseen inteligencia intencional y racionalidad— tienen la capacidad de producir jerarquías ricas en información, en las cuales, tanto los módulos individuales como la disposición de dichos módulos, exhiben complejidad y especificidad — información, así definida. Transistores individuales, resistencias y condensadores exhiben una considerable complejidad y especificidad de diseño; en un nivel superior de organización, su disposición específica dentro de un circuito integrado, representa información adicional y refleja un diseño más amplio. Los agentes racionales y conscientes poseen, como parte de sus poderes de inteligencia intencional, la capacidad de diseñar partes ricas en información y de organizar dichas partes en sistemas y jerarquías funcionales ricas en información. Sabemos además que no existen otras entidades o procesos causales que tengan esta capacidad. Claramente, tenemos buenas razones para dudar de que las mutaciones y la selección, los procesos autoorganizadores o las leyes de la naturaleza puedan producir los componentes, sistemas y diseños corporales ricos en información, necesarios para el origen de novedades morfológicas, tales como las que aparecen en el período cámbrico.

Existe una tercera razón para considerar el propósito o diseño como explicación del origen de la forma biológica y la información: los agentes intencionales tienen precisamente aquellos poderes necesarios de los que carece la selección como requisito de su adecuación causal. En varios puntos del análisis previo, vimos que la selección natural no tiene la capacidad de generar nueva información, debido precisamente a que sólo puede actuar *después* de que la ICE funcional haya aparecido. La selección natural puede favorecer nuevas proteínas y genes, pero sólo después de que ellos realicen alguna función. El trabajo de generar nuevos genes, proteínas y sistemas de proteínas funcionales, por lo tanto, le corresponde por completo a las mutaciones al azar. Sin embargo, en ausencia de criterios funcionales para guiar una búsqueda a través del espacio de secuencias posibles, la variación fortuita está probabilísticamente condenada al fracaso. Lo que se necesita es no sólo una fuente de variación (esto es, la libertad de búsqueda de un espacio de posibilidades) o un modo de selección que puede operar después del hecho de una búsqueda exitosa, sino en su lugar un medio de selección que (a) opere durante la búsqueda —antes del éxito— y que (b) sea guiada por la información o el conocimiento acerca de un objetivo.

La demostración de este requisito ha llegado desde un ámbito inesperado: los algoritmos genéticos. Los algoritmos genéticos son programas que supuestamente simulan el poder creativo de las mutaciones y de la selección. Dawkins y Kuppers, por ejemplo, han desarrollado programas de computación que simulan putativamente la producción de información genética, por mutaciones y selección natural (Dawkins 1986:47-49, Kuppers 1987:355-369). No obstante, como se muestra en otra parte (Meyer 1998:127-128, 2003:247-248), estos programas sólo tienen éxito mediante el ilícito recurso de proveer a la computadora con una "secuencia diana" y procesando luego, como criterio de selección, su mayor proximidad relativa a una función *futura* (esto es, la "secuencia diana") y no con la verdadera función del presente. Como sostiene Berlinski (2000), los algoritmos genéticos necesitan algo semejante a una "memoria previsora del futuro" para poder tener éxito. Sin embargo, tal selección previsora no tiene analogía en la naturaleza. En la biología, donde la supervivencia diferencial depende del mantenimiento de la función, la selección no puede ocurrir antes de que las nuevas secuencias funcionales aparezcan. La selección natural carece de previsión.

Lo que a la selección natural le falta, la selección inteligente —diseño intencional o fin-orientado— lo proporciona. Los agentes racionales pueden disponer tanto la materia como los símbolos, teniendo en cuenta objetivos distantes. Al usar el lenguaje, la mente humana "encuentra" o genera rutinariamente secuencias lingüísticas altamente improbables para transmitir una idea pensada o preconcebida. En el proceso del pensamiento, los objetivos funcionales preceden o restringen la selección de palabras, sonidos y símbolos, para generar secuencias funcionales (y ciertamente con sentido) de entre un vasto conjunto de combinaciones alternativas de sonidos o símbolos sin sentido (Denton 1986:309-311). De manera semejante, la construcción de objetos y productos tecnológicos complejos, tales como puentes, tableros de circuitos, motores, y "software", resultan del empleo de restricciones dirigidas a un fin (Polanyi 1967, 1968). Por cierto, en todos los sistemas complejos integrados funcionalmente donde la causa es conocida por experiencia u observación, los ingenieros en diseño u otros agentes inteligentes emplean restricciones en la fase final para limitar las posibilidades a fin de producir formas, secuencias o estructuras improbables. Los agentes racionales han demostrado una y otra vez la capacidad de restringir el campo de lo posible para realizar las futuras funciones improbables no realizadas. La experiencia repetida confirma que los agentes inteligentes (las mentes) poseen tales poderes causales de modo singular.

El análisis del problema del origen de la información biológica, por lo tanto, pone de manifiesto una deficiencia en los poderes causales de la selección natural, que corresponde precisamente a los poderes que caracterizan singularmente a los agentes (inteligentes). Dichos agentes inteligentes tienen previsión y pueden seleccionar objetivos funcionales *antes* de que estos existan. Ellos pueden inventar o seleccionar los medios materiales para llevar a cabo aquellos objetivos, de entre un conjunto de posibilidades y luego realizar esos objetivos de acuerdo a un plan, designio o curso preconcebido de requerimientos funcionales. Los agentes racionales pueden restringir los espacios de combinación teniendo en cuenta resultados lejanos. Los poderes causales que la selección natural no tiene —casi por definición— están asociados a los atributos de la conciencia y la racionalidad —con inteligencia intencional. Por ello, al invocar el diseño para explicación del origen de la nueva información biológica, los actuales teóricos del diseño no están proponiendo un elemento explicatorio arbitrario, no motivado por la consideración de la evidencia. En lugar de eso, están proponiendo una entidad que posee precisamente los atributos y poderes causales que el fenómeno en cuestión requiere como condición de su producción y explicación.

Conclusión

Como sugiere el análisis, basado en la experiencia, de los poderes causales de varias hipótesis explicativas, el diseño intencional o inteligente es una explicación causalmente adecuada —y quizá la más adecuada— del origen de la información compleja especificada necesaria para construir los animales del cámbrico y las nuevas formas que ellos representan. Por esta razón, el reciente interés científico en la hipótesis del diseño es poco probable que disminuya, en tanto los biólogos sigan lidiando con el problema del origen de la forma biológica y de las categorías taxonómicas superiores.

Referencias

Adams, M. D. Et alia. 2000. The genome sequence of *Drosophila melanogaster*.—Science 87:2185-2195.

Aris-Brosou, S., & Z. Yang. 2003. Bayesian models of episodic evolution support a late Precambrian explosive diversification of the Metazoa.--Molecular Biology and Evolution 20:1947-1954.

Arthur, W. 1997. The origin of animal body plans. Cambridge University Press, Cambridge, United Kingdom.

Axe, D. D. 2000. Extreme functional sensitivity to conservative amino acid change on enzyme exteriors.--Journal of Molecular Biology 301(3):585-596.

_____. 2004. Estimating the prevalence of protein sequences adopting functional enzyme folds.--Journal of Molecular Biology (in press).

Ayala, F. 1994. Darwin's revolution. Pp. 1-17 *in* J. Campbell and J. Schopf, eds., Creative evolution?! Jones and Bartlett Publishers, Boston, Massachusetts.

_____. A. Rzhetsky, & F. J. Ayala. 1998. Origin of the metazoan phyla: molecular clocks confirm paleontological estimates--Proceedings of the National Academy of Sciences USA. 95:606-611.

Becker, H., & W. Lonnig, 2001. Transposons: eukaryotic. Pp. 529-539 *in* Nature encyclopedia of life sciences, vol. 18. Nature Publishing Group, London, United Kingdom.

Behe, M. 1992. Experimental support for regarding functional classes of proteins to be highly isolated from each other. Pp. 60-71 *in* J. Buell and V. Hearn, eds., Darwinism: science or philosophy? Foundation for Thought and Ethics, Richardson, Texas.

_____. 1996. Darwin's black box. The Free Press, New York.

_____. 2004. Irreducible complexity: obstacle to Darwinian evolution. Pp. 352-370 *in* W. A. Dembski and M. Ruse, eds., Debating design: from Darwin to DNA. Cambridge University Press, Cambridge, United Kingdom.

Benton, M., & F. J. Ayala. 2003. Dating the tree of life--Science 300:1698-1700.

Berlinski, D. 2000. "On assessing genetic algorithms." Public lecture. Conference: Science and evidence of design in the universe. Yale University, November 4, 2000.

Blanco, F., I. Angrand, & L. Serrano. 1999. Exploring the confirmational properties of the sequence space between two proteins with different folds: an experimental study.-- Journal of Molecular Biology 285:741-753.

Bowie, J., & R. Sauer. 1989. Identifying determinants of folding and activity for a protein of unknown sequences: tolerance to amino acid substitution.-- Proceedings of the National Academy of Sciences, U.S.A. 86:2152-2156.

Bowring, S. A., J. P. Grotzinger, C. E. Isachsen, A. H. Knoll, S. M. Pelechaty, & P. Kolosov. 1993. Calibrating rates of early Cambrian evolution.--Science 261:1293-1298.

_____. 1998a. A new look at evolutionary rates in deep time: Uniting paleontology and high-precision geochronology.--GSA Today 8:1-8.

_____. 1998b. Geochronology comes of age.--Geotimes 43:36-40.

Bradley, W. 2004. Information, entropy and the origin of life. Pp. 331-351 *in* W. A. Dembski and M. Ruse, eds., Debating design: from Darwin to DNA. Cambridge University Press, Cambridge, United Kingdom.

Brocks, J. J., G. A. Logan, R. Buick, & R. E. Summons. 1999. Archean molecular fossils and the early rise of eukaryotes.--Science 285:1033-1036.

Brush, S. G. 1989. Prediction and theory evaluation: the case of light bending.—Science 246:1124-1129.

Budd, G. E. & S. E. Jensen. 2000. A critical reappraisal of the fossil record of the bilaterial phyla.--Biological Reviews of the Cambridge Philosophical Society 75:253-295.

Carroll, R. L. 2000. Towards a new evolutionary synthesis.--Trends in Ecology and Evolution 15:27-32.

Cleland, C. 2001. Historical science, experimental science, and the scientific method.-- Geology 29:987-990.

_____. 2002. Methodological and epistemic differences between historical science and experimental science.--Philosophy of Science 69:474-496.

Chothia, C., I. Gelfland, & A. Kister. 1998. Structural determinants in the sequences of
immunoglobulin variable domain.--Journal of Molecular Biology 278:457-479.

Conway Morris, S. 1998a. The question of metazoan monophyly and the fossil record.-- Progress in Molecular and Subcellular Biology 21:1-9.

_____. 1998b. Early Metazoan evolution: Reconciling paleontology and molecular biology.--American Zoologist 38 (1998):867-877.

_____. 2000. Evolution: bringing molecules into the fold.--Cell 100:1-11.

_____. 2003a. The Cambrian "explosion" of metazoans. Pp. 13-32 in G. B. Muller and S. A. Newman, eds., Origination of organismal form: beyond the gene in developmental and evolutionary biology. The M.I.T. Press, Cambridge, Massachusetts.

_____. 2003b. Cambrian "explosion" of metazoans and molecular biology: would Darwin be satisfied?--International Journal of Developmental Biology 47(7-8):505-515.

_____. 2003c. Life's solution: inevitable humans in a lonely universe. Cambridge University Press, Cambridge, United Kingdom.

Crick, F. 1958. On protein synthesis.--Symposium for the Society of Experimental Biology. 12(1958):138-163.

Darwin, C. 1859. On the origin of species. John Murray, London, United Kingdom.

_____. 1896. Letter to Asa Gray. P. 437 *in* F. Darwin, ed., Life and letters of Charles Darwin, vol. 1., D. Appleton, London, United Kingdom.

Davidson, E. 2001. Genomic regulatory systems: development and evolution. Academic Press, New York, New York.

Dawkins, R. 1986. The blind watchmaker. Penguin Books, London, United Kingdom.

_____. 1995. River out of Eden. Basic Books, New York.

_____. 1996. Climbing Mount Improbable. W. W. Norton & Company, New York.

Dembski, W. A. 1998. The design inference. Cambridge University Press, Cambridge, United Kingdom.

_____. 2002. No free lunch: why specified complexity cannot be purchased without intelligence. Rowman & Littlefield, Lanham, Maryland.

_____. 2004. The logical underpinnings of intelligent design. Pp. 311-330 *in* W. A. Dembski and M. Ruse, eds., Debating design: from Darwin to DNA. Cambridge University Press, Cambridge, United Kingdom.

Denton, M. 1986. Evolution: a theory in crisis. Adler & Adler, London, United Kingdom.

_____. 1998. Nature's density. The Free Press, New York.

Eden, M. 1967. The inadequacies of neo-Darwinian evolution as a scientific theory. Pp. 5-12 *in* P. S. Morehead and M. M. Kaplan, eds., Mathematical challenges to the Darwinian interpretation of evolution. Wistar Institute Symposium Monograph, Allen R. Liss, New York.

Eldredge, N., & S. J. Gould. 1972. Punctuated equilibria: an alternative to phyletic gradualism. Pp. 82-115 *in* T. Schopf, ed., Models in paleobiology. W. H. Freeman, San Francisco.

Erwin, D. H. 1994. Early introduction of major morphological innovations.— Acta Palaeontologica Polonica 38:281-294.

_____. 2000. Macroevolution is more than repeated rounds of microevolution.-- Evolution & Development 2:78-84.

_____. 2004. One very long argument.--Biology and Philosophy 19:17-28.

_____, J. Valentine, & D. Jablonski. 1997. The origin of animal body plans.—American Scientist 85:126-137.

_____, _____, & J. J. Sepkoski. 1987. A comparative study of diversification events: the early Paleozoic versus the Mesozoic.--Evolution 41:1177-1186.

Foote, M. 1997. Sampling, taxonomic description, and our evolving knowledge of morphological diversity.--Paleobiology 23:181-206.

_____, J. P. Hunter, C. M. Janis, & J. J. Sepkoski. 1999. Evolutionary and preservational constraints on origins of biologic groups: Divergence times of eutherian mammals.--Science 283:1310-1314.

Frankel, J. 1980. Propagation of cortical differences in *tetrahymena*.--Genetics 94:607-623.

Gates, B. 1996. The road ahead. Blue Penguin, Boulder, Colorado.

Gerhart, J., & M. Kirschner. 1997. Cells, embryos, and evolution. Blackwell Science, London, United Kingdom.

Gibbs, W. W. 2003. The unseen genome: gems among the junk.--Scientific American. 289:46-53.

Gilbert, S. F., J. M. Opitz, & R. A. Raff. 1996. Resynthesizing evolutionary and developmental biology.--Developmental Biology 173:357-372.

Gillespie, N. C. 1979. Charles Darwin and the problem of creation. University of Chicago Press, Chicago.

Goodwin, B. C. 1985. What are the causes of morphogenesis?--BioEssays 3:32-36.

_____. 1995. How the leopard changed its spots: the evolution of complexity. Scribner's, New York, New York.

Gould, S. J. 1965. Is uniformitarianism necessary?--American Journal of Science 263:223-228.

Gould, S. J. 2002. The structure of evolutionary theory. Harvard University Press, Cambridge, Massachusetts.

Grant, P. R. 1999. Ecology and evolution of Darwin's finches. Princeton University Press, Princeton, New Jersey.

Grimes, G. W., & K. J. Aufderheide. 1991. Cellular aspects of pattern formation: the problem of assembly. Monographs in Developmental Biology, vol. 22. Karger, Baseline, Switzerland.

Grotzinger, J. P., S. A. Bowring, B. Z. Saylor, & A. J. Kaufman. 1995. Biostratigraphic and geochronologic constraints on early animal evolution.--Science 270:598-604.

Harold, F. M. 1995. From morphogenes to morphogenesis.--Microbiology 141:2765-2778.

_____. 2001. The way of the cell: molecules, organisms, and the order of life. Oxford University Press, New York.

Hodge, M. J. S. 1977. The structure and strategy of Darwin's long argument.—British Journal for the History of Science 10:237-245.

Hooykaas, R. 1975. Catastrophism in geology, its scientific character in relation to actualism and uniformitarianism. Pp. 270-316 *in* C. Albritton, ed., Philosophy of geohistory (1785-1970). Dowden, Hutchinson & Ross, Stroudsburg, Pennsylvania.

John, B., & G. Miklos. 1988. The eukaryote genome in development and evolution. Allen & Unwinding, London, United Kingdom.

Kauffman, S. 1995. At home in the universe. Oxford University Press, Oxford, United Kingdom.

Kenyon, D., & G. Mills. 1996. The RNA world: a critique.--Origins & Design 17(1):9-16.

Kerr, R. A. 1993. Evolution's Big Bang gets even more explosive.-- Science 261:1274-1275.

Kimura, M. 1983. The neutral theory of molecular evolution. Cambridge University Press, Cambridge, United Kingdom.

Koonin, E. 2000. How many genes can make a cell?: the minimal genome concept.-- Annual Review of Genomics and Human Genetics 1:99-116.

Kuppers, B. O. 1987. On the prior probability of the existence of life. Pp. 355-369 *in* L. Kruger et al., eds., The probabilistic revolution. M.I.T. Press, Cambridge, Massachusetts.

Lange, B. M. H., A. J. Faragher, P. March, & K. Gull. 2000. Centriole duplication and maturation in animal cells. Pp. 235-249 *in* R. E. Palazzo and G. P. Schatten, eds., The centrosome in cell replication and early development. Current Topics in Developmental Biology, vol. 49. Academic Press, San Diego.

Lawrence, P. A., & G. Struhl. 1996. Morphogens, compartments and pattern: lessons from Drosophila?--Cell 85:951-961.

Lenior, T. 1982. The strategy of life. University of Chicago Press, Chicago.

Levinton, J. 1988. Genetics, paleontology, and macroevolution. Cambridge University Press, Cambridge, United Kingdom.

_____. 1992. The big bang of animal evolution.--Scientific American 267:84-91. Lewin, R. 1988. A lopsided look at evolution.--Science 241:292.

Lewontin, R. 1978. Adaptation. Pp. 113-125 *in* Evolution: a Scientific American book. W. H. Freeman & Company, San Francisco.

Lipton, P. 1991. Inference to the best explanation. Routledge, New York.

Lonnig, W. E. 2001. Natural selection. Pp. 1008-1016 *in* W. E. Craighead and C. B. Nemeroff, eds., The Corsini encyclopedia of psychology and behavioral sciences, 3rd edition, vol. 3. John Wiley & Sons, New York.

_____, & H. Saedler. 2002. Chromosome rearrangements and transposable elements.-- Annual Review of Genetics 36:389-410.

Lovtrup, S. 1979. Semantics, logic and vulgate neo-darwinism.--Evolutionary Theory 4:157-172.

Marshall, W. F. & J. L. Rosenbaum. 2000. Are there nucleic acids in the centrosome? Pp. 187-205 *in* R. E. Palazzo and G. P. Schatten, eds., The centrosome in cell replication and early development. Current Topics in Developmental Biology, vol. 49. San Diego, Academic Press.

Maynard Smith, J. 1986. Structuralism versus selection--is Darwinism enough? Pp. 39-46 *in* S. Rose and L. Appignanesi, eds., Science and Beyond. Basil Blackwell, London, United Kingdom.

Mayr, E. 1982. Foreword. Pp. xi-xii *in* M. Ruse, Darwinism defended. Pearson Addison Wesley, Boston, Massachusetts.

McDonald, J. F. 1983. The molecular basis of adaptation: a critical review of relevant ideas and observations.--Annual Review of Ecology and Systematics 14:77-102.

McNiven, M. A. & K. R. Porter. 1992. The centrosome: contributions to cell form. Pp. 313-329 *in* V. I. Kalnins, ed., The centrosome. Academic Press, San Diego.

Meyer, S. C. 1991. Of clues and causes: a methodological interpretation of origin of life studies. Unpublished doctoral dissertation, University of Cambridge, Cambridge, United Kingdom.

_____. 1998. DNA by design: an inference to the best explanation for the origin of biological information.--Rhetoric & Public Affairs, 1(4):519-555.

_____. The scientific status of intelligent design: The methodological equivalence of naturalistic and non-naturalistic origins theories. Pp. 151-211 *in* Science and evidence for design in the universe. Proceedings of the Wethersfield Institute. Ignatius Press, San Francisco.

_____. 2003. DNA and the origin of life: information, specification and explanation. Pp. 223-285 *in* J. A. Campbell and S. C. Meyer, eds., Darwinism, design and public education. Michigan State University Press, Lansing, Michigan.

_____. 2004. The Cambrian information explosion: evidence for intelligent design. Pp. 371-391 *in* W. A. Dembski and M. Ruse, eds., Debating design: from Darwin to DNA. Cambridge University Press, Cambridge, United Kingdom.

_____, M. Ross, P. Nelson, & P. Chien. 2003. The Cambrian explosion: biology's big bang. Pp. 323-402 *in* J. A. Campbell & S. C. Meyer, eds., Darwinism, design and public education. Michigan State University Press, Lansing. See also Appendix C: Stratigraphic first appearance of phyla body plans, pp. 593-598.

Miklos, G. L. G. 1993. Emergence of organizational complexities during metazoan evolution: perspectives from molecular biology, palaeontology and neo-Darwinism.-- Mem. Ass. Australas. Palaeontols, 15:7-41.

Monastersky, R. 1993. Siberian rocks clock biological big bang.--Science News 144:148. Moss, L. 2004. What genes can't do. The M.I.T. Press, Cambridge, Massachusetts.

Muller, G. B. & S. A. Newman. 2003. Origination of organismal form: the forgotten cause in evolutionary theory. Pp. 3-12 *in* G. B. Muller and S. A. Newman, eds., Origination of organismal form: beyond the gene in developmental and evolutionary biology. The M.I.T. Press, Cambridge, Massachusetts.

Nanney, D. L. 1983. The ciliates and the cytoplasm.--Journal of Heredity, 74:163-170.

Nelson, P., & J. Wells. 2003. Homology in biology: problem for naturalistic science and prospect for intelligent design. Pp. 303-322 *in* J. A. Campbell and S. C. Meyer, eds., Darwinism, design and public education. Michigan State University Press, Lansing.

Nijhout, H. F. 1990. Metaphors and the role of genes in development.—BioEssays 12:441-446.

Nusslein-Volhard, C., & E. Wieschaus. 1980. Mutations affecting segment number and polarity in Drosophila.--Nature 287:795-801.

Ohno, S. 1996. The notion of the Cambrian pananimalia genome.--Proceedings of the National Academy of Sciences, U.S.A. 93:8475-8478.

Orgel, L. E., & F. H. Crick. 1980. Selfish DNA: the ultimate parasite.--Nature 284:604-607.

Perutz, M. F., & H. Lehmann. 1968. Molecular pathology of human hemoglobin.--Nature
219:902-909.

Polanyi, M. 1967. Life transcending physics and chemistry.--Chemical and Engineering News, 45(35):54-66.

_____. 1968. Life's irreducible structure.--Science 160:1308-1312, especially p. 1309.

Pourquie, O. 2003. Vertebrate somitogenesis: a novel paradigm for animal segmentation? International Journal of Developmental Biology 47(7-8):597-603.

Quastler, H. 1964. The emergence of biological organization. Yale University Press, New Haven, Connecticut.

Raff, R. 1999. Larval homologies and radical evolutionary changes in early development, Pp. 110-121 *in* Homology. Novartis Symposium, vol. 222. John Wiley & Sons, Chichester, United Kingdom.

Reidhaar-Olson, J., & R. Sauer. 1990. Functionally acceptable solutions in two alphahelical regions of lambda repressor.--Proteins, Structure, Function, and Genetics, 7:306-316.

Rutten, M. G. 1971. The origin of life by natural causes. Elsevier, Amsterdam.

Sapp, J. 1987. Beyond the gene. Oxford University Press, New York.

Sarkar, S. 1996. Biological information: a skeptical look at some central dogmas of molecular biology. Pp. 187-233 *in* S. Sarkar, ed., The philosophy and history of molecular biology: new perspectives. Kluwer Academic Publishers, Dordrecht.

Schutzenberger, M. 1967. Algorithms and the neo-Darwinian theory of evolution. Pp. 73-75 *in* P. S. Morehead and M. M. Kaplan, eds., Mathematical challenges to the Darwinian interpretation of evolution. Wistar Institute Symposium Monograph. Allen R. Liss, New York.

Shannon, C. 1948. A mathematical theory of communication.--Bell System Technical Journal 27:379-423, 623-656.

Shu, D. G., H. L. Loud, S. Conway Morris, X. L. Zhang, S. X. Hu, L. Chen, J. Han, M. Zhu, Y. Li, & L. Z. Chen. 1999. Lower Cambrian vertebrates from south China.—Nature 402:42-46.

Shubin, N. H., & C. R. Marshall. 2000. Fossils, genes, and the origin of novelty. Pp. 324-340 *in* Deep time. The Paleontological Society.

Simpson, G. 1970. Uniformitarianism: an inquiry into principle, theory, and method in geohistory and biohistory. Pp. 43-96 in M. K. Hecht and W. C. Steered, eds., Essays in evolution and genetics in honor of Theodosius Dobzhansky. Appleton-Century-Crofts, New York.

Sober, E. 2000. The philosophy of biology, 2nd edition. Westview Press, San Francisco.

Sonneborn, T. M. 1970. Determination, development, and inheritance of the structure of the cell cortex. *In* Symposia of the International Society for Cell Biology 9:1-13.

Sole, R. V., P. Fernandez, & S. A. Kauffman. 2003. Adaptive walks in a gene network model of morphogenesis: insight into the Cambrian explosion.-- International Journal of Developmental Biology 47(7-8):685-693.

Stadler, B. M. R., P. F. Stadler, G. P. Wagner, & W. Fontana. 2001. The topology of the possible: formal spaces underlying patterns of evolutionary change.--Journal of Theoretical Biology 213:241-274.

Steiner, M., & R. Reitner. 2001. Evidence of organic structures in Ediacara-type fossils and associated microbial mats.--Geology 29(12):1119-1122.

Taylor, S. V., K. U. Walter, P. Kast, & D. Hilvert. 2001. Searching sequence space for protein catalysts.--Proceedings of the National Academy of Sciences, U.S.A. 98:10596-10601.

Thaxton, C. B., W. L. Bradley, & R. L. Olsen. 1992. The mystery of life's origin: reassessing current theories. Lewis and Stanley, Dallas, Texas.

Thompson, D. W. 1942. On growth and form, 2nd edition. Cambridge University Press, Cambridge, United Kingdom.

Thomson, K. S. 1992. Macroevolution: The morphological problem.— American Zoologist 32:106-112.

Valentine, J. W. 1995. Late Precambrian bilaterians: grades and clades. Pp. 87-107 *in* W. M. Fitch and F. J. Ayala, eds., Temporal and mode in evolution: genetics and paleontology 50 years after Simpson. National Academy Press, Washington, D.C.

_____. 2004. On the origin of phyla. University of Chicago Press, Chicago, Illinois.

_____, & D. H. Erwin, 1987. Interpreting great developmental experiments: the fossil record. Pp. 71-107 *in* R. A. Raff and E. C. Raff, eds., Development as an evolutionary process. Alan R. Liss, New York.

_____, & D. Jablonski. 2003. Morphological and developmental macroevolution: a paleontological perspective.--International Journal of Developmental Biology 47:517- 522.

Wagner, G. P. 2001. What is the promise of developmental evolution? Part II: A causal explanation of evolutionary innovations may be impossible.--Journal of Experimental Zoology (Mol. Dev. Evol.) 291:305-309.

_____, & P. F. Stadler. 2003. Quasi-independence, homology and the Unity-C of type: a topological theory of characters.--Journal of Theoretical Biology 220:505-527.

Webster, G., & B. Goodwin. 1984. A structuralist approach to morphology.--Rivista di Biologia 77:503-10.

_____, & _____. 1996. Form and transformation: generative and relational principles in biology. Cambridge University Press, Cambridge, United Kingdom.

Weiner, J. 1994. The beak of the finch. Vintage Books, New York.

Willmer, P. 1990. Invertebrate relationships: patterns in animal evolution. Cambridge University Press, Cambridge, United Kingdom.

_____. 2003. Convergence and homoplasy in the evolution of organismal form. Pp. 33-50 *in* G. B. Muller and S. A. Newman, eds., Origination of organismal form: beyond the gene in developmental and evolutionary biology. The M.I.T. Press, Cambridge, Massachusetts.

Woese, C. 1998. The universal ancestor.--Proceedings of the National Academy of Sciences, U.S.A. 95:6854-6859.

Wray, G. A., J. S. Levinton, & L. H. Shapiro. 1996. Molecular evidence for deep Precambrian divergences among metazoan phyla.--Science 274:568-573.

Yockey, H. P. 1978. A calculation of the probability of spontaneous biogenesis by information theory.--Journal of Theoretical Biology 67:377-398.

_____, 1992. Information theory and molecular biology, Cambridge University Press, Cambridge, United Kingdom.

Epílogo

Lo que usted acaba de leer es sólo una pequeña porción de la creciente literatura sobre el diseño inteligente (DI). Libros tales como *The Design Inference:Eliminating Chance Through Small Probabilities*; *No Free Lunch: Why Specified Complexity Cannot Be Purchased Without Intelligence*; *La Caja Negra de Darwin: El Reto de la Bioquímica a la Evolución* y, más recientemente, *The Design of Life: Discovering Signs of Intelligence in Biological Systems*, han elevado los argumentos en favor de la teoría del diseño a un nuevo nivel. Sin embargo, los científicos del DI no han terminado aún. El primer obstáculo –después de reunir los argumentos en favor del diseño– fue conseguir que otros científicos pensaran de igual manera. Para hacer eso, primero tenían que responder a todas las cuestiones filosóficas que surgen de cualquier teoría que trata de los orígenes. William Dembski tomó la delantera al escribir *The Design Revolution: Answering the Toughest Questions About Intelligent Design*. Esto, por cierto, no podía ser suficiente. Muchos científicos todavía cuestionan si el DI es bueno para la ciencia. Como disciplina científica, ¿de qué manera ayudaría el DI a estimular los descubrimientos científicos? ¿Puede el DI ayudarnos a encontrar una cura para el cáncer, el SIDA o el resfrío común? Todas estas son buenas preguntas, y la controversia debería ocuparse siempre, con honestidad, de tales cuestiones. Sin embargo, pareciera que la controversia sobre el DI no es tanto acerca de la ciencia, sino acerca de las más grandes implicaciones cosmovisionales que pueda engendrar.

Hemos visto el valor heurístico de pensar el mundo natural como si hubiera sido diseñado. Es evidente, a partir de todos los grandes pensadores del pasado y del presente, cómo es mucho más fructífero resolver los detalles de toda la existencia utilizando principios de ingeniería, en contraposición a buscar las "afortunadas" propiedades de desarrollo de un proceso puramente ciego. ¿Significa esto que el azar y la necesidad deban ser excluidos de un marco de referencia explicatorio que involucra el diseño? Bueno, quizá el azar, pero no la necesidad. Permítaseme explicarme. Cuando los teóricos del DI hablan de diseño, están hablando de un diseño real, no de un diseño aparente. Cuando alguien comprometido con el darwinismo habla del diseño en la biología, por el contrario, está hablando de la "apariencia" de un diseño, llevado a cabo a través del azar. El azar de las mutaciones fortuitas acoplado con una selección ciega, serían los mecanismos responsables de la complejidad biológica y, por lo tanto, de la complejidad especificada.

La ley natural (esto es, la necesidad), en cambio, es completamente distinta. No es fortuita, y no opera en base al azar. Se caracteriza, de hecho, por su regularidad. Ciertamente, los diseñadores diseñan con una clara comprensión de tales leyes y están obligados por ellas; por las mismas restricciones inherentes en sus propiedades. La cuestión no es si las leyes están presentes durante el diseño de un evento, sino más bien, si las leyes –por sí mismas– son capaces de explicar la invención y el diseño que se manifiestan en el mundo natural.

La brillantez de esta proposición en el pasado, estuvo en la articulación del diseño real en el universo, proponiendo las mismas "leyes", no como un mecanismo para producir diseño, sino que las leyes eran, ellas mismas, el producto de un diseño. Hoy día, las así llamadas coincidencias antrópicas y la complejidad especificada presente en los sistemas biológicos ricos en información, dan la impresión de que existe un diseño subyacente que no es reducible a la materia o la energía, sino un artefacto de la inteligencia.

Los teóricos del diseño han demostrado cómo un efecto (esto es, un diseño) puede ser estudiado independientemente de su causa (un diseñador). Además, han demostrado que el diseño es una condición mensurable, para lo cual existen principios matemáticos y científicos. Ahora bien, es el deber de los científicos encontrar soluciones a los problemas comunes que enfrentamos. ¿Cómo aplicaríamos los principios del diseño en la biología? ¿Podemos revertir el efecto de las mutaciones y reescribir el código genético en su diseño original? ¿Podemos cambiar los efectos virulentos de las bacterias resistentes a los antibióticos? Hay muchas preguntas para ser respondidas aquí, y quizá es ya tiempo de considerar este nuevo abordaje de la ciencia. Después de todo, la esperanza de encontrar remedios bajo el actual paradigma, parece muy improbable, pero una vez más, ¿qué podemos esperar de un proceso ciego y sin propósito?

Espero que este libro le haya ayudado a entender, al menos, por qué creemos que el diseño inteligente tiene más sentido para articular los fenómenos naturales. No se puede tener diseño sin inteligencia, y si usted está en la tarea de restaurar el diseño y encontrar remedios, necesita comenzar a pensar como los ingenieros. En esto consiste toda la ciencia.

Apéndice

EL ARGUMENTO POSITIVO DE DISEÑO
[Actualizado v. 3.0]

Por Casey Luskin

Muchos críticos del diseño inteligente han argumentado que el diseño es solamente un argumento negativo contra la evolución. Esto no podría estar más alejado de la realidad. El líder teórico del diseño William Dembski ha hecho la observación de que "la característica principal de la acción inteligente es la *contingencia dirigida*, o lo que llamamos *opción*."[165] Al observar los tipos de opciones que los agentes inteligentes hacen comúnmente cuando diseñan sistemas, se puede construir fácilmente un argumento a favor del diseño inteligente al esclarecer indicadores confiables y predecibles del diseño.

El diseño puede ser inferido utilizando el método científico de la observación, hipótesis, experimentación y conclusión. Los teóricos del diseño comienzan con observaciones sobre cómo actúan los agentes inteligentes cuando diseñan, para ayudarlos a reconocer y detectar el diseño en el mundo natural:

Tabla 1. **Formas en que los diseñadores actúan cuando diseñan (Observaciones):**
(1) Los agentes inteligentes piensan con un "objetivo fin" en mente, permitiéndoles resolver complejos problemas al tomar muchas partes y ordenándolas en patrones complicados que desempeñan una función específica (ej., información compleja y especificada):
"Los agentes pueden ordenar la materia con objetivos distantes en mente. Con su uso del lenguaje, 'encuentran' rutinariamente secuencias funcionales altamente aisladas e

---

[165] William A. Dembski, *The Design Inference* (Cambridge University Press, 1988), p. 62.

improbables entre vastos espacios de posibilidades combinatorias."[166]

"Hemos repetido la experiencia de agentes racionales y conscientes –en particular nosotros mismos- generando o causando incrementos en información compleja especificada, tanto en la forma de líneas con secuencias específicas de código y en la forma de sistemas jerárquicos compuestos de un arreglo de partes... Nuestro conocimiento basado en la experiencia sobre el flujo de información confirma que los sistemas con grandes cantidades de complejidad especificada (especialmente los códigos y lenguajes) invariablemente se originan de una fuente inteligente de la mente de un agente personal."[167]

(2) Los agentes inteligentes pueden infundir rápidamente grandes cantidades de información a los sistemas:

"El diseño inteligente provee una explicación causal suficiente sobre el origen de las grandes cantidades de información, dado que tenemos una experiencia considerable de agentes inteligentes generando configuraciones informacionales de la materia."

"Sabemos por experiencia que los agentes inteligentes comúnmente conciben planes antes de la creación de los sistemas que se conforman a los planes—esto es, el diseño inteligente de un plano comúnmente precede al ensamblaje de partes de acuerdo con el plano o el plan preconcebido de diseño."[168]

---

[166] Stephen C. Meyer, "The Cambrian Information Explosion" in *Debating Design*, p. 388 (William A. Dembski and Michael W. Ruse eds., Cambridge University Press, 2004), p. 388.

[167] Stephen C. Meyer, "The origin of the biological information and the higher taxonomic categories" *Proceedings of the Biological Society of Washington*, 117 (2): 213-239 (2004).

[168] Stephen C. Meyer, et. al., "The Cambrian Explosion: Biology's Big Bang" in *Darwinism, Design and Public Education* (John A. Campbell and Stephen C. Meyer eds., Michigan State University Press. 2003). Pg. 386.

(3) Los agentes inteligentes 're-usan' componentes funcionales que operan una y otra vez en diferentes sistemas (ej., las ruedas en automóviles y aviones):

"Una causa inteligente puede reutilizar o redesplegar el mismo módulo en diferentes sistemas, sin que haya necesariamente ninguna conexión física o material entre esos sistemas. Incluso más simplemente, las causas inteligentes pueden generar patrones idénticos de forma independiente."[169]

(4) Los agentes inteligentes típicamente crean cosas funcionales (aunque algunas veces podríamos pensar que algo no tiene función, sin darnos cuenta de su función verdadera):

"Dado que las regiones que no codifican no producen proteínas, los biólogos Darwinistas las han desechado por décadas como ruido aleatorio evolutivo o 'ADN-basura'. Desde el punto de vista del DI, sin embargo, es extremadamente improbable que un organismo gastara sus recursos en preservar y transmitir tanta 'basura'".[170]

Estas observaciones pueden luego ser convertidas en predicciones sobre lo que deberíamos encontrar si un objeto fue diseñado. Esto hace del diseño inteligente una teoría científica capaz de generar predicciones que puedan ser sujetas a experimentación:

---

[169] Paul Nelson and Jonathan Wells. "Homology in Biology" in *Darwinism, Design and Public Education,* pg. 316.
[170] Jonathan Wells, "Using Intelligent Design Theory to Guide Scientific Research" *Progress in Complexity, Information and Design*, Vol 3.1, Nov. 2004.,

Tabla 2. Predicciones de Diseño (Hipótesis)[171]:
(1) Se encontrarán estructuras naturales que contengan muchas partes ordenadas en patrones complicados que desempeñen una función específica (ej., información compleja y especificada).
(2) Formas que contengan grandes cantidades de información nueva aparecerán en el record fósil repentinamente y sin precursores similares.
(3) La convergencia ocurrirá de forma rutinaria. Esto es, genes y otras partes funcionales serán reutilizadas en organismos diferentes no relacionados.
(4) Se encontrará que mucho del llamado "ADN basura" desempeña funciones valuables.

Estas predicciones pueden ser entonces puestas a prueba al observar información científica, y llegar a conclusiones:

Tabla 2. Examinando la Evidencia (Experimentación y Conclusión):		
Línea de Evidencia	Datos (Experimentos)	¿Predicción confirmada? (Conclusión)
(1) Bioquímica	Se han encontrado estructuras naturales que contienen muchas partes ordenadas en patrones complicados que desempeñan una función específica (ej.,	Sí

---

[171] Las predicciones "retrospectivas" son comunes en las nuevas teorías científicas. Por ejemplo, el trabajo de Einstein sobre relatividad intentó explicar la ya entendida falta de habilidad de las leyes de movimiento de Newton para predecir de forma precisa la mecánica física a velocidades muy altas. Incluso Thomas Kuhn observó que las nuevas teorías científicas tienen éxito cuando explican mejor la información ya existente. (Ver Kuhn, T., *The Structure of Scientific Revolutions*, (University of Chicago, Press, 1972), pgs., 79-80.) Pero aún así, la teoría del diseño también busca hacia el futuro, prediciendo que se encontrarán nuevas funciones para el "DNA-basura" y la complejidad específica en biología.

	información compleja y específica), tales como máquinas irreduciblemente complejas en la célula. El flagelo bacterial es un ejemplo importante. La complejidad específica de los enlaces de proteínas, o de la célula autorreproducible más simple son otros ejemplos.[172]	
(2) Paleontología	Las novedades biológicas aparecen en el registro fósil repentinamente y sin precursores similares. La explosión cámbrica es el ejemplo más importante.[173]	Sí
(3) Sistemática	Se han encontrado partes similares en organismos que incluso los Darwinistas ven como separados por otras formas más relacionadas cntre sí que no contienen las partes similares en cuestión. Ejemplos claros	Sí

[172] William A. Dembski. *No Free Lunch.*, Chapter 5 (Rowman and Littlefield, 2002); Michael J. Behe, Darwin's Black Box, Chapter 3 (Free Press 1996); Behe, M. and Snoke, D.W., "Simulating evolution by gene duplication of protein features that require multiple amino acid residues," Protein Science, 13 (2004); Scott N. Peterson and Claire M. Fraser, "The complexity of simplicity," Genome Biology 2 (2001):1-7.

[173] Mayr, E., One Long Argument: Charles Darwin and the Genesis of Modern Evolutionary Thought Harvard University Press, 1991), p. 138; Valentine, J.W., Jablonski, D., Erwin, D. H., "Fossils, molecules and embryos: new perspectives on the Cambrian Explosion," Development 126:851-859 (1999).

	incluyen los genes que controlan el crecimiento de los ojos u otros miembros en diferentes organismos cuyos alegados antecesores comunes no se piensa que hayan tenido tales formas de ojos o miembros.[174]	
(4) Genética	La investigación genética continúa descubriendo funciones del "ADN-basura", incluyendo funcionalidad de pseudogenes, intrones, LINEA y elementos ALU. Ejemplos de funciones desconocidas del ADN persisten, pero el diseño alienta a los investigadores a buscar funciones, mientras que el Darwinismo ha causado que algunos científicos asuman que el ADN que no codifica es basura.[175]	Sí

---

[174] Quiring, R., et al. "Homology of the eyeless gene of drosophila to the small eye in mice and aniridia in humans," Science 265:78 (1994); See also infra, Ref. #5.

[175] Hirotsune S. et al., "An expressed pseudogene regulates the messenger-RNA stability of its homologous coding gene," Nature 423:91-96 (2003); "The Unseen Genome: Gems among the Junk" by Wayt T. Gibbs, Scientific American (November, 2003); Hakimi, M.S. et. al., "A chromatin remodelling complex that loads cohesin onto human chromosomes," Nature, 418:994-998 (2002); Morrish, T. A., et al., "DNA repair ediated by endonuclease-independent LINE-1 retrotransposition," Nature Genetics, 31(2):159-165 (June, 2002).

Reconocimientos: Jonathan Witt aplicó su excelente habilidad de editor a este documento. También agradezco a los proponentes del diseño que han hecho investigación y estudios para corroborar predicciones de diseño.

www.ingramcontent.com/pod-product-compliance
Lightning Source LLC
Chambersburg PA
CBHW071355170526
45165CB00001B/60